The Scientific View of Sport

Perspectives, Aspects, Issues

Published on behalf of the
Organizing Committee for the Games of the XXth Olympiad Munich, 1972

By
Helmut Baitsch, Hans-Erhard Bock, Martin Bolte, Willy Bokler, Ommo Grupe,
Hans-Wolfgang Heidland und Franz Lotz

Editors
Ommo Grupe, Dietrich Kurz, Johannes Marcus Teipel

Springer-Verlag Berlin · Heidelberg · New York 1972

The title of the German edition:

Sport im Blickpunkt der Wissenschaften
Perspektiven, Aspekte, Ergebnisse

ISBN 3-540-05993-8 Springer-Verlag Berlin · Heidelberg · New York
ISBN 0-387-05993-8 Springer-Verlag New York · Heidelberg · Berlin

Printed by: Carl Ritter & Co., Wiesbaden

Jacket designed by: Ingo Osterkamp

Contents

Introduction

Perspectives of the Philosophy of Sport

Sport in Theological Perspective

Contents

On Sociology of Sport — General Orientation and Its Trends in the Literature

Sport from the Educational and Psychological Points of View

Contributions to Sport Medicine

Introduction

"The Scientific View of Sport. Perspectives, Aspects, Issues" is the title of this book which has been published in preparation for the Scientific Congress to be held in Munich on the occasion of the Olympic Games and which introduces the subjects and questions that will be discussed at this congress. The purpose of the book is to outline in part the present state of international research in those scientific disciplines which are concerned with sport, as far as this can be done in the time available and within the scope of such a publication to specify the relevant questions, problems and subjects; to review the results hitherto achieved by individual disciplines and by interdisciplinary research, and, finally, point to the perspectives which emerge for the future development of sport research in both the national and international spheres. That is quite an ambitious objective, and the introduction to a report which aims at achieving this goal and attempts to give as accurate a picture as possible of the present state of international research should state frankly at the outset that, due to various reasons for which the publishers are not solely responsible, the report could not do full justice to these objectives at the time of writing.

The defects and omissions inseparable from such a document do not, however, render it superfluous; rather does a reliable description of what has and what has not been achieved contribute to a better understanding of the results and solutions already obtained, and of the focal points and emphasis of research, than may have been the case in the international sphere thus far, and to the delineation of the paths along which future research must be conducted.

Such a statement, defining the scope and limits of a report of this kind, must be accompanied by an apology. This apology is meant for those who were really entitled to cooperate but were unable to do so; for those who would have been competent to cooperate but felt that they were not; for those who were overlooked or could not be contacted. Our apologies are also extended to those countries which were unable to deal fully with their problems and achievements in the space allotted to them, and to those who were neglected. Finally, we must apologize to the representatives of those disciplines which could not be included in the framework that had to be decided upon by the publishers and authors. All this was neither intended nor envisaged by the publishers, authors and editors; their professed, though not accomplished goal was a complete and well balanced treatment of contents, scientific disciplines and countries. In place of these deficiencies we can only set our honest intentions and express our expectation that the congress in Munich and the subsequent publications will help to close the existing gaps.

The authors can, however, claim to have made every effort to adopt a neutral attitude, not only admitting the validity of various avenues of research and of scientific traditions as equally important components of scientific inquiry but also respecting the different ideological-philosophical premises for these approaches and traditions. This does not exclude personal inclinations, particularly a leaning towards the study of the humane aspect of scientific activity and its importance in furthering progress and happiness — however these terms may be understood in detail — as a significant and constitutive element of scientific inquiry.

In this sense the question of the way in which sport really benefits people and contributes to their happiness, and under which individual and social conditions, is a scientific question. It assumes special significance when the fact is taken into account that in the field of sport science a general scepticism is shown towards those dogmas and pedagogical theses which take such an interpretation for granted in the absence of a firm empirical foundation and a critically evolved theory.

Sport and Sport Science

Sport and exercise, physical culture and education in sport (physical training), gymnastics and touring combined with some form of sport are—as the present report distinctly shows—all over the world among the most striking social phenomena of today. At first sight they seem to be uncomplicated, clear and comprehensible for everybody; they stand for a type of solidarity which is independent of differences in ideological-political outlook, and sometimes exhibit an almost archaic intensity and attraction; they are supported by the active participation or at least the interest of very many people in many parts of the world and are endued with specific functions, varying in importance, of a medical (therapeutical, prophylactic, rehabilitative), pedagogical, psychological and social character.

In spite of the importance and diffusion of sport and despite numerous scientific approaches and efforts in nearly all the countries of the world, we really know very little about it; the small extent of coherent and completed research into sport is in marked contrast to its world-wide significance. Many questions of an individual and social nature that arise in connection with sport, and also sport itself in its social reference, are still, as this report proves, largely uninvestigated from a scientific point of view. Although great efforts have been made almost everywhere to repair this deficiency, misinterpretations and false conclusions are still frequent and, occasionally, sport is turned into an ideology.

If a comprehensive view of sport is taken, then there is much in this report that indicates that it is developing into a social system of its own; it is no longer a more or less haphazard agglomeration of participating persons and groups but reveals itself as an interdependent system of groups and persons who act in concert or in opposition to each other. Although descriptive methods vary among individual authors, it is noticeable that they all start out with the premise of this systematic character of sport, even though their concepts exhibit manifold structures and graduations, and occasional contradictions. Sport appears to them as a social area that achieves the character of a system, not merely through its national and—cutting across frontiers—its international organizations, associations and institutions together with the persons and groups involved, but also through a structure of rules and standards evidently accepted by its members and mostly recognized internationally. Within this structure which, of course, cannot be described independent of general social and overlapping socio-cultural conditions, it is, moreover, necessary to make a distinction between different spheres of action which have their own objectives, functions and content, such as school sport, popular and leisure-time sport, and competitive sport. These fields are not, however, irrelevant to sport as a whole but reflect in different ways its problems, contradictions and principles. Even though one can proceed on the assumption that organizational and institutional regulations tend to have a restrictive effect on sports and that even the system of standards often furnishes only a formal pattern of behaviour, sport, to a certain degree, still constitutes within these standards and organisations an independent system with actively participating persons and groups, and specific conditions of interdependence, communication processes and interactions.

Parallels to other social systems will easily come to mind, such as to science as a whole, to the scientific community, to which special attributes are also ascribed; the purport of these attributes is that achievements in this field are universally acknowledged by all, that they are the results of common effort and do not constitute a monopoly, that no advantages should be derived from them—the commercialization of scientific achievements does not produce respect—and that the acknowledgement of achievements and standards is coupled with further investigation of their validity.

This results in a double relationship for sport science: on the one hand, it is an element of the sport system which is distinguished by standards and forms of organisation determining its structure; on the other hand, this is interfered with by the system of standards imposed by science, which demands from scientists who are engaged in the study of sport—their understandable dedication to the subjet notwithstanding— not only thorough, solid and critical scholarly work but also that they maintain a proper distance from the subject of their investigations.

The Report

Some of this is reflected, even if unclearly, in the report, which illumes a number of different formulations of problems, lines of approach and points of emphasis of research and also differentiated results of research. As is to be expected of a report of this nature, it is neither sufficiently comprehensive nor complete. This is not due solely to the necessarily restricted number of contributors nor to the need for curtailing the volume of the report in view of its limited space of publication, which makes selection obligatory, but can also be ascribed to the differentiation and variety of sport research in the international sphere and the absence of a universally accepted theory of sport. Sport research consists not only of different disciplines of varying importance and stages of development but differs also in regard to the formulation of the problems concerned, methods (and consciousness of method), points of emphasis and priority, personal and/or collective research interest, scientific traditions and varying—although ever increasing—appreciation. It varies in its stages of development, its differentiation and, of course, its level.

Trends and focal points however, can be clearly distinguished: the growing interest of scientists in leisure-time and popular sports, the traditional preoccupation with physical training in schools and the—predominantly—medical investigations of top-performance sports, always accompanied by the extension and application to general medicine of the knowledge thus obtained. The formerly rather global points of departure of sport science have become increasingly differentiated, detailed and intensive and are applied to individual fields of sport. At the same time, researchers direct their attention to problems which hitherto were often neglected, such as retarded and handicapped children and juveniles, aging persons, women, sport therapy, the development of interest in sport, motivation, the motor system, etc.

The attempt to set up a uniform theory of sports on the basis of the results obtained thus far and in context with the philosophical, social and cultural-anthropological interpretations of the phenomena which it encompasses, is in its commencing stages everywhere; a theoretical frame of reference for individual lines of research and, particularly, for empirical projects is still lacking in many countries unless, as in the socialist countries, it is provided by the existing social system.

Problems of Systematization

A number of problems arose with respect to the systematic arrangement of the research report. Should it, for instance, be subdivided according to scientific disciplines, although the view is gaining ground that sport can be studied and, as far as most of its problems are concerned, be properly described within an interdisciplinary framework only? In this report, the publishers would have gladly kept to the interdisciplinary approach which they and most sport scientists consider to be necessary; it became apparent, however, that the evolution of sport research has not yet sufficient develope as to permit this intention to be realized. Therefore a rather conventional subdivision of the report was adopted in accordance with the disciplines of philosophy, theology, psychology, pedagogics, sociology and medicine. Here, too, the lack of a theoretical frame of reference was apparent; its absence led to the fact that, in spite of better judgement, recourse was taken to traditional principles of classification. Some fields that would have merited presentation have slipped through the interstices of this scheme of systematization, the most annoying consequence being that the findings of recent and newly developing disciplines do not receive sufficient attention. Very little space, for example, is devoted to such questions as behaviour research, psychiatry, social psychiatry and social psychology and the disciplines dealing with information and communications theory. This does not detract from the importance of these disciplines for the future development of sport research, which, on the contrary, may be expected to concentrate on them to a particularly high degree.

Omissions in the Report

Great difficulty was encountered in dealing appropriately with national and regional distinctions without stressing them at the cost of the international nature of sport research and its community of endeavour. The treatment of the various fields of research is not uniform in this respect but, on the whole, it reflects their current stage of development.

Furthermore, despite our efforts, it has not always been possible to obtain the cooperation of those experts who would have been best qualified to act as reporters because of their experience, proximity to the problems and intimate knowledge of international developments in sports research: lack of time, (unjustified) underestimation of their own competence and other reasons induced them to refuse; thus, the reader will miss many a name which he would have expected or desired to see among the contributors to this report.

As a consequence, there are a number of gaps which the editors and contributors have not been able to close. Large geographical regions have not been included;

South America, Africa and most of the Asiatic countries are missing. This is due partly to the still prevailing inadequacy of international communications and partly to a lack of experienced reporters; it may also be presumed that some of these countries are confronted with more pressing problems than that of formulating theories about sport and conducting research in this field. But even in those countries whose research is reported, much has certainly been omitted which would have been worth mentioning.

The short bibliographies appended to the present publication, the report on the congress, the international contacts it will establish which is scheduled to appear after the congress should help to repair some of these omissions.

As far as the scientific presentation is concerned, the existing and discernible omissions offer perspectives for future research planning on an international scale. An important prerequisite for this, however, is an improvement in the exchange of information between individual scientists, colleges and universities, between institutes and associations on a multilateral level, together with a strengthening and deepening of international cooperation. This should receive a powerful impetus from the congress in Munich.

Another very obvious gap, and one that is hard to explain in a report published on the occasion of the Olympic Games, is that there is hardly any mention of the Olympic idea and of Olympism as objects of serious research. It is true that one or the other historical statement of problems is devoted to it, but rather in an affirmative than in a critical sense. What H. Lenk writes about a philosophy of sport in general applies particularly to the philosophy of Olympism: it does not as yet exist. It has been touched by philosophic interpretation as little as by empirical research. Up to now, its theoretical frame of reference has been determined principally by Central European traditions; the world-wide resonance of sport,however, is based less on these than on its rational and technical structure, its internationalism and its system of rules and standards. This reserve regarding research into Olympism, which occasionally even assumes the character of a taboo, may be due to the fact that the Olympic idea has a specific function in sport, namely—like many traditions—a rather stabilizing function. As long as it receives no new interpretations or patterns of meaning it will retain its largely irrational significance. This too, is obviously related to the lack of a convincing system theory of sport. When such a theory is evolved, it must be remembered to interpret Olympism within its framework in such a way that it can become effective even in changed social and historical situations.

In this connection it is remarkable how little attention is paid to historical perspectives, which determined the emphasis of scientific work in sport for many decades; today research into the history of sport is pursued to a slight extent only compared to the broad and intensive historical studies conducted during the 19th century and the first decades of the 20th century, which provided valuable knowledge about sports, physical training and gymnastics in antiquity, the middle ages and modern times and of its inception in different civilizations and peoples. Although this diminuition of interest in the history of sport can be understood, it nevertheless means that the basis for the assessment of sport and physical culture is greatly narrowed, and it is certainly necessary to revive historical research, although from a critical standpoint.

International Scientific Exchange

International communication is an important factor in scientific progress, as the present report shows. In the field of sport science there is still—in spite of a number of positive approaches and many fold efforts on the part of international associations—a lack of regular and planned exchanges of views, in other words, the opposite of the situation prevailing in sport itself which constitutes a decidedly international phenomenon, whereas in sport science, national frontiers and language barriers are often also barriers to scientific communication. Sport medicine has been the first discipline to develop forms which permit scientific exchange. This may be partly explained by the special nature of its problems or also by the fact that it faces least obstacles in conducting research unhampered by "tradition", especially since competitive and top performance sport, together with the importance of sport for health are universally favoured objects of research on which understanding is reached without difficulty. It is also due to the fact that, if science is regarded from the standpoint of an (international) system, sport doctors are the ones who are the best integrated into this system. Here we see an important task for the other national and international scientific associations.

Questions of Terminology

A precondition for international communication of a scientific nature is a co-ordinated terminology. Some attempts in this direction have already been made, but the terminology used in the international field is still not uniform. In spite of many joint efforts by various institutions to reach a clarification of definitions, non-uniformity has remained. Many things which bear the same designation turn out to be something different; ideas which are not identical are given the same name. This naturally adds to the difficulty of international communication.

In this connection, however, the question arises as to in how far assimilation is useful and meaningful. With a view to international communication there are no doubt a number of reasons which justify endeavours to secure uniformity; on the other hand one must respect the fact that national traditions should be reflected in the terms employed and that objectives which differ substantially in nature are also entitled to be differently designated.

Any attempt to summarize these various considerations should conclude with the hope that this report (together with the congress and the subsequent congress report) will contribute to better reciprocal exchange of information and international communication and will reinforce all efforts which serve the interests of an intensification and qualitative improvement of sport science.

Helmut Baitsch
Ommo Grupe
Franz Lotz

Introduction

«Le sport du point de vue de la science. Perspectives, aspects, résultats», tel est le titre du livre publié pour préparer le congrès scientifique organisé à l'occasion des Jeux Olympiques de Munich et pour introduire les thèmes et les questions devant être étudiés lors de ce congrès. Cet ouvrage a pour but de donner un aperçu de l'état actuel des recherches internationales dans les disciplines scientifiques traitant des questions sportives — dans la mesure où cela est possible avec le temps dont on dispose et dans le cadre donné —, d'indiquer les questions particulières, les problèmes et les thèmes qu'elles traitent, de présenter les résultats obtenus jusqu'alors par la recherche mono-et pluridisciplinaire et d'évoquer finalement les perspectives d'avenir de la recherche sportive — tant dans un cadre national que dans un cadre international. C'est un objectif d'une très grande portée. Une introduction à un rapport qui s'est assigné un tel but et essaie de donner une image aussi fidèle que possible de l'état présent de la recherche internationale doit honnêtement commencer par avouer qu'il n'est actuellement pas possible, pour divers motifs ne tenant pas seulement aux auteurs, de réaliser une telle prétention.

Les imperfections et les omissions que comporte nécessairement notre exposé ne le rendent pas pour autant superflu. Bien au contraire, l'exposé exact de ce qui a été réalisé et de ce qui reste encore à faire aide à voir avec une plus grande clarté les résultats et les solutions obtenus, les principales directions que doit emprunter la recherche internationale et permet de dégager les lignes directrices sur lesquelles doivent s'orienter à l'avenir réflexions et recherches.

A cette déclaration précisant la portée et les limites du présent rapport doivent se joindre des excuses. Elles concernent tous ceux qui auraient voulu y collaborer mais n'ont pas été en mesure de le faire, qui auraient été compétents mais ne se sont pas sentis compétents, ceux que l'on a oubliés ou que l'on n'a pas pu atteindre. Elles sont également faites au nom des pays qui n'ont pu exposer que de façon incomplète leurs problèmes et leurs résultats dans l'espace qui leur était imparti et au nom de ceux que l'on a négligés. Finalement ces excuses portent sur des disciplines (et leurs représentants) que les éditeurs et les auteurs n'ont pu faire entrer dans les limites qu'ils ont dû imposer au présent rapport. Tout ceci n'était pas dans les intentions des éditeurs, des auteurs et de la rédaction; leur but déclaré, même s'il n'a pu être réalisé, était de dresser un tableau complet et respectant l'équilibre entre les questions traitées, les disciplines scientifiques et les pays. Ils ne peuvent, pour compenser, que se référer à la bonne foi de leurs intentions et à l'engagement que le congrès de Munich et les publications qui le suivront contribueront à combler les lacunes.

Il est une chose que les éditeurs peuvent invoquer à leur décharge: c'est de s'être imposé cette neutralité qui vise non seulement à considérer les divers thèmes de recherche et les traditions scientifiques comme des facteurs de valeur identique de la problématique scientifique, mais également à respecter les prémisses philosophiques de ces thèmes et de ces traditions. Ceci n'exclut pas la partialité, surtout pas celle qui souligne aspect humain de l'activité scientifique et considère comme importante sa contribution au progrès et au bonheur — quoique l'on comprenne sous ces termes — en tant qu'élément constitutif essentiel de la réflexion scientifique même.

Dans cette perspective, la question de savoir de quelle manière et sous quelles conditions sociales et individuelles le sport est véritablement utile à l'homme et contribue à son bonheur est également une question scientifique: elle se pose dans la mesure où l'on constate que partout, dans le domaine de la science sportive, on oppose un certain scepticisme aux croyances et aux dogmes qui, sans fondements empiriques solides et sans avoir établi une base théorique critique, considèrent comme assurée d'avance cette signification du sport.

Sport et science du sport

Le sport et les activités physiques et sportives, la culture corporelle et l'éducation sportive (éducation physique, éducation corporelle), la gymnastique, le tourisme sportif font partie aujourd'hui dans le monde entier — cela apparaît nettement dans le présent rapport — des phénomènes sociaux courants. Ils semblent certes de prime abord dénués de complications, transparents et compréhensibles par tous; ils se présentent comme une manifestation de solidarité, même en cas de divergence idéologique et politique et sont parfois d'une d'intensité et d'une force d'attraction véritablement archaïques; ils sont portés par la participation active ou du moins l'intérêt d'un grand nombre d'hommes, dans de nombreuses parties du monde et exercent ainsi des fonctions spécifiques, en partie de valeur inégale, de caractère médical (thérapeutique, préventive, réhabilitative), pédagogique, psychologique et social.

En dépit de l'importance et de la diffusion du sport et des recherches scientifiques menées dans presque tous les pays du monde, nous en savons encore très peu sur le sport dans son ensemble; le faible volume des études complètes et cohérentes dont il a fait l'objet est en contradiction évidente avec la signification mondiale du sport. De nombreuses questions de nature sociale et individuelle que se posent par rapport à lui et le sport lui-même, dans son contexte social, sont, comme le montre le présent rapport, encore en grande partie inexplorés sur le plan scientifique. Bien que presque partout de gros efforts soient faits pour combler le déficit existant, il se produit de nombreuses erreurs d'interprétation et l'on en arrive parfois à une idéologisation du sport.

Dans une perspective globale, bien des signes dans ce rapport indiquent que le sport est en train de se constituer en un système social indépendant; ce n'est pas un agglomérat plus ou moins fortuit de personnes et de groupes actifs mais un système interdépendant de groupes et de personnes menant une action commune ou opposée. Quelles que soient les différences des méthodes descriptives employées par les différents auteurs, il devient évident qu'elles partent toutes de cette notion de système, même si elles présentent une structure interne complexe et hiérarchisée, à l'occasion contradictoire. Le sport leur apparaît comme un domaine social revêtant un caractère systématique de par ses formes d'organisation, ses associations et institutions nationales et internationales, de par les personnes et les groupes agissant en son sein. En plus, le sport se caractérise par son propre système de règles et de normes, accepté de toute évidence par ses membres et reconnu en grande partie au-delà des frontières nationales. A l'intérieur de ce système, dépendant certes de l'ensemble des conditions politiques et socio-culturelles, on doit distinguer divers secteurs d'activité ayant chacun sa finalité, ses fonctions et son contenu propres, tels que, par exemple, le sport scolaire, le sport pour tous ou le sport de haute compétition. Ces divers secteurs reflètent, chacun à sa manière, les problèmes, les contradictions et les idées de l'ensemble du sport. Même si l'on admet que l'organisation et la règlementation du sport exercent souvent une influence plutôt restrictive et que son système normatif n'offre souvent que des modèles de comportement formels, il se constitue néanmoins, avec ses normes et ses modes d'organisation en un système relativement indépendant, avec des personnes et des groupes actifs, avec des relations spécifiques d'interdépendance, avec des processus de communication et des interactions spécifiques.

Des parallèles s'imposent avec d'autres systèmes sociaux, par exemple avec la science tout court, avec la «scientific community» à laquelle sont reconnues des attributions particulières. Ces attributions signifient que des réalisations faites dans ce domaine sont reconnues par tous et en tout lieu, que ce sont des résultats appartenant à tous et qu'ils ne peuvent faire l'objet d'aucun monopole, qu'aucun avantage ne peut en être tiré. Ceux qui font des affaires avec les réalisations scientifiques n'ont droit à aucune considération, d'autant moins que la reconnaissance des réalisations et des normes est associée à leur mise en question.

Il en résulte une double relation pour la science sportive: d'une part, elle relève du système sportif, caractérisé par des normes et des formes d'organisation déterminant sa structure. D'autre part, elle est soumise au système normatif de la science qui incite non seulement les chercheurs se penchant sur les questions sportives à fournir un travail minutieux, solide et critique, mais leur impose également une certaine distance par rapport à l'objet de leur science.

Reflexions sur le rapport

Le rapport reflète, parfois de façon imprécise, une partie de ces considérations et fait apparaître diverses questions, approches de recherches et intérêts de recherche de niveau fort inégal, de même que des résultats de recherches différenciés; comme il fallait s'y attendre, le présent rapport ne manque ni de lacunes, ni d'inégalités de niveau. Ceci n'est pas dû seulement au nombre nécessairement limité de collaborateurs, ni aux limites imposées par la publication, imposant une sélection. La responsabilité en incombe également à la différenciation et aux aspects multiples de la recherche sportive internationale et à l'absence d'une théorie du sport. La recherche sportive ne se fait pas seulement dans des disciplines d'importance et de niveau différents. Elle diffère également selon les questions étudiées, la méthode (et la conscience de cette méthode), la définition des priorités, les intérêts personnels ou collectifs inspitant la recherche, les traditions scientifiques, l'appréciation des valeurs. Ses différents secteurs ont un développement et une différenciation inégale. Il en est de même avec son niveau.

C'est ainsi qu'il apparaît également que des questions et des exigences très inégales sont posées au sport. Ainsi n'est-il pas surprenant que des questions aient été posées en dehors de leur contexte, que certains aspects et certains secteurs aient été négligés et que le développement de perspectives philosophiques et sociales sur la base de résultats assurés n'ait été entamé que prudemment.

Néanmoins, les tendances et les points fondamentaux apparaissent nettement: d'une part, l'intérêt scientifique croissant pour le sport pour tous, le rôle déjà traditionnel de l'éducation physique à l'école, les études, surtout médicales, sur le sport de haute compétition dont les résultats sont utilisés en médecine générale. Les recherches de la science sportive, jadis de nature plutôt globale, s'appliquent de plus en plus, à mesure qu'elles deviennent plus détaillées, plus différenciées et plus intensives à des domaines partiels du sport; en même temps, l'intérêt des chercheurs se tourne vers des problèmes fréquemment négligés: problème des enfants et des jeunes gens handicapés dans leur développement et dans leur comportement, problèmes des vieillards, de la femme etc., de la thérapeutique sportive, du développement des intérêts sportifs, de la motivation, de la motricité etc.

La tentative de mettre au point une théorie cohérente du sport sur la base des résultats obtenus jusqu'alors et dans le contexte des interprétations philosophiques ou socio-culturelles et anthropologiques des phénomènes inhérents n'en est encore qu'à ses débuts. Le cadre de référence théorique de la recherche individuelle et surtout des projets empiriques fait encore défaut dans de nombreux pays, ou est imposé par le système social, comme par exemple dans les pays socialistes.

Problèmes de systématisation

Le plan du présent rapport de même que sa systématique ont soulevé une série de problèmes. Fallait-il par exemple établir les chapitres en concordance avec les disciplines scientifiques bien que l'on admette de plus en plus que l'étude du sport ne peut se faire qu'avec des procédés interdisciplinaires? Dans le présent rapport, les éditeurs auraient voulu se conformer rigoureusement au principe interdisciplinaire, considéré comme nécessaire par eux et par la plupart des spécialistes; or, il est apparu que l'évolution de la recherche sportive n'est pas encore assez avancée pour réaliser un tel projet. On a donc respecté dans la présentation la classification traditionnelle: philosophie, théologie, psychologie, pédagogie, sociologie, médecine. Ici encore est apparu le besoin d'un cadre de référence théorique. Son absence a pour effet qu'en dépit du progrès de la connaissance, on en revient toujours aux principes traditionnels de classification. Les mailles de ce système laissent passer bien des données qui auraient mérité d'être présentées; le plus contrariant est que de cette manière ce sont précisément les résultats des disciplines scientifiques les plus récentes qui se trouvent négligés. Dans une large mesure, il était impossible de tenir compte des problèmes soulevés et des résultats acquis par l'étude du comportement, la psychiatrie et la psychiatrie sociale, la psychologie sociale et les disciplines basées sur les théories de l'information et de la communication. Ceci ne change rien à leur importance pour l'évolution future de la recherche sportive. On doit même s'attendre à ce qu'elle se concentre particulièrement sur ces disciplines.

Lacunes du rapport

Une grande difficulté était posée par la nécessité de tenir compte dans la présentation de différences nationales et régionales, sans toutefois trop y insister pour ne pas faire passer à l'arrière-plan l'internationalité de la recherche sportive et ses approches communes. A cet égard, on a procédé de diverses façons dans les différentes disciplines représentées, mais, tout compte fait, l'état actuel des recherches y apparaît malgré tout.

Malgré tous les efforts, il n'a d'autre part pas été possible de trouver pour différentes disciplines et parties du présent rapport les collègues qui, compte tenu de leurs expériences, de leur proximité des problèmes et de leur connaissance approfondie du développement international de la science du sport auraient le mieux pu assumer les fonctions de rapporteurs: manque de temps, sousestimation (injustifiée) de leur propre compétence et d'autres raisons les invitaient à refuser de collaborer; ainsi manqueront des noms que l'on aurait attendu ou souhaité trouver parmi les collaborateurs de ce rapport.

Les conséquences en sont une série de lacunes que les éditeurs et leurs collaborateurs n'ont pas pu combler. D'importantes régions géographiques ne sont pas traitées; l'Amérique du Sud, l'Afrique et une partie des pays asiatiques manquent dans le rapport. Ceci tient d'une part à l'état précaire des communications internationales, d'autre part au fait que l'on n'a pas toujours disposé de spécialistes pour établir les rapports. Il est vraisemblable que dans une partie de ces pays se posent des problèmes plus importants que les théories sur le sport et la recherche sportive. Mais même pour les pays dont les recherches ont été évoquées, il est probable que l'on a oublié bien des points qui auraient mérité d'être décrits.

Les courtes bibliographies jointes au présent volume, le rapport du congrès, les contacts internationaux établis par lui et la bibliographie internationale prévue par la suite doivent contribuer à combler une partie de ces lacunes.

Les lacunes visibles dans la présentation scientifique indiquent les perspectives dont devra s'inspirer à l'avenir la recherche internationale. L'amélioration des échanges d'informations entre les savants, les grandes écoles et les universités, entre les instituts et les associations à un niveau multilatéral ainsi que le renforcement et l'approfondissement de la coopération internationale doivent tout d'abord être réalisés. Le congrès de Munich pourrait à cet égard donner d'utiles impulsions.

Une autre lacune particulièrement évidente est difficilement explicable dans un rapport publié à l'occasion des Jeux Olympiques. C'est le fait que l'idée olympique et l'olympisme n'y figurent pratiquement nulle part comme objet de recherches sérieuses. On y a certes consacré quelques études historiques, mais surtout dans une perspective affirmative, rarement critique. Ce que H. Lenk écrit sur la philosophie du sport en général s'applique particulièrement à la philosophie de l'olympisme: elle n'existe en fait pas encore. L'interprétation philosophique est encore aussi loin d'elle que la recherche empirique. Son cadre de référence théorique est jusqu'à présent déterminé par les traditions de l'Europe occidentale; la portée mondiale du sport par contre s'appuie moins sur elle que sur ses structures rationnelles et techniques, sur son internationalité, sur son système de règles et de normes. Il est possible que la réticence à l'égard de l'étude de l'olympisme, qui prend parfois même un caractère de tabou, soit due au fait que l'idée olympique exerce dans le sport une fonction spécifique à savoir — comme de nombreux traditionalismes — une fonction stabilisatrice. Tant qu'elle ne disposera pas de nouveaux modèles d'interprétation, elle conservera dans une large mesure sa signification irrationnelle. Ceci est de toute évidence également lié à l'absence d'une théorie systématique et convaincante du sport. On fera bien de veiller à donner dans le cadre d'une telle théorie à l'olympisme une interprétation lui permettant d'exercer son efficacité aussi dans une situation sociale et historique modifiée.

Il est frappant de constater à ce point de vue le recul de la perspective historique qui pendant des décennies a orienté toute la recherche scientifique sur le sport; les études historiques sur le sport n'ont aujourd'hui qu'une faible importance si l'on les compare aux recherches historiques étendues et intensives faites au cours du 19e siècle et des premières décennies du 20e siècle et qui apportèrent d'importantes connaissances sur le sport, les exercices physiques et la gymnastique de l'Antiquité, du Moyen-Age et des Temps Modernes, sur leur apparition dans les diverses civilisations. Si compréhensible que soit le recul de l'intérêt historique, il n'en demeure pas moins qu'il contribue à réduire la base d'estimation du sport et des exercices physiques et il est certes nécessaire de raviver l'intérêt historique — faite avec un esprit critique.

Echanges scientifiques internationaux

Les communications internationales sont — comme le montre le présent rapport — un facteur important du progrès scientifique. La science sportive ignore toujours — en dépit d'un certain nombre d'initiatives positives et de tous les efforts des associations internationales — les échanges organisés, contrairement du reste au sport lui-même, qui est un phénomène essentiellement international; dans le domaine de la science sportive, par contre, les frontières nationales et linguistiques sont fréquemment des obstacles à la communication scientifique. C'est la médecine sportive qui a la première mis au point des formes permettant des échanges scientifiques. Ceci peut tenir à la nature des problèmes qu'elle étudie ou aussi au fait qu'il lui est le plus facile de faire des recherches «hors de la tradition», d'autant plus que le sport de compétition et de haute compétition ainsi que les rapports entre le sport et la santé sont partout des objets privilégiés de recherche sur lesquels il est possible de s'entendre sans difficulté; cela est également lié au fait que-si l'on considère la science sous l'angle d'un système international — ce sont les médecins du sport qui sont le mieux intégrés dans ce système. Dans ce domaine une tâche importante reste à accomplir par les autres associations nationales et internationales.

Questions de terminologie

Il ne peut y avoir de communication internationale sur le plan scientifique sans concordance de la terminologie; quelques tentatives ont déjà été faites en ce sens. Mais la terminologie employée dans les relations internationales est loin d'être uniforme. Cette disparité demeure en dépit des efforts déployés par diverses institutions pour clarifier les questions de terminologie. Une même dénomination peut correspondre à des notions différentes, le même terme désigne des contenus qui ne sont pas identiques. Ceci entraîne plus d'une difficulté de compréhension dans les échanges internationaux.

On peut toutefois se demander à ce propos dans quelle mesure une harmonisation serait utile. Il existe sans aucun doute du point de vue de la compréhension internationale un certain nombre de raisons justifiant les efforts d'harmonisation. D'un autre côté, il faut aussi tenir compte du fait que la différence des traditions nationales doit se refléter dans les termes employés et qu'il est normal qu'à une finalité différente corresponde des appellations différentes.

Si l'on essaie de résumer ces premières considérations, elles débouchent avant tout sur l'espoir que ce rapport (ainsi que le congrès et le rapport qui le suivra) contribuera à améliorer l'information réciproque et les communications internationales et à soutenir tous les efforts pour l'intensification et l'amélioration qualitative de la science sportive.

Helmut Baitsch
Ommo Grupe
Franz Lotz

Introducción

«El deporte — foco de atención de la ciencia. Perspectivas, aspectos y resultados». Este es el título del libro que se publica a título de contribución a los preparativos del Congreso científico, que se celebrará con ocasión de los Juegos Olímpicos en Munich, y de introducción a los temas y asuntos objeto del mismo. El libro tiene como finalidad esbozar una parte del actual nivel de la investigación internacional en las disciplinas científicas relativas a los deportes — en la medida en que el tiempo y el marco disponible lo permiten —, detallar sus planteamientos, problemas y temarios, presentar los resultados logrados hasta ahora por la investigación individual e interdisciplinaria y, finalmente, indicar las perspectivas para la futura evolución en el sector de la investigación de deportes, tanto a nivel nacional como internacional. Este es, por cierto, un objetivo de gran envergadura. Y la introducción a tal informe, que tiene como finalidad reflejar exactamente el actual nivel de la investigación internacional, debería comenzar con sinceridad, indicando que, a estas alturas y por motivos diversos y no sostenibles exclusivamente por los editores, resulta imposible hacer justicia a tal exigencia.

De todos modos, las imperfecciones y las lagunas inherentes a tal exposición no la desvirtúan. Por el contrario, una presentación exacta de lo logrado y no logrado, nos permite ver con mayor nitidez que hasta ahora las soluciones y los resultados logrados, los puntos de gravedad y los intereses de la investigación en la relación internacional, y, a la vez, esbozar las directrices para los planteamientos y las investigaciones ulteriores.

Esta explicación, que traza la envergadura y los límites del presente informe, debe ir acompañada de una disculpa: a saber, que va dirigida a las personas que, en el fondo, deberían haber colaborado, pero no pudieron, a los que hubieran sido competentes, pero se sintieron incompetentes y a los que fueron olvidados o no pudieron ser alcanzados. Ella también se dirige a los países que, a falta de espacio disponible, sólo pudieron exponer sus problemas y sus resultados parcialmente o que fueron desatendidos; y, finalmente, a los ramos especiales (y a sus representantes) que no cupieron en el retículo de la presentación escogida por los editores, autores y redactores. Todo esto no fue ni intención, ni plan de ellos. Su meta declarada, pero, por cierto, no lograda, fue más bien integridad y equilibrio entre los contenidos, las disciplinas científicas y los países. En su lugar debe responder ahora la sincera intención y la explicación de que el Congreso de Munich y sus publicaciones han de colmar las actuales lagunas.

No obstante, los editores pueden hacer valer la neutralidad con la que han obrado para presentar los más diversos principios de investigación y tradiciones científicas y para respetar sus distintas premisas filosófico-ideológicas. Esto no excluye la parcialidad, sobre todo no aquélla que realza el aspecto humano de toda actividad científica y que atribuye importancia a su aprovechamiento para el progreso y para la suerte — cualquiera que sea su interpretación — como componente importante y constitutivo del planteamiento científico mismo. En este sentido, la pregunta sobre el modo y las condiciones individuales y sociales bajo las cuales el deporte es verdaderamente útil al hombre y contribuye a su suerte, también representa un planteamiento científico. Ella se plantea sobre todo respecto del escepticismo que se manifiesta en todos los ramos de la ciencia de deportes frente a dogmas y doctrinas, que ya consideran este significado del deporte como cierto, a pesar de que aún carece de una base empírica cierta y de una teoría crítica.

Deporte y ciencia

Hoy en día los deportes y los ejercicios de gimnasia, cultura física y educación deportiva (educación física y aseo), gimnasia y turismo deportivo figuran, en todo el mundo — como también lo evidencia el presente informe — entre las manifestaciones sociales más marcadas. Es verdad que, a primera vista, aparentan ser actividades simples, evidentes y fáciles de comprender para todos. A pesar de sus distintas bases filosófico-ideológicas, estas actividades se presentan como un bloque de solidaridad, a veces de una intensidad y atracción casi arcaicas. Ellas se sustentan de actuaciones activas o, por lo menos, en el deportismo de muchas personas en muchas partes del mundo y, en este sentido, desempeñan funciones específicas y, en parte, de distinto valor médico (terapéutico, profiláctico, rehabilitativo), pedagógico, psicológico y social.

A pesar de esta significación y divulgación del deporte y de los numerosos principios y esfuerzos científicos en casi todos los países del mundo, aún hoy conocemos bien poco del deporte como un todo. Los escasos resultados coherentes y completos de la investigación en este sector están en evidente pugna con su significado universal. Muchas cuestiones, de índole social e individual, relacionadas a él, así como el deporte mismo en su relación social, son aún hoy (lo que el presente informe evidencia claramente) en gran medida científicamente inexplorados. A pesar de que en todas partes se trata de recuperar este déficit, en muchas ocasiones estos esfuerzos todavía dan lugar a interpretaciones erróneas y, a veces, a una ideologización de los deportes.

Cuando nos referimos a la perspectiva global del deporte, una serie de hechos del presente informe ya dejan entrever que el deporte se está convirtiendo en un auténtico sistema social. El deporte no representa una aglomeración más o menos accidental de personas y grupos actuantes, sino que se manifiesta como sistema interdependiente de grupos y personas que actúan conjunta- o separadamente. Por diversos que sean los métodos de descripción de los distintos autores, un hecho es evidente, a saber, de que la mayoría de ellos parte de tal carácter sistemático (muy estructurado y diferenciado, a veces también contradictorio, por cierto). El deporte se presenta a ellos como un sistema social, que adquiere carácter de sistema no sólo por medio de sus formas de organización, sus asociaciones e instituciones nacionales e internacionales y de las personas y los grupos actuantes, sino también a raíz de un sistema de reglas y normas propias, aceptado, evidentemente, por sus miembros y, en gran parte, más allá de las fronteras nacionales. Tal sistema, que naturalmente no puede ser descrito sin tomar en consideración las distintas condiciones sociales y socio-culturales, se divide en una serie de campos de actividades con objetivos, funciones e ideas propias (por ej. el deporte escolar, popular y de alto rendimiento). Estos campos de actividades no son irrelevantes para el deporte en conjunto y reflejan, cada uno a su manera, sus problemas, contradicciones e ideas. Y a pesar de que frecuentemente las reglas institucionales y de organización ejercen una influencia más bien restrictiva sobre el deporte y sus normas sólo ofrecen un modelo formal de comportamiento, dentro de tales normas y organizaciones el deporte se convierte en un sistema relativamente independiente de personas y grupos activos, relaciones específicas de interdependencia, procesos de comunicación e interacciones específicas.

En este contexto nos vemos impulsados a trazar paralelos a otros sistemas sociales, tal como el de la ciencia misma, la «scientific community», al cual también asignamos atribuciones especiales como normas (el universalismo, comunismo, desinterés, escepticismo institucional, etc.). Estos atributos enuncian que los rendimientos de este sector son universalmente reconocidos por todos y representan el fruto logrado por todos, que no es posible tener su monopolio, que no deben sacarse ventajas de ellos — ya que no es digno de mérito hacer negocios con los logros — y que la aprobación de los rendimientos y de las normas implica, al mismo tiempo, ponerlos en tela de juicio.

De allí resulta una doble relación para la ciencia del deporte: por un lado, la del sistema deportivo, caracterizado por normas y formas de organización que definen su estructura, y, por el otro lado, e interfiriendo con éste, el sistema de normas científicas impuesto, que incita a los científicos competentes (por más motivación que sientan para con ella) no sólo a rendir un trabajo científico cuidadoso, sólido y crítico, sino también a mantener la adecuada distancia al objeto de su ciencia.

Informe

El informe refleja algo de todo ello, aunque todavía borrosamente, y evidencia una serie de planteamientos, principios, intereses y resultados de investigación. Naturalmente, un informe de esta índole nunca llegará a ser comprensivo, completo y exacto. Esto se debe no sólo al número, necesariamente limitado, de colaboradores y a la limitación de su volumen, en virtud del reducido espacio de publicación y de la necesaria selección del material, sino también a la diversidad y multiplicidad de las investigaciones en materia del deporte a nivel internacional y a la ausencia de una teoría del deporte. Por un lado, la investigación del deporte forma parte de una serie de disciplinas, de distinto valor y grado de desarrollo, y, por el otro lado, difiere según el planteamiento, método (y su conocimiento), la fijación de puntos de gravedad y de prioridades, los intereses personales y/o colectivos de investigación y las tradiciones científicas de distinto (aunque, por regla general, creciente) valor. La investigación del deporte, su diferenciación y, por cierto, también su nivel ostentan grados muy distintos de evolución.

Por estos motivos, el sistema social del deporte da lugar a los más diversos planteamientos y, no es de sorprender, que se aislen planteamientos, se descuiden algunos aspectos, se enmascaren determinados problemas y se desarrollen, sólo con gran cautela, perspectivas filosóficas y socio-filosóficas extensas sobre la base de resultados concretos.

No obstante, las tendencias y los puntos de gravedad son bien visibles: por un lado, el creciente interés científico por el deporte popular, la atención casi tradicional por los ejercicios de gimnasia en la escuela y, sobre todo, las investigaciones médicas sobre el deporte de alto rendimiento, con la reserva de que sus resultados suelen ser aplicados y ampliados a la medicina general. Los principios también antes más bien globales de la ciencia deportiva están adquiriendo cada vez más carácter diferenciado, detallado e intensivo y son aplicados, en creciente medida, a los distintos sectores del deporte. Al mismo tiempo, el interés de la investigación está empezando a volcarse en cuestiones hasta ahora muy a menudo descuidadas, en problemas de niños y jóvenes retrasados o de comportamiento alterado, problemas de ancianos, de la mujer, etc., de la terapia deportiva, del fomento del interés por los deportes, de motivación, de cinética etc.

El ensayo de elaborar una teoría completa del deporte, sobre la base de los resultados obtenidos y dentro del marco de las interpretaciones filosóficas, socio-antropológicas y antropológico-culturales de los fenómentos inherentes, aún se encuentra en sus comienzos. En muchos países todavía falta el marco de referencia teórico para la investigación individual y, sobre todo, para proyectos empíricos, salvo que esté regido por el respectivo sistema social (por ej. en los países socialistas).

Problemas de sistematización

La estructura del informe científico y su sistemática plantearon una serie de problemas, por ej. al querer dividirlo según las disciplinas científicas, a pesar de que se está llegando, cada vez más, a la convicción de que la investigación del deporte y la descripción de la mayoría de sus problemas sólo pueden ser logrados por medio de procedimientos interdisciplinarios. Los editores hubieran querido conservar, consecuentemente, dicho principio interdisciplinario en el presente informe, pero en la práctica la investigación deportiva aún no está lo suficientemente desarrollada como para permitirlo. Por consiguiente, el informe fue dividido en las siguientes disciplinas: filosofía, teología, psicología, pedagogía, sociología y medicina. Pero también esta clasificación carece del marco de referencia teórico. Y, de este modo, recurrimos, a pesar de todo, a los tradicionales principios de clasificación. Esta sistemática pasa por alto muchos aspectos dignos de mención y, peor aún, omite justamente los resultados de las disciplinas nuevas e incipientes. Los resultados de la investigación del comportamiento, de la psiquiatría y psiquiatría social, psicología social y de las teorías de información y comunicación etc. no encuentran lugar en tales exposiciones, a pesar de su importancia para la futura evolución de la investigación del deporte. Por lo demás, es de suponer que ésta se concentrará, ante todo, en las mencionadas disciplinas.

Lagunas de informe

De particular dificultad fue dar la debida consideración a las diferencias nacionales y regionales, sin relegar a segundo plano el carácter internacional de la investigación del deporte y la comunidad de sus principios. Finalmente se emplearon distintos procedimientos para los diversos ramos especiales, lo que, con todo, también refleja la situación actual.

De este modo se produjeron muchas lagunas. Los editores y sus colaboradores confiesan abiertamente haber omitido vastas regiones de nuestra orbe: Sudamérica, Africa y una serie de países asiáticos. Esto se debe en parte a la aún escasa comunicación internacional y en parte a la falta de especialistas para los informes. Sin embargo, en algunos de estos países también habrá problemas más apremiantes que el de elaborar teorías y emprender investigaciones sobre el deporte. Pero también en los países, sobre cuyas investigaciones se informa, seguramente se habrán dejado de lado muchas cosas dignas de mención.

Las escuetas bibliografías que figuran en este tomo, el informe del Congreso y la bibliografía internacional, que se publicará ulteriormente, han de contribuir a colmar una parte de estas lagunas.

En lo que se refiere a la presentación científica, las actuales y visibles lagunas indican, al mismo tiempo, las perspectivas para la futura planificación de la investigación internacional. Un requisito indispensable para ello es un mejor intercambio multilateral de informaciones entre los distintos científicos, las Universidades y Escuelas Superiores, las instituciones y asociaciones y la intensificación de la cooperación internacional. Este podrá recibir importantes impulsos del Congreso de Munich.

Otra laguna muy evidente y difícil de explicar — especialmente en relación a un informe publicado con ocasión de los Juegos Olímpicos de Munich — es el hecho de que casi no se menciona la Idea olímpica y el Olimpismo como objetos de investigación. Es verdad que algunos planteamientos históricos los han tomado en consideración, pero no de forma crítica, sino en el sentido afirmativo. Lo que H. Lenk escribe, en términos generales, sobre una filosofía del deporte, rige particularmente para la Filosofía del Olimpismo: a saber que, en el fondo, todavía no existe. Ella no ha sido objeto ni de una interpretación filosófica, ni de una investigación empírica. Hasta ahora su marco de referencia teórico ha sido determinado, ante todo, por las tradiciones de Europa central. La resonancia universal del deporte se basa menos en éste que en sus estructuras técnico-racionales, su carácter internacional y su sistema de reglas y normas. La reserva ante la investigación del Olimpismo, que a veces casi da lugar a un tabú, puede estar relacionada al hecho de que la Idea olímpica desempeña una función específica en el deporte, a saber — al igual de muchos tradicionalismos — una función estabilizante. Esto, evidentemente, también se debe a la ausencia de una teoría convincente del sistema deportivo. No obstante, será menester interpretar el Olimpismo dentro de su contexto, de modo que pueda conservar su eficacia también en otra situación social e histórica.

En este sentido resulta interesante ver cómo pierde terreno la perspectiva histórica que, durante muchas décadas, ha determinado los puntos de gravedad del trabajo científico en materia del deporte. Actualmente las investigaciones histórico-deportivas son pocas, sobre todo cuando se compara su número con el de las del siglo XIX y de la primera década del siglo XX. Estas probaron importantes conocimientos sobre el deporte y la gimnasia de la Edad Antigua, Media y Moderna y sobre el origen en las culturas y los pueblos. Por más comprensible que sea el decreciente interés histórico, de este modo se delimita, excesivamente, la base para el análisis del deporte y de la gimnasia y, seguramente, será necesario estimular la investigación histórica (aunque entonces desde el punto de vista crítico).

Intercambio científico internacional

La comunicación internacional constituye un factor importante del progreso científico. Esto también lo demuestra el presente informe. Sin embargo, en el ámbito de la ciencia deportiva aún falta un intercambio planificado y ordenado (a pesar de una serie de principios positivos y de los múltiples esfuerzos desplegados por asociaciones internacionales). El deporte, por el contrario, es todo un fenómeno internacional. En la ciencia del deporte, las fronteras nacionales y linguísticas con frecuencia obstaculizan la comunicación científica. La medicina deportiva ha sido la primera especialidad que ha practicado el intercambio científico, quizás gracias a sus planteamientos específicos o al hecho de que le resulta más fácil investigar «libre de tradiciones». Además el deporte de alto rendimiento y el significado del deporte para la salud son, en todos lados, objeto privilegiado de la investigación y no ofrecen mayores dificultades de comunicación. Por último, no hay que olvidar que los médicos de esta especialidad están más integrados que otros a dicho sistema (si se considera la ciencia como un sistema (internacional)). Las demás asociaciones científicas nacionales e internacionales todavía tienen mucho por delante.

Cuestiones terminológicas

Un requisito indispensable para la comunicación internacional, de índole científica, es la coordinación de las terminologías. Y, a pesar de que ya se han dado los primeros pasos en esta dirección, aún queda mucho por hacer, por lo menos en lo que atañe a la terminología que se utiliza para la comunicación internacional. Los múltiples esfuerzos desplegados por distintas instituciones para llegar a una harmonización terminológica hasta ahora no han logrado disipar la confusión. Mucho de lo que lleva la misma designación, difiere en su contenido y designaciones distintas tienen un significado común. De este modo surgen muchos malentendidos en la comunicación a nivel internacional.

En este contexto cabe preguntar por la utilidad de tal harmonización. Es verdad que, a la luz de la comunicación internacional, existe una serie de motivos para ella. Pero no hay que olvidar que las tradiciones nacionales se reflejan en las designaciones empleadas y que los objetivos sustanciales tienen derecho a ser designados por voces diferentes.

En resumen, sólo podemos esperar que este informe (al igual del Congreso y del informe del Congreso) contribuya a mejorar la información multilateral y la comunicación internacional y constituye una ayuda para todos los esfuerzos destinados a intensificar y mejorar la calidad de la ciencia del deporte.

Helmut Baitsch
Ommo Grupe
Franz Lotz

Введение

«Спорт в центре внимания науки. Перспективы, аспекты, выводы», — так называется книга, издающаяся для подготовки научного конгресса по случаю Олимпийских игр в Мюнхене. Она предназначена служить введением к тем вопросам и темам, которые будут обсуждаться на этом конгрессе. Цель книги — осветить, насколько на это позволит отведенное время и заданные рамки, раздел международных исследований, занимающихся вопросами спорта, подчеркнуть его задания, проблемы и темы, дать отчет о достижениях отдельных научных дисциплин и результатах междисциплинарных исследований, а также выявить перспективы, открывающиеся для научных исследований в области спорта, как в национальных, так и в международных рамках. Программа довольно обширная, и поэтому в начале отчета, цель которого — дать по возможности точную картину современного уровня международных исследований, следовало бы указать, что такого рода требования по некоторым причинам, не зависящим от издателей, не могли быть удовлетворены в желательной мере.

Однако, недостатки и пробелы, которые в такого рода изложении неизбежны, все же не делают его излишним. Достоверное изложение достигнутого и того, чего достичь еще не удалось, как раз и позволит получить более яркое представление о достигнутых результатах и о главных задачах как и о направлениях исследовательских интересов, чем это возможно было до сих пор в международном масштабе и, кроме того, поможет выявить дальнейшие пути постановки вопросов и исследований.

Подобное объяснение, ограничивающее объем и содержание данного отчета, следует дополнить извинением в адрес тех, кто должен был сотрудничать, но по каким-либо причинам не смог, тех, кто мог бы быть компетентным, но не посчитал себя таковым, тех, кто не был привлечен и тех, кого невозможно было застать. Извинение это относится и к странам, не сумевшим в предоставленных условиях полностью изложить свои проблемы и выводы и к странам, оказавшимся обойденными; оно относится, наконец, и к дисциплинам (и их представителям) не включенным в схему изложений, на которой вынуждены были остановиться издатели и авторы. Все это не входило в планы издателей, авторов и редакции; их целью была полнота содержаний и гармоничное взаимодействие научных дисциплин и стран. К сожалению, эта цель не была достигнута и вместо этого приходится довольствоваться честным и добрым намерением и надеяться, что Мюнхенский конгресс и последующие публикации пополнят имеющиеся пробелы.

Однако, в пользу издателей нужно заметить, что они старались соблюдать определенную нейтральность, целью чего было не только признание разных подходов в исследованиях и научных традиций компонентами, играющими равноценную роль в постановке научных вопросов, но и уважение различных, основанных на мировоззрении и философии предпосылках для этих подходов и традиций. И все же этот факт не исключает пристрастности, в частности, когда необходимо подчеркнуть гуманную сторону научной деятельности и ее пользу для дела прогресса и благополучия — что бы в отдельных случаях ни подразумевалось под этим словом — и рассматривать эту деятельность как важный и основополагающий элемент научных вопросов.

С этой точки зрения, вопрос — каким образом и при каких индивидуальных и социальных условиях спорт приносит пользу человеку и содействует его благополучию — становится также научной проблемой; особое значение этой проблеме придает то обстоятельство, что в области спортивных наук повсеместно возникают сомнения относительно тех утверждений и учений, которые без солидной эмпирической основы и без критически рассмотренной теории считают эту функцию спорта неоспоримой.

Спорт и науки о спорте

Данный отчет показывает, что спорт (физические упражнения, физкультура и спортивное воспитание, гимнастика, туризм) в наше время принадлежит к наиболее поразительным социальным явлениям во всем мире; на первый взгляд эти явления кажутся несложными, и общепонятными; они представляются признаком солидарности даже при различных мировоззренческих и политических позициях и отличаются иногда прямо-таки архаичной интенсивностью и притягивающей силой; они поддерживаются активным участием или, по крайней мере, интересом очень многих людей в различных частях света и исполняют при этом специфические, часто весьма различные функции: медицинские (терапевтические, превентивные, реабилитативные), педагогические, психологические и социальные.

Несмотря на такое большое значение и популярность спорта и на многочисленные научные исследования и усилия почти во всех странах мира, мы знаем о нем в сущности довольно мало; наличие сравнительно немногих связных и полностью обработанных результатов научных исследований поразительно противоречит всемирному значению спорта. Многие вопросы личного и социального характера, тесно связанные со спортом, а также и сам спорт в своем соотношении с общественностью, в значительной степени еще не исследованы. И, хотя почти везде предпринимаются большие усилия в этой области, мы все еще часто встречаемся с неправильными и ложными изложениями содержания и, время от времени, с идеологизацией спорта.

Если рассматривать общую перспективу спорта, то уже в настоящем отчете многое указывает на то, что спортивное развитие направлено на создание особой социальной системы; спорт — это уже не более или менее случайное скопление действующих лиц или групп, а взаимозависимая система вместе или друг против друга выступающих групп или отдельных лиц. Как ни различны подходы отдельных авторов, все же бросается в глаза, что все они одного мнения о существовании характерных для такой системы, хотя и обладающих самыми разнообразными и частично даже противоречивыми структурами и оттенками элементов в спорте; спорт представляется им в виде социальной формации, которая получает системный характер не только благодаря своим национальным и международным формам организаций, обществ, учреждений и действующих в рамках этих организаций отделных лиц или групп, но в особенности вследствие собственной системы правил и норм, очевидно, признанной всеми участвующими и переходящей через все границы; причем внутри этой системы, которую, правда, нельзя считать независимой от общеобщественных и всеохватывающих социально-культурных условий, опятьтаки выделяются различные области с собственными целями, функциями и содержаниями, как например: школьный и массовый спорт, спорт в свободное время и спорт высоких достижений. Эти отдельные области, однако, не остаются без значения при оценке спорта в целом, а, наоборот, отражают, каждая по своему, его проблемы, противоречия и принципы. И, хотя и можно исходить из того, что организационные и институционные нормы спорта часто имеют скорее рестриктивное значение и что они частично предписывают только формальные правила поведения, все же в этих нормах и организациях конституируется до некоторой степени самостоятельная система с действующими лицами или группами, специфическими формами взаимозависимости, способами связи и взаимодействия.

Тут поневоле возникают параллели к другим социальным системам, например, к науке как таковой, к тому «научному обществу», которому также приписываются различные особые признаки; по своему содержанию в спорте эти признаки заключаются в том, что достижения в этой области признаются всеми и всюду, что они являются достижением всех, без чьей-либо монополии, и что из этих достижений не следует извлекать личной выгоды, как и то, что с признанием этих достижений связано их немедленное оспаривание.

Для спортивной науки из вышесказанного вытекает двойная взаимосвязь: с одной стороны, ее следует зачислить в систему спорта, которая отличается нормами и формами организации, определяющими ее структуру; с другой стороны, с этим интерферирует научная система норм, заставляющая изучающих спорт ученых — при всем понятном рвении, с которым они относятся к своим исследованиям — работать основательно, с надлежащим критическим подходом, и соблюдая необходимую дистанцию к предмету их исследований.

Об отчете

Многое из вышесказанного, хотя и не совсем ясно, отражается в данном отчете. Отчет выявляет разного рода проблемы, исследовательские направления, подходы и интересы, а также дифференцированные результаты проведенных исследований. Как и нельзя ожидать иначе, отчет не является всеобъемлющим и исчерпывающим. Причина тому заключается не только в ограниченном количестве сотрудников и в вынужденном отборе материалов, необходимом ввиду ограниченного объема отчета, но также в расчлененности и разнообразии исследований в области спорта в международном масштабе и в отсутствии единой теории о спорте. Ведь исследования в спорте выражаются не только в отдельных дисциплинах с различными значением и стадией развития, они также расходятся в постановке вопросов, методах (и их понимании), сущности и заданных приоритетах, а также в отношении личных или коллективных исследовательских интересов, научных традиций и различной — хотя и постоянно повышающейся — оценки; они развивались, в каждом случае, по разному и такие же различия мы видим в их расчлененности и уровне.

Мы видим также, насколько различны предъявляемые к спорту задачи и требования. Поэтому не удивительно, что в отчете некоторые проблемы оказались изолированными, некоторые аспекты обработаны небежно, отдельные секторы проблем недостаточно освещены и что образование общедействительных философских и социально-философских перспектив на основе достоверных материалов развивается с большой осторожностью.

Однако, несмотря на все, главные направления и центры внимания в научном исследовании спорта обрисовываются ясно: с одной стороны, возрастающий научный интерес к массовому спорту и спорту как времяпрепровождению и уже традиционные занятия физкультурой в школах; с другой — исследования (главным образом, медицинские) в области спорта высоких достижений, результаты которых, однако, обобщаются и применяются в общей медицине. Бывшие глобальные взгляды на спортивную науку все больше и больше дифференцируются, детализируются и интенсивируются, все больше изучаются отдельные разделы спорта. Одновременно интересы исследователей обращаются к проблемам, к которым до сих пор относились с некоторым пренебрежением: спорт для физически и умственно отсталых детей, для людей в преклонном возрасте, для женщин и т.д.; проблемы спортивной терапии, развития спортивных интересов, мотивации, двигательных функций человеческого тела и др.

Однако, попытка создать сплоченную теорию спорта на основе до сих пор достигнутых результатов в контексте с философскими или социально- и культурно-антропологическими толкованиями отличающих его феноменов, еще нигде не вышла из начальной стадии. Во многих странах еще нет теоретических рамок для отдельных исследований и эмпирических проектов, хотя они и предусмотрены некоторыми общественными системами (например в социалистических странах).

Проблемы систематизации

При составлении отчета возник целый ряд проблем также относительно классификации и систематики. Например, стоит ли проводить исследования по отдельным научным дисциплинам, в противоположность мнению, что исследование спорта может происходить только междисциплинарно с соответствующим описанием большинства его проблем. Как ни велико было желание издателей, последовательным образом применить как по их собственному, так и по мнению большинства ученых, занимающихся вопросами спорта, правильный междисциплинарный подход, оказалось, что исследование спорта еще слишком мало развито, чтобы осуществить это намерение. Поэтому в отчете пришлось применить общепринятую классификацию по отделам: философия, богословие, психология/педагогика, социология, медицина. Здесь также заметно чувствуется недостаток теоретического обобщения. Этот недостаток приводит к тому, что, несмотря на сознание неправоты, все же приходится прибегать к традиционной классификации. Сквозь эту систематическую решетку проскользнуло, к сожалению, многое, достойное изложения; особенно досадно, что больше всего пострадали при этом новые, стоящие в начале своего развития, научные разделы. Почти не отразились в отчете, например, проблемы и результаты таких дисциплин, как изучение поведения в данной среде, психиатрия и социальная психиатрия, социальная психология, а также информационно- и коммуникационно-теоретически ориентированные дисциплины. Это, конечно, не отражается на их значении для будущего развития исследований в области спорта; скорее нужно ожидать, что исследования в особой мере будут концентрироваться на этих областях.

Пробелы в отчете

Особенно трудно было учесть в этом изложении расхождения национального и географического характера, одновременно не слишком их подчеркивая, чтобы не отодвинуть на задний план международности исследований в спорте и общности их начинаний. В этом отношении в отдельных упомянутых областях исследования проводятся разобщенно, в конечном итоге, это также отражает их состояние в настоящее время.

К тому же, несмотря на все старания, не всегда можно было найти людей, готовых к сотрудничеству в той или иной области и к обработке отдельных разделов отчета, сотрудников, чей опыт, знание проблемы и знакомство с развитием спортивных наук в международном масштабе мог бы оказать наибольшую помощь при составлении этого отчета: из-за нехватки времени, (неоправданной) недооценки собственной компетенции и по другим причинам они вынуждены были отказаться от сотрудничества; таким образом, некоторых имен, которые было бы желательно встретить в кругу сотрудников, работавших над этим отчетом, мы не досчитаемся.

Этим объясняется целый ряд пробелов, которые издатели и сотрудники не сумели заполнить. Крупные географические районы остались неохваченными: Южная Америка, Африка и часть азиатских стран. Это связано в первую очередь с еще несовершенной международной коммуникацией, а также и с тем, что не всегда можно было располагать специалистами для предсталения отчета. Вероятно и то, что часть этих стран занята более важными проблемами, чем создание теорий, связанных со спортом, и его исследование. Однако и в странах, из которых было сообщено о подобных исследованиях, некоторые детали, которые могли бы быть полезными для данного изложения, несомненно были упущены.

Задача приложенных к данному тому небольших библиографий, отчета о конгрессе, установленных с его помощью международных контактов и предусматриваемой в дополнение к нему международной библиографии — заполнить часть этих пробелов.

Что же касается научного изложения, пробелы эти откроют перспективы для последующих планомерных исследований в международном масштабе. Важной предпосылкой для этого является, конечно, рационализация обмена информацией между отдельными учеными, высшими школами и университетами, институтами и объединениями с многосторонним профилем, а также повышение интенсивности международного сотрудничества. Конгресс в Мюнхене мог бы послужить этому делу важным импульсом.

Еще один пробел особенно бросается в глаза, пробел, которому, принимая во внимание исследовательский отчет, касающийся Олимпийских игр, лишь с трудом можно найти объяснение. Он состоит в том, что олимпийские идеи и «олимпизм» как предметы серьезнейших исследований не упоминаются ни словом. Правда, в тех или иных вопросах, исторического характера на «олимпизм» было обращено внимание, однако скорее с утвердительным намерением, чем с критическим. То, что Ленк в общих чертах пишет о философии спорта, касается в частности философии «олимпизма»: ее собственно еще и нет. Философская интерпретация еще так же далека от нее, как и эмпирическое исследование.

Ее теоретические рамки диктовались до сих пор прежде всего средне-европейскими традициями; в противоположность этому мировое распространение спорта основывается, пожалуй, менее на них, чем на своих рационально-технических структурах, на своей международности, на своей системе правил и норм. Вполне возможно, что сдержанность по отношению к исследованию «олимпизма», иногда даже принимающая характер табу, связана с тем, что олимпийская идея в спорте наделена специфической функцией, а именно, как и многие другие традиционализмы, скорее всего стабилизирующей функцией. Пока для нее не найдут новой интерпретации и мерила для ее толкования, она и дальше сохранит свой глубоко иррациональный характер. Очевидно, и это обусловлено отсутствием системной теории в спорте. Однако нужно думать и о том, как истолковать «олимпизм» в рамках этой идеи таким образом, чтобы его эффективность развивалась и дальше в изменившейся социальной и исторической ситуации.

В связи со всем сказанным бросается в глаза отступление на задний план исторической перспективы, на протяжении десятилетий предопределявшей центр тяжести научной работы в спорте; исследования исторической стороны спорта проводятся в наше время в меньших масштабах по сравнению с обширными и интенсивными историческими исследованиями XIX и первого десятилетия XX-го веков, позволившими вникнуть в сущность спорта, физической культуры и гимнастических упражнений античного мира, средневековья и современности и пролившими свет на их появление у представителей разных культур и народов. Как бы ни понятно было это ослабление интереса к истории спорта, оно все-таки к какой-то мере подрывает основы для правильной оценки спорта и физической культуры. Поэтому нет сомнения, что исследования истории спорта следовало бы вернуть к жизни, даже рассматривая их критически.

Международный обмен научным опытом

Международный обмен информацией является, как видно из отчета, важным фактором научного прогресса. Несмотря на целый ряд положительных начал и многосторонних усилий международных обществ, в области спортивных наук все еще недостает регулярного и планомерного обмена сведениями, что, между прочим, является полной противоположностью самому спорту, который представляет собой исключительно интернациональное явление. В спортивных же науках государственные и языковые границы большей частью представляют собой и пределы научной связи. Разве что в спортивной медицине выработались формы, позволяющие проводить научно-информационный обмен. Восможно, что это частично зависит от особой постановки вопросов в этой дисциплине, а может быть и от того, что здесь еще без особых трудностей возможны исследования, не связанные традициями, тем более, что спорт высоких достижений, так же как и значение спорта для здоровья, является предпочтительным объектом исследований. Достичь соглашения в этой области не представляло трудности. Кроме того, если рассматривать науку как определенную (интернациональную) систему, мы видим, что спортивные медики оказываются в ней наиболее интегрированными. Остальным национальным и международным научным организациям здесь предстоит еще выполнить большие задачи.

Вопросы терминологии

Предпосылкой для международной научной связи является соглашение о терминологии; всевозможные попытки в этой области уже были сделаны. Но в терминологии, применяемой в международных контактах, все еще оказываются разногласия. Несмотря на многочисленные усилия различных учреждений совместно добиться соглашения о единой терминологии, эти разногласия не устранены. Многие одинаково звучащие названия означают различные понятия; под различными названиями скрываются одинаковые понятия. Это положение весьма затрудняет международную связь.

В связи с этим возникает также вопрос, до какой степени уподобление является полезным и осмысленным. В интересах международного взаимопонимания, целый ряд причин несомненно говорит в пользу унифицирования; с другой стороны нужно принять во внимание то обстоятельство, что в применяемых терминах отражаются различные национальные традиции, и что каждая постановка какой-либо существенной проблемы имеет право на собственную номенклатуру.

При попытке обобщить эти предварительные рассуждения, нам приходится прежде всего выразить надежду, что этот отчет (подобно конгрессу и его резюме) будет способствовать улучшению взаимного осведомления и международной связи и окажется поддержкой для всех усилий, направленных на интенсивирование и положительное развитие науки о спорте.

Хельмут Байтш
Оммо Групе
Франц Лоц

Perspectives of the Philosophy of Sport

Introduction

The philosophy of sport is only in its infancy. This diagnosis is as valid today as it was for ancient philosophy; and this despite the fact that several ancient philosophers were themselves athletes and held gymnastics in high esteem. Pythagoras is said (according to not very reliable sources, by the way) to have been a victor at the Olympic Games in pugilism, as well as a trainer (Diogenes Laërtius VIII, 47, 12). Plato is said to have wrestled in the Isthmian Games (ibd. III, 4). Aristotle handed down the lists of Olympic victors. Milon, the most successful athlete of ancient times, wrote a presumably philosophical book on nature which has not been transmitted to our age. Furthermore, Homer's epics celebrate contests, the "Agon", as well as the ideal of "always being the best and surpassing all others". Pindar's Olympic odes were recited throughout Hellas. Socrates taught in the "Gymnasion".

The Greek philosophers were deeply concerned with theory and with theoretical intuition. They performed bodily exercises, but they did not analyze them. Physical exercises were highly regarded as a means to an all-round education of the "Kaloskagathos", but appeared to be only of incidental and instrumental pedagogical, and not of theoretical significance, without importance for an interpretation of the world or for a philosophic anthropology. Athletics developed as an element in the cult of the classical gods and in funeral rites. Hence ancient gymnastics cannot be equated in all respects with modern sport. The origins of philosophy lie precisely in a turning away from the traditional "irrational" cult of the gods in favour of the autonomy of reason. Being part of the cult, athletics were neglected by theory along with the cult itself.

The soul dominates the body, condemning it to second place. Orphic conceptions may be found in Philolaos (fragm. 14) and Plato (Crat. 400b sqq. Gorgias 439a): the body is considered only as the grave of the eternal soul with which this is yoked and in which therefore it is buried. These dualistic interpretations, together with an orientation towards theory and a doctrine that made the rejection of the body a condition of a participation in the eternal (Phaidon, 79 sq. Repub., 591 b sqq.), determine Plato's attitude towards the body and gymnastics. But even though instrumentalistic interpretations of the body prevailed at that time, and although for Plato, as for other philosophers of his period, the body is within the realm of non-being, of the untrue rather, the 'somatic', according to Plato, is in an opalescent relation to the 'One' and 'True' and — imperfectly — depicts 'Being' and 'Idea'. Plato's evaluation of the somatic and the body thus oscillates between contempt, instrumentalism, and a nearly 'modern' interpretation of the body as a medium of being-in-the-world. Music and gymnastics, together with philosophy, school the body *and* the soul together in harmony (Repub. 411 sq., Laws 807sq.). And yet Plato only draws pedagogical and practical conclusions; there is no consequent philosophic interpretation and no transcendence of the dualism.

Aristotle's theory of the "soul as a form of the body", as "entelechy" of the natural, organic body (De Anima, 412a) is not as ambiguous, but not as fertile, either: anything spiritual should be preferred to anything physical (Nic. Eth. 1098b, Eudem. Eth. 1248sq.), but gymnastics are necessary for the proper education of the body and for εὐεξία (athletic well-being) (Moser, 1960, 185). "The special good for gymnastics is εὐεξία" as compared with mere health (Eudem. Eth. 1218a). "Effort, exertion and work are the causes of well-being, but the purpose of the former is the latter" (Met. V 1013b). Yet too vehement physical and intellectual efforts carried out simultaneously are a hindrance to one another. Again, too little physical exercise (as well as too much) is unhealthy (Pol. 1338a sq., Nic. Eth. 1104a).

Neo-Platonic philosophy in particular, and also Stoic philosophy, accentuated this dualism to the point of contempt for the body. It was demanded that the body should be looked after as the instrument of reason. But too large a place allotted to physical exercise, or even pleasure taken therein, would run counter to the dominance of the Logos. Panaitios alone recognizes a kind of pre-stabilized, over-all harmony of body and Logos in man. Epictetus describes the body as a "heap of filth".

Such views have prevailed to this day, influencing the evaluation of sport and "the merely physical", especially of the sexual, through a misunderstood interpretation of the biblical concept of the flesh. We are only now beginning to realize how deeply this dualism has penetrated our ideas and our language, so much so that even a denial of it involves us in contradictions. It is only in the light of cultural history and systematic philosophy that we come to appreciate the extent of the hidden underground workings of such apparently abstract conceptions.

This is equally true in the philosophic presuppositions and (in part hidden) interpretations of sport. The following documentation on the subject can indeed only have reference to the few important philosophical attempts at an interpretation of sport in recent times. It limits itself to attempts at philosophical interpretations of sport in the narrowest sense, that is, sport in the competitive and institutionalized sense. It limits itself in other respects, too; aspects of theology and cultural anthropology are ignored. No philosophy of play, of leisure behaviour, of recreation, of hygiene, of action, performance or education has a place here, nor the foundations of sport pedagogics (Grupe, 1969), any more than a philosophy of physical education (Osterhoudt, 1971), the psychology or philosophy of motivation. The still unsolved mindbody problem cannot even be outlined, highly relevant though it may be to the philosophy of sport.

The critical analysis of the ideology of sport and its philosophical basis is without doubt one of the most urgent tasks of sports philosophy. So far no philosophical work exists on this subject. The theses of the new social criticism of sport mentioned in this documentation are at most preparatory steps in this direction. They are partly rather generalizations from sociology and depth psychology, and scarcely achieve philosophical "profundity". They are nevertheless added, with current discussion in view, in order to stimulate the development of a philosophical ideological criticism of sport. The philosophy of sport should not irritably dismiss this criticism. The constructive function of argued criticism is only beginning to be of benefit to sport.

Sport as a Medium of Self- and Life-Fulfilment

Weiss' philosophical interpretation (1969) sees as the basic feature of sport man's concern for excellence and his effort to perfect himself. Sport is the exemplary representation and testimony of what men can accomplish through the disciplined control of their bodies (14). "Athletes are excellence in human form." Sport opens up especially to the young man a way of excelling (17), of reaching perfection unattainable elsewhere (12), of surpassing the limits of performance hitherto attained (14, 119 sq.). As a constructive adventure in "self-perfection" (35), through creative self-discipline in artificial situations of danger and crisis, through devotion and imagination, cooperation, respect for the "rights and dignity of others", sport develops its character-forming influence (28, 185).

Schulte (1928, 21 sq., 36 sqq) interprets "bodily culture" as the conscious "development" of natural propensities, value-directed and rule-guided. It encourages the confirmation and perfection of the self "by means of self-created performances, productive in character". The "eternal objective" of "self-perfection" is, according to Baum (1952), common to sport and education alike. The "spiritual" effort at perfection in sport finds its actual expression as "an effort to increase a formal performance". Measurement of performance implies an evaluation of the (in fact not measurable) approach to the objective of personal self-perfection, an objective which could be attained only in the "ideal completion of an «oeuvre»". Bouet (1968, 31, 58) sees the basic idea of sport as a surmounting of obstacles, by which one measures oneself. This is also the case in competition with others. "The competitive relationship is a *measuring* operation in which each person, measuring himself against another, measures himself by means of the other, and the other by means of himself ... and the unit of measurement ... is provided by the element of superiority".

The athlete "accepts his body as himself" and as a challenge, centres his experience around it (Weiss, 1969, 41), subjects it to order, habit and control; in short, masters it in training (53 sq., 57) while setting himself a mental objective. "Sport is mind developed in a well-formed body, adjusted to particular situations, involved in conflict, expressing itself in games played according to rules" (57). Sport demands constant engagement, commitment of the self to an athletic life, a high degree of preparedness, readiness, and consciousness of the value of distinguishing oneself in outstanding performances (62 sqq., 66 sq.). The athlete desires to test his limitations within the rules, constantly to perfect his body. These objectives need no special justification; they are cultural "achievements", an end in themselves (84, 110). The athlete: fascinating "exception" (85), portrait and example, near incarnation of the ideal body (16), of man's bodily achievement capacity. Speed, endurance, strength, precision and coordination are the dimensions in which, under standard conditions and in accordance with institutionalized rules, excellence in sport finds expression (100 sqq.). The athlete discovers his "capabilities and limitations" in trying to master circumstances which he cannot fully control (167). Success can only momentarily be achieved and "asserted in face of mighty, unreconcilable nature" (169, 130). The tension and the attraction are enhanced by the role played by luck and chance, by the unexpected, the momentary and the transient (191). Single contests are canalized, disciplined, regulated and standardized to a greater degree than games in sport (though these latter are indeed equally subject to rules and institutionalized). A single contest is characterized by less uncertainty and by lasting tension; self-discovery here takes precedence over playing a role (154, 145).

Freed from the encumbrances of everyday life the athlete drives himself to the limits of his capacity, to supreme achievement; for a short time he uses his freedom with maximum effect, faces (complete) actuality, produces "something with which he can live for a while". He is the perfect incarnation of those laws which govern the operation of the perfect body, even if that body passes away. The (almost) ideal athlete—"one with these laws"—is so far "for ever", shares the eternity of those laws. He feels and represents that which remains stable, fundamental, a part of "eternal reality", although he makes each game, if only for a moment, into a new occurrence in history. In accepting the irrevocable judgement, in creating together with his fellow players the "totality" of the game, in escaping the "remorseless flux of time", the athlete is "sport incarnated, sport instantiated, sport located", and by that fact is man himself, incarnated, instantiated and located (243—248).

Apart from certain difficulties of phenomenological methods (although Weiss is not a phenomenologist proper but a metaphysician), which cannot be discussed here, and a number of relics of a dualistic mind-body conception, Weiss has achieved a comprehensive interpretation of sport from the view-point of the athlete. The central aim itself, concern for excellence, is simply accepted and taken for granted without being analysed. The humanistic ideal of the supreme value of the self-completing individual lies at the base of this interpretation and sometimes acts, by reason of its more individualistic point of view, as an obstacle to the *socio*-philosophical interpretation of sport, in spite of certain excursions into role and institution theory applied to sport organizations and teams. The "metaphysical excursus" at the end is too sketchy and somewhat metaphorical. By a distinguished metaphysician like Weiss, one would like to have it worked out toward a more substantial and differentiated metaphysical interpretation.

According to Slusher's existential analysis (1967, 10 sq.), sport is "basic to a philosophy of being". [Similarly Minkowski (1955) who carries out "existential analysis" using examples of psycho-motor activities, especially the jump.] Without superimposed value structure, as "value in itself" for its own sake, sport is an arena of life in which a meaningful existence can be sought, constituted and reflected (201, 17). Existence and being reveal themselves (only) in the "drama of the activity" (17), in the formulation of process (11, 139), any time in the "now" (88). "The truth of being" (27) and of personal existence is only possible through inner authenticity (61, 159), through meaningful actions and choices (201 sq., 107), through consistent personal affirmation and full commitment in action: man is what he reveals himself to be in action (21). Sport offers the opportunity through free choice, through spontaneous and deliberate personal activity, through progressive self-mastery and self-betterment (186, 180) and deep involvement (125) in face of anxieties and risks [defeat (199) or even the menace of death in "so-called death-centred sports", such as mountaineering (204 sqq.)] to achieve "authentic being", "real existence" (161, 156, 206 sq.). "Sport reveals man's basic existence" (92); here one "cannot run away or deceive one-self" (160).

Scarcely anywhere else is one so conscious of one's body as a focus of action (41, 39). For the body *is* the self: "both the individualization of my engagement in the world" (Sartre) (34), the constitutive agent and result of my own existence. Body, life, action, and sport cannot be fully objectified in a scientific manner, they can only be personally experienced and realized in actuality, in their total comprehensiveness and authenticity (26, 33). Sport, itself "a mystery" (218) provides mystical experience (114) and through its "vital aspect ... opens the self to the mystery of being" (8). Thus the experience of sport is only "true", authentic, for the performer in action (57). Only he can communicate his being through the "symbolic occurrence" which is sport, symbolize and formulate in sport "awareness of existence" (53). Thus sport is an integral part of humanity itself (20) "a dimension of the truth of being" (24). It offers, in the intensification of performance and increase of achievement, an indication and measure of "maximized internal existence" (25). The athlete seeks this truth of being by consciously "creating a form" which approaches the ideal form (e.g. of the jump) (30, 32), but which in every contest, every effort, must be achieved afresh. Scarcely anywhere else is there such demanding feedback, in which the actors must constantly prove themselves anew in action, with no guarantee of continuity (82). Being is risk (217), living with anxiety, with the threat of non-being, of death (192—207). Dangerous sports provoke the effort to escape death and thus create the highest degree of excitement and authenticity. Man believes he has conquered death and can lead a fuller life by overcoming the fear of death (206 sq.).

Sport as the chance of realizing authentic existence—this interpretation embraces the following functions and possibilities of the constitution of the self: the expression of personal individuality (4, 97), the challenge of existence (12), the testing of the self (91), the constitution of meaning (19, 91), the search for, determination, and control of being (17, 13), detachment from the self, discovery and intensification as well as confirmation of the self, and realization of one's potential, transpassing the commonness of everyday life (17), gain in self-confidence in dangerous situations, compensation for other deficiencies of self-satisfaction etc.

In spite of its existential significance sport creates nothing new. It is an instrument of conservation rather than of creation, of the "repetition of the conventional", of the "status quo" (107), puts a premium on "adaptability" (118). Sport and religion have in common many institutional characteristics of a "symbolically developed ideology": traditional rituals and sanctions to ensure loyalty, symbolic actions, deep personal commitment, the desire for self-completion and the quest for the transcendental and for mystical participation, the ultimate exploitation of experience, awareness of limitations, reaching out into the unknown—to the almost impossible, existential doubts and choice-situations and self-reliance, the search for the "reason of one's being", "meaning" and justice (121—135, 184). Sport, according to Amsler (1958, 7), is usually "defined by the transcendental aims attributed to it"—at least implicitly: Even if sport escapes the ideologies, "it spontaneously develops its own sacred practices, defines the limits of its territory, occupies time, constitutes what religious historians call a 'centre', thereby restoring completely the 'original time' of the first creation". According to Slusher (129) sport is a substitute for religion for many people if they are guided alone by "the truth of performance" and the "will to power". However, the sportive morality of success, which is by no means new (146 sq.), of the defeat of others, of fitness instead of harmony (165 sqq.), of the reward of aggression (184), is incompatible with the demands of Christian ethics (148). The place of the "usual concepts of the good, the evil, and the useful" is taken by a "new order of holiness" (Amsler, 1958, 7). Sport stresses the IT, not the THOU. It is "cold, impersonal, objective, hard", Darwinistic: "a Mecca for man's competitive nature" (Slusher, 71, 77).

In the superman cult (77) which arose from the original part played by heroism in sport (208), in the cult of the record and of measurement, of publicity and the craving for celebrity, the struggle for the prize, of commercialization and nationalism, sport today has become completely "prostituted" (12). Branded by the values of a materialistic, technological and economic culture (152), the athlete becomes, all too acquiescent, the "slave instrument of measurement", an object for his opponent, loses his "*personhood*" (175 sq.), his authenticity (154). Sport dehumanizes if, to quote Wolf, the body of the athlete is "lived in by the masses" as it were (116). Sport, ideally "process and not the results" (139), production-oriented (creatively committed to performance, achievement and activity) but not product-oriented (182 sq.), has now been alienated and replaced by the "spirit of the product" (185). Spectacular success, records, fame, money are valued more highly than complete and total existence. The opportunity to opt for authentic personal being is lost. "Sport *is* what man makes it" (185), but most people usually participate in sport in an unauthentic manner (212, 184). According to the work credo, even play has become organized in a work-like manner. Thus guilt feelings about "play" arising from puritanism are repressed (152).

The *dilemma* of sport is that it brings the active person nearer to the truth of being (206), offers him the choice of authentic existence, while at the same time encouraging conformity to conventional rules, flight from freedom and from the "creative will", and the "objectification" of man who thus becomes a mere means to an end (117, 149; Thill, 1970, 3). In this way the authenticity of existence is jeopardized. In sport man "risks his basic existence" (Slusher, 117). He must choose whether to live "humanistically or mechanistically" (154). A further dilemma: the athlete strives for perfection, but can never achieve it; he acts therefore like Sisyphus in the absurd, in "nothingness". As he acts, transforming "non-being into being" (110), he limits at once possibilities, self and being (190), "develops non-being" (61): sport—"a form of the absurd" (109 sq.). As such, too, it is a microcosm, a mirror and an arena for real living (85, 7), "reality itself" (105), "a testing-ground of *reality*" of "life itself" (Berry, 1927, 40).

Despite the vagueness of existential terminology, which sometimes leads to contradictory formulations, Slusher's book is significant as an individualistic interpretation of sporting activity. It is true that the social aspects (except some institutional) are almost entirely ignored. Slusher's excessively sharp distinction between authentic sport, which is positively valued, and the unauthentic, which he disqualifies, smacks all the more of ideology in that his criterion [authenticity—perhaps to be understood like in Heidegger as the being intrinsic (Eigentlichkeit) of being oneself, to be always maintained by the self] is not precisely defined. Slusher points to the arbitrariness of a classification which includes brutal and graceful sports such as rugby and figure skating under the same name "sport"; but he himself omits to differentiate between and analyse these types of sport.

Sport as "Excess Strength" and a Root of Creative Living

A spontaneous display of strength, excess energy exerted aimlessly and disinterestedly, characterized by "a wild desire to put further boundary stones", and the tendency to react to a stimulus with exuberant movements, "superfluous", free "exertion purely for the pleasure of it"—all this is what for Ortega y Gasset constitutes *sport* (1953, 17; 1930, W I 430 sqq.; II, 132, 241). "Life", therefore, as a freely chosen "metaphysical exertion", is "essentially sport and not compulsive necessity". Ortega speaks of the "*sporting significance* (meaning) *of life itself*" (1955, 18). "Sporting activity" is the primary, creative activity necessary for living, which alone renders all the great works of civilization possible. "Civilization is not the daughter of Work, but of Sport", of the "sporting drive" (I, 203; II, 132 sq.). In antiquity the "sporting influence" of the clubs of young people formed the "sporting origin of the state" (I, 436 sqq.; 1955, 15, 18).

Ortega uses the expression 'sport' in an unusually broad sense, but then (1955) inconsistently identifies this undisciplined, overflowing life with modern (highly institutionalized and disciplined) sport. His one-factor theory and his dichotomy between primary and secondary life are unsuited to differentiated exposition of the subject sport. They are misleading, contain forcefully and emotionally engaged value concepts and could easily serve a pointed and spectacular ideological justification of sport.

Sport as Play

The play-element in sport has been particularly emphasized by Moser (1960, 183 sqq.), with examples from skiing and mountaineering (see also Schmitz, 1968). Here one finds embodied in all its variety "everything that distinguishes play as such": "free, pleasurable and superfluous action", its own rules, definite locality, limited duration, repeatability, "order ... and rhythm ... tension and relaxation", "uncertainty", "luck and chance", "secrets of the game", unusualness, lust of adventure, economic uselessness etc. (187; see also Huizinga, 1956, 20). "Feelings" might form "the basis of a higher species of play" (Moser, 186). Even in "most rigorous training" the "idea of play" is to be found. The self-ironical understating down-playing of taking a calculated risk shows that even "mountain climbing is play"—but play in all seriousness, in which life is at stake: the mountain appearing as "hypostatic opponent", symbolizing an idea and task in mountaineering. Sport is regulated, agonistic play—distinguished like science and like dialogue, by "playful antithesis", by "aesthetic antinomics" (188, 190 sqq.). Sport, as such, is a "symbol of life" (190; see also Berry, 1927, 24, 36).

In the teleological Aristotelean conception of movement as "actualization of the potential" with reference to future states and aims, in the order of learning, achieving, mastering a movement, Moser (200, 204 sq.) sees the first steps towards a phenomenological description and biological-philosophical ordering and maybe even a metaphysical theory of movement in sport and play.

Although sporting contests show many of the characteristics of play, the inclusion of every "serious", demanding sport under the collective concept "play" does not offer sufficient possibilities of informative differentiation to allow of a more exact analysis. Many authors (e.g. Weiss, 1969, 9, 24, 133, 139 sqq.; Slusher, 1967, 8; Frayssinet, 1968, see below p. 37) are opposed to the attempt to conceive sport simply as a special form of play. Bouet, too (1969, 12—15), adduces features distinguishing sport from play: in sport results are achieved, particular techniques learnt, efforts and dangers overcome; asceticism is practised and objectivity sought. The racing cyclist J. Bobet rejects the idea of any similarity between sport and play: "in order to approach perfection, to better one's performance, one no longer has the right to amuse oneself".

Huizinga (1938) looks for the origins of civilization and all culture in "play" and interprets "culture and civilization as play". Even the contest belongs to the play category, since it displays all "formal" and "functional characteristics of play" (54 sq., 106, 20, see above this p.). "Because of their competitive, agonal principle" Huizinga counts the "unchanging" and "ancient" forms of sport, such as running, chariot racing etc., as play. However, in the last decades, sport was taken so seriously (forcing up the level of performance, professionalism) that it has now moved outside the "sphere of mere play"—"an element *sui generis*, no longer play and yet not real earnest", an "independent expression of agonal instincts". Sport to-day remains outside "the civilization process", is non-cultural, anti-social, "uncreative of civilized values". In it "the old play-factor has practically died out" (186 sqq.).

Since Huizinga accords a play-element even in politics, law, business and (traditional) warfare (at least with regard to the past, and partly even to the present), his brusque rejection of any such element in modern sport appears inconsistent, an ideological prejudice, derogatory, especially as he recognizes *fair play* as an essential play-factor in civilization (201).

Sport as an Aesthetic Phenomenon

The designation of sporting activity as an aesthetic phenomenon, corresponding to varying interpretations of the concept "aesthetic", receives different degrees of precision and emphasis. The most common thesis is that which attributes aesthetic qualities to the movements and to the body of the athlete (e.g. Coubertin). Schulte (1928, 50) extends it to cover the aesthetic qualities of the *experience* of movement. An interpretation of the phenomenon *sport* is, however, not possible in this general form, but only in a more exact version which conceives sport as analogous to the specific aesthetic phenomenon *art*. Sport and art may be interpreted as analogous phenomena through their similar *resonance* in the person who experiences them, through the *absence of purpose* which is a feature of both, through the "*reaching out*" of sporting performance beyond the individual himself, through the "cultural value" of supreme achievement in sport, which is "produced" in "creative action" (van Aaken, 1955, 7—9; Diem, 1942, 69; see also Keller, 1969).

A more significant version of this interpretation is to be found in the hypothesis that *sport is included in art*, developed by Barthes (1957) and Frayssinet (1968). Barthes, however, limits this "inclusion thesis" to the *reception*, the presentation of a particular sporting event in particular communications media: the "Tour de France" in its description and its reception by the public as an epic. The heroes of the epic, the cyclists, are reduced to their "characteristic essences" (118), which are held in their names as concrete expression of their virtues (111). The subject of the epic is the "uncertain conflict of certain essences" (118). The battle is waged by supermen supported by their vassals in a truly Homeric landscape (114), where man and nature are matched together. The various stages of the race, the elements and landscapes are personified, the contestants "naturalized" (112 sq.). In the world of this epic there are only four movements: "to lead, to pursue, to forge ahead, to fall behind" (115).

Frayssinet (1968) develops the most precise idea of aesthetic interpretation: sport itself (and not its reception) *is an art* like music, poetry, the dance. In support of this hypothesis he collects a number of examples. For this purpose he defines "sport" as "an activity in the form of a contest requiring an intense muscular effort which demands great expenditure of energy. This contest is usually turned into a spectacle" (33). He refers to all phenomena as art which fall under the discipline of the fine arts (beaux-arts) and whose *raison d'être* lies in their effort to achieve beauty-value (beauté-valeur). Frayssinet's hypothesis, therefore, is as follows: "sport" is one of the constituent parts of the system of the "fine arts"—it is the eighth "art". This assumption only seems strange to those whose thinking is still under the influence of the mind-body dualism. Connoisseurs of sport, particularly the athletes themselves, are opposed to the reduction of sporting activity to the "physical"; sport is just as much a "cosa mentale" as painting, to quote the phrase with which Leonardo sought to liberate the latter from the stigma of "manual labour" (18).

Historical evidence for the "inclusion thesis" is the close association of sport and art in Ancient Greece. Both fulfil the functions of a cult; artist and athlete are alike in their consciousness of the religious character of their activities, in their turning towards the gods. The origin of this identical role in the cult lay in the aesthetic value which the Greeks acknowledged both in the "arts" and in the athletic contests (28).

Frayssinet's thesis is supported by *systematic* arguments. First of all, the "uselessness" of sport is a striking feature, identical with the "absence of purpose" in art. (The same idea is to be found in Dufrenne, 1950.) Sport, no more than art, responds to a need; neither has an immediate aim. If this or that jump had not been made, only the athlete and the spectators would have lost something—the pleasure in jumping or in looking on (46 sq.). The only justification for art and for sport is the "delirious joy" ("enivrante jouissance", Maulnier).

Art and sport are both to be distinguished from play through the quality of earnestness; they demand hard work, an intense effort which can only be made by total commitment, and a great expenditure of will (54). The seriousness of sport is stressed by the presence of spectators. The spectator has a "connection" with the athlete, a "participation", which might be understood as a sort of imitating reproduction of the movements he makes. The "participation" is accompanied by a "distancing" (distanciation), for the spectator "never in fact intends to take part in the action". Both "participation" and "distancing" are equally characteristic of the reception of a work of art: the latter can only be and has to be reproduced by the observer (50 sq.).

The earnestness of the athlete and the presence of spectators is explained by the fact that sporting, just like artistic activity is directed towards an *end*; both are directed towards a *result* (57). But what corresponds in sport to the work of art (oeuvre)? What is the "athletic 'oeuvre' "? [Fr. "oeuvre" generally designates a product of artistic activity and thus does not correspond exactly to the English "Work of art". The French expression is therefore retained here.] The athletic "oeuvre" can no more be identified with the body of the athlete than can the ballet with the body of the dancer. The "oeuvre" as the result of the performance of the athlete is the run, the jump, which may be dissociated from the person of the athlete as may the representation from the person of the actor. The private personality of the athlete is "neutralized" (64 sq.). Art and sport are related through the "oeuvre"; artist and athlete alike are concerned to create an "oeuvre". This idea has already been developed by Bouet (1948) in his exposition of the aesthetics of gliding. Frayssinet undertakes his description of the "athletic 'oeuvre' " with the help of concepts from the aesthetic systems of Nédoncelle, Alain, and Souriau.

According to Souriau the work of art constitutes a universe that, although it lacks the "same degree of reality" as the "real world", is yet no illusion (84). It is a phenomenon, rather, of two worlds of different construction: the 'world' of the artistic and sporting 'oeuvre' is distinguished from the 'real' world in space and time. The space of the 'oeuvre' is bounded—outside the picture frame and the cinder-track nothing is of importance (85). Similarly the time of the 'oeuvre' is different from that of ordinary events (88). The two are distinguished by different manners of observation. Normal perception is replaced by aesthetic observation. Space and time *within* the 'oeuvre' are differently perceived from space and time round about. In this form of perception what is perceived is not the concrete material of the 'oeuvre' but the "aesthetic object". This, correctly speaking, is not an object, but the percept of "aesthetic observation" (91).

Following the aesthetic theories of Souriau and Dufrenne, Frayssinet distinguishes four levels of existence in the 'oeuvre':

The level of *material* existence consists of the material worked upon—in the case of the "athletic 'oeuvre' ", the human body. The athlete is not a product of nature, but the result of cultivating work. Nor is the "material which is to be worked upon any less rebellious" than the sculptor's material (96 sq.). Control of a set of movements is brought about by their constant repetition. This is mastery, "knowledge", not instinct (98, cf. also Bouet, 1968, 22; Keller, 1969).

In its *sensitive* existence the 'oeuvre' is perceived as a collection of "qualia", of pure qualities apt to be organized: colours, notes, syllables etc. (102). The athlete experiences them as "the harmony of sensations in muscles, joints and sinews, in breathing and in circulation within a movement" (103). The onlooker recognizes them as rhythm, and recognizes the emotions he feels on perceiving the movements of the athlete as "tactile-muscular" sensations. Thus the visual is the vehicle of communication between athlete and onlooker (106).

The "réique" or *ontological* (better: *ontic*) existence "consists of the entities which the 'oeuvre' contains and presents to us" (107). In the "athletic 'oeuvre' " this is on the one hand the form of the particular discipline in itself, a "fixed framework which encloses the variety of changing cases" (108), and already leads the onlooker to expect that the course of the sporting events will follow a particular pattern. The "athletic 'oeuvre' " exists on the other hand, too, in the sense that it represents something: the athlete fights against space and time as against "the walls of the human prison" (109). To this extent sport is a picture of life, and since new technological and scientific knowledge is applied to it, it is a picture of life in a particular age (112).

The *transcendental* existence, finally, lies in the "beyond". In the "transcendental", the other three existence levels are united (114). This can neither be proved nor precisely formulated. Frayssinet sees in the fact that "sport, like art, has supported religions" (115) evidence that there is a "transcendental" level in sport.

Frayssinet is driven to revert to subjective convictions because to describe sport he draws upon aesthetic systems which are oriented exclusively towards traditional art. These permit of certain analogies between art and sport, but exclude sport *a priori* from the sphere of the "fine arts", since they characterize as "art" only that which has 'proved acceptable' to tradition: the artistic 'oeuvres' to which a *meaning* may be attributed. A modern understanding of art cannot be expressed in these terms. Frayssinet's idea that sees sport as an artistic phenomenon originates, however, precisely in an anti-traditionalist aesthetic conception oriented towards modern art. An aesthetic corresponding to this does not yet exist; to work out his idea fully Frayssinet would have had to develop a new aesthetic theory.

Sport as "Ethical Training"

Sport, according to Berry (1927, 38), has for its "ethical basis the survival . . . of the race". It makes possible "specific training in definite ethical principles" and the learning and exercise of social values. Sport and sharing in "big-muscle activities" train and produce group-identification, social adjustment, loyalty, diffidence, self-sacrifice and self-control, leadership and similar moral qualities (40, 14, 23 sqq., 32 sqq.; cf. also Schulte, 1928, 57 sq.). The obligation of the athlete towards humanity and the people of his own, the "*religio athletae*", discussed by Coubertin (1935) as well as his appeal to the morality of a sporting "chivalry" might also be understood in the sense of a specific training in sports ethics.

The role of sport as a stratification-bridging factor in social integration and a vehicle of social learning particularly for young people, as well as its democratizing function, have been investigated only by sociologists (e.g. Specht, Wurzbacher, M. Mauss) and educationists, but not by philosophers.

According to Plessner (1956, 29 sq.; 1966, 26 sq.) the ethic of "sportsmanship" (to be a good loser, to keep to the rules, to play fair, to honour one's opponent, comradeship, willingness to fit in, team spirit) is beginning to "influence the life-style" even of the "world of labour". Business and society obey the forms of interaction exhibited in competitive sport: work experienced as a competitive game. The agonistic attitude in sport and the "ethos of sportsmanship" lead to a "sportification of the consciousness" (Anders) and produce an ideological justification for aggressive tendencies in society, as well as diverting this latter from itself.

For Kuchler (1969, 184 sq., 47) "the vital values, standards and ideals present in the sphere of sport" as also "the moral objectives of the athlete" constitute a complex and yet personally variable "sport ethos" (88, 99). It embraces i.a. qualities of character like dignity and self-assessment, joyful experience of self, perfection of self and of performance ("citius—fortius—altius"), uprightness, justice, willingness to fit in, unselfishness, noblesse, respect for others (91, 80 sqq., 123 sqq., 158 sqq.). Kuchler points to the vital values that are especially important constituents of the sport ethos, qualities appertaining to the will [the will to excel in performance (158 sqq.)], the values of social ethics [comradeship (142 sqq.), fairness (147 sqq.)] and of usefulness as "priority rules" in the realm of values (166 sqq., 11). He criticizes in the "sport ethos" the emphasis placed upon formal elements and "pre-moral" qualities, its limitations in point of content, function and situation, and the lack of any depth of commitment and transcendence (186 sqq.). He puts a positive value upon its genuineness, openness, concreteness, its closeness to life and its attachment practical experience, as well as upon the ascetic element in the sport ethos (189 sqq.).

An analysis of the sport ethos encounters the philosophical and methodological difficulties present in phenomenological and material ethical valuations, which fail through their Platonist essentialism. Kuchler's positive appreciation appears to depend on unanalysed pedagogic preconceptions of value.

Sport as a Model of the "Achieving Society"

Even Hobbes (W IV, 53), the social philosopher of remorseless competition, had compared life to a race. Moser (1960, 190) designated mountain climbing as "a symbol of life's struggle and goal". Performance sport—a product of industrial society: this almost trivial sociological statement has been enlarged by von Krockow (1962, 59) to the philosophical statement "that achievement sport ... is the most concentrated symbolic representation of the basic principles" of industrial society. The principles of differential performance (the allotment of social rank on the basis of individual performance (58 sq., 52 sqq.)] are nowhere so clearly symbolized and documented as in sport, with its "exactitude, ideality", "objectivity", equality of opportunity, its ability to be measured and compared, reviewed and generally understood. Coubertin (1935) spoke of an "aristocracy", an "élite" of performance but of complete equality of origin. [cf. also Berry (1927, 18, 27): "the democracy of ability".] In the complex late-industrial society sport is acquiring greater and greater significance as an indication of individual performance, since any performance in the realm of professional work is difficult to identify with and credit to a particular person. The team, the vast apparatus, the system here form the major determinants of performance. Thus achievement sport in the leisure and consumer society can form a counter-weight to the "existential impoverishment" and alienation within the world of work: no longer a compensating factor, but the symbol and expression of the competitive society itself, "the arena of the competitive struggle" (von Krockow, 60 sqq., see also his 1972, passim).

Adam (1972) designates "performance behaviour ... in sport as a model ... for ... performance behaviour and achievements in general". An improved position in the social hierarchy on the basis of an "objective" comparison of performance which is experienced as just, harmonizes the, at first sight antagonistic, principles of equality of rights and of differential allocation of position. In an "ideal achieving society" one's position in the hierarchy would depend upon comparison of performance. Absolute objectivity in comparing (especially regarding different types of performance) is impossible. In competitive sport anyhow we can best approximate to a model of this objectivity (especially by measurement, by creating a decisive situation or by keeping count of successful attempts). "The mechanism by which one proves oneself" through performance of one's own stabilizes one's "self-respect" (especially in allowing one to overcome the unpleasant experiences one deliberately courts in sports training). Furthermore, sport provides a schooling, by means of examples leading to performance behaviour, which is indispensible to the preservation of the race and for the happiness of mankind in face of growing population problems.

The principles of the ideal 'achieving society' are not critically analysed in the way an (as yet non-existent) philosophy of achievement and performance should do. Furthermore, it is often overlooked that the so-called *achieving* society in its main features rather is a society of *success* in the making of phoney, highly advertised performances and careers, and that the "quasi-laws" of successful publicity, of the entertainment industry, and the "laws" which "determine" achievement and performance by affects of social *systems* themselves, are increasingly imprinting themselves upon top-class sport, too. Sport no longer corresponds to the pure ideal of the achieving society, although high performance sport in idealized form provides (or provided) a model for it, for you cannot obtain achievements in sport by subreption.

Sport as a Reaction Compensating for and Adjusting to the Conditions of Living in the World of Industrial Labour

Scheler (1927, 12 sq.) understands sport as "*resublimation* (i.e. redirection of some measure of the drive energies which in the past were very largely channeled towards thinking and work—to the body and to 'bodily culture' in an artificially regulated form) ..., an artificial revival of care for the particular value of bodily existence which had been neglected for centuries". Sport is a "narcotic" over-compensating "explosive reaction" to the one-sided, ascetic-spiritualistic ideals of Western Christianity. Berry (1927, 38, 48, 10, 14) sees in sport the sole field for the "big-muscle activity" which has lost its importance in industrial society but which, being essential to existence, is connected in series with and before the finer muscle coordinations of present-day work and which conditions the vital "emotions of the race".

According to Jaspers (1931, 62 sqq.) it is in sport that the body and "personal existence as vitality" assume their rights: a "remnant of satisfaction in direct being, in discipline, elasticity, dexterity", "delight in contest", "heroism", "savouring danger", ecstasy in dangerous sporting achievements. In "the lure of eccentric possibilities" the hostile total established system offers to seemingly fateless man an opportunity of escaping the boredom of a world without mystery, an opportunity to present himself. Sport as substitute and compensation "becomes a 'Weltanschauung' ".

Plessner (1956, 19 sqq.; 1966, 23 sqq.; cf. also 1952) summarizes the significance of sport in the brief formula: "it is a compensatory reaction":

a) against the "disturbed equilibrium between potentialities of the mind and the straining of the body", against the "deforming influence" of industrial "mechanization, specialization and bureaucracy" in work, traffic etc.;

b) against the "disappearance" of the "individual person" that accompanies specialization and the division of labour in the work process, against the experience of anonymity;

c) against "the alienation of each from the other through the intellectualization of modern life" with its incomprehensibility and the mutual incomparability of fragmentary and differentiated abstract partial achievements;

d) against the boredom of the labour process (Buytendijk o. J., 34).

Sport also, according to Plessner (ibid.), offers opportunities of easy social advancement to the underprivileged, of the fulfilment of "the desire to outdo others, to prove oneself and to arouse respect, to excel and to be the object of hero-worship", "to recreation ... social contact ... aggression and play", "relaxation through distraction". He sees sport as an "ideal compensation", because in "overcoming artificial difficulties of one's own choice", one "combines the element of non-work with the principle of achievement" which one cannot any longer, and has no desire to, avoid in the achieving society. The achievement principle, in its relative indifference to the contents of the respective objectives, seems to be alone recognized as still valid and seems to be the only principle to found efficient "neutral and formal functional values" of social institutionalizing and regulating (fair play) and of interpersonal comparisons.

Magnane, too (1964, 71, 45), sees in sport a means of resolving the alienation of man: "man is no longer played with, he plays, he moulds his own fate". According to Lefèbvre, sport is a "picture in reverse" which represents a "compensation for everyday life".

Without doubt sport fulfils many of the compensating functions mentioned: vital-motor functions (for many middle-class persons desirous of social advancement) satisfaction for ambition and personality identification etc. The integration of these compensatory functions into a philosophic system has not yet been undertaken. However, any *exclusive* interpretation of the many-faceted phenomenon, sport, in terms of compensation reactions alone would be wrong. It would be easy but mistaken to elevate a relevant feature of limited validity to the only essential characteristic.

Sport then is interpreted partly as a compensatory reaction, partly as a form of adjustment to conditions of life in industrial society. Risse (1921, 46) believed that the reaction was to be found in the *content* of the sport, the adjustment in its *form* of activity. Veblen and Adorno take the view that sport is an unreflected expression and eruption of violence, of repression and rapine, of rival savagery, "a regression to the natural beast" and "to exotic cruelty and cunning": competitiveness in sport represents for civilized man "almost a necessity of life", an emanation of his "rapacious nature" (Veblen, 1899, 244 sq., 250 sq.). Adorno (1955, 91 sp.) also stresses "the masochistic element" of sport, which offers the satisfaction of an institutionalized substitute—fictitious "pseudo-activity" along with ideals of hardness—and thus diverts the attention away from spontaneous action. Modern sport does indeed give back "to the body part of the functions of which the machine has deprived it", but only "in order to train man all the more inexorably to serve the machine": "fitness for work ... one of the secret aims of sport". "It even tendentially assimilates the body to the machine. Therefore it belongs to the realm of un-freedom", furthers adjustment to the menacing world of technology.

Ellul (1954, 383 sq.), a philosopher of technocracy, also sees in sport "in every conceivable way ... an extension of the technical spirit". Through mechanization for efficiency and through the functionalization of the body and its movements "training in sports makes the individual an efficient piece of the apparatus" and helps to a considerable extent to produce the "mass man" of "totalitarian" and "technical culture". Peters already (1927, 89 sq., 92sq., 73, 77, 58, 63) held sport to be disciplined nihilism which might supply a substitute satisfaction replacing inner emptiness by "mechanical, quasi industrial" achievements and record-breaking efforts, "vital tension", craving for prestige and occasionally self-intoxication: sport as "*pure ... industriousness*" with the character of work but without its orientation towards aims and concrete results.

For Habermas (1958, 39 sq.) "sport ... has long since become a sector of the rationalization of work": the training process is analyzed, dissected, calculated and synthetized just like the production process. "Sport is a copy ... of the world of work. And individuals become substrata of units of measurement in it". Sport "is, in fact, show business—professionals on the one side, consumers on the other", with the exception of a few amateurs as "private remnants" outside the professional organization and the market.

According to Plessner, too (1963, 26 sq.), "two worlds of work" stand opposite to each other: sport being "a copy of the world of industry" with the same formal, functional rules and standards of valuation—attractive in that participation in it is 'voluntary'. This similarity offers compensation "in the sense of an equivalent", not of "a true alternative". Gehlen (1965, 28) sees in sport, because of an "inner similarity of structure", a "modified copy of real and serious situations and of working life", in which features of the collective world of work are preserved, restructured, in the form of rules, disciplinary regulations, and special morals. Magnane (1964, 121) describes this situation with the formula: "work as play and play as work"; Schulte (1928, 38): "work in the guise of pleasure".

The thesis of the copying in sport of the world of work has been modified and limited by certain differentiating reservations: "performance sport (not sport in general) in its system of activities incorporates patterns of behaviour and contents of thinking, peculiar to the world of work", which promote "adaptation to the prevailing social system of activities and the established power" system (Rigauer, 1969, 67, 82).

If 'work' is understood as "activity designed for a rational end" and directed towards optimal and maximal achievement with the aim of satisfying needs (15, 19, 65), then this conformity thesis is empirically contentless: it follows from the definitions.

Such socio-critical theses relative to sport in the world of industrial work have so far lacked a systematic philosophical foundation and have until now not been philosophically pursued further. The new social criticism of sport alone has pointed out the "merchandising character" of professional sport [market value of professional footballers, advertizing, the "Toto", publicity (Rigauer, 1969, 26, 22, 58 sqq.; Vinnai, 1970, 40 sqq.; Böhme et al., 1971, 114 sqq., 88 sq.)], but treated the matter in a sociological and undifferentiated rather than a philosophical manner. It has also criticized the ideological function of sport in the sense in which it encourages stabilization of the established system and adaptation to prevailing conditions.

Sport as a Sign-World

The interpretation of sport as a copy of reality is extended by some French writers to the thesis that sport is more than a picture of reality; it is a system of signs constituting its own reality: a semiotic world. The originality of this interpretation arises from the view that sport or sporting activities are "a group of signs" (Magnane, 1964, 109). They are not simply what they appear to be, bodily movements, but there is a "sort of meaning, a sort of meaningful existence" vested in them (Bouet, 1968, 30, 456). Sport can therefore be understood as a semiotic system, with the help of which information can be conveyed: "*a non-linguistic means of communication*" (Bouet, 1963, 8). The existence of these sign meanings Bouet explains from the tendency to "*seek an expression of oneself*" (1969, 49), which haunts men formed by Western civilization as a means of proving themselves as individuals (211).

The semiotic world is an area of "security, of spiritual and social order", created by "precise rules, the existence of arbiters and ever-functioning justice, and the fact that everyone is in the same situation" (Bouet, 1969, 74). Magnane (1964, 109 sq.) interprets the «sane» world of sport as "the modern myths of the athlete which form for him a complete projection system". In these myths the athlete objectifies the psychic forces which are "left out of account" in his professional and everyday life. They form a system that has the function for him of "explaining the world". Bouet goes a step further: the system of meanings in sport "gives significance to life" by "seeking to improve performance", thus providing an orientation even for one's personal existence" (1968, 456; cf. also Slusher, 1967). "The man who stands outside officially accepted cultural expectations, the language of which he cannot understand, gropes after elements of another culture based on values which he can grasp with certainty". He finds his culture in the sporting pages of the newspapers. This "other culture", the "sports mythology, offers access to the ontology of that part of the population which still finds itself in a condition of pre-civilization" (Magnane, 1964, 75). The myths of sport present the expression, the reconciliation and the liberation of man with complete clarity (Barthes, 1957, 118 sq.). The world of sport offers the individual compensation for the injuries inflicted upon him in a "real world" subject to uncontrollable fate. In the "reverse picture" of reality (Lefèbvre) he finds "all-embracing compensation", "confidence" (Bouet, 1969, 74), a kind of "revenge"; "here the subject compensates and avenges himself" (Magnane, 1964, 75).

The "other world of sport" differs from the "real world" especially in space and time structure. Bouet (1962, 5) distinguishes between two types of "*time*": "the duration (durée), which occupies the entire course of a movement" ("quantity of time"), and an "order of succession of movements, arranged at various moments", a "configuration in time" as, for example, the successive phases of a jump ("time-melody"). The athlete who is faced with the "*quantity of time*" seizes the "opportunity offered him by sport . . . to transform" through his battle with time "his timebound human destiny" (6). It is, on the other hand, for the athlete himself to build up the "*time-order* of movement" (7).

Space in the world of sport, perceived by the athlete in action in a special way, is described by Merleau-Ponty in the example of the football field (1942, 182 sq.; see in this connection Bouet, 1968, 204 sqq. and Bernard, 1962, 7). The player perceives the field not as an 'object' but as a configuration of "lines of force" which spark off his actions in the game. He and the field he is playing on are one. He "feels", for example, "the direction of the «goal» as immediately as he feels the vertical and horizontal lines of his own body". Every turn the game takes alters his awareness which during the game is "the dialectic of environment and action", modifies the aspect of the field and draws new "lines of force".

Sport as a sign-world is indicated only in a few brief observations; no attempt at a detailed interpretation along these lines has yet been undertaken. The thesis is, however, significant in that it combines the convincing aspects of the interpretation of sport as an aesthetic phenomenon (a world of its own, function as expression and representation, "uselessness") with its interpretation as a compensatory reaction (compensation, similar structure to that of the world of work). A development of this thesis, making use of results and methods from meaning theory and semiotics, might, as Thill (1970, 19 sqq.) has already indicated, produce promising results.

Sport as Safety-Valve for Aggression, Instinctive Reaction for the Preservation of the Race and Discharge through Appetency

Lorenz (1963, 85 et al.) explains aggression as a primitive, tribal, race-preserving instinct which cannot be removed or reduced, but at the best can be discharged onto substitute objects by abreaction. The capacity for being jammed up, the phenomenon of lowering the thresholds of irritation and stimulation where satisfaction cannot follow, and appetence behaviour are precisely the characteristics of intra-specific aggression, which is denied the essential need of direct open discharge in the seeming calm of civilized existence. For Lorenz (398 sq.) sport, as a "special ritualized form of conflict", offers an excellent "safety-valve for repressed jammed aggression", an opportunity for working off by abreaction both individual and collective aggression. Like the "comment fights" analyzed in ethology it "prevents socially harmful effects of aggression and retains at the same time its race-preserving capacity ...". Sport trains one to "control responsibly" one's "instinctive bellicose reactions" (fairness in response to stimuli likely to arouse strong aggressive feelings), renders possible symbolic ritualized fighting for precedence in the group (see also Adam, 1972), devotion to inspiring objectives, and the acceptance and overcoming of great danger; in short, sport can activate behaviour patterns of great selective value from the point of view of the history of the race, and of culturally highly refined worth in intra-specific selection—for which, in the past, war was thought to be the only abreaction—and in this way can "lessen the danger of war" (also through international friendships and common ideals). Berry (1927, 14) actually sees athletics as the "modern substitute for war". Beisser, too, sees competitive sport "partly" as an "archaic" physical safety-valve for aggressive energies stimulated by civilization which might otherwise be discharged into criminal channels (1967, 17, 161, 185 sqq., 231). The new social criticism of sport interprets this function as perfidy on the part of the ruling establishment, concerned with conformity and the stabilization of the system, which aims at repressing, discharging and defusing the frustrations and "aggressive potentialities" which are dangerous to the status quo (Böhme et al., 1971, 82sqq.; Vinnai, 1970, 83sqq.).

Berry (1927, 5 sqq., 46 sq., 24 etc.) derives elementary sporting activities in a behaviouristic way from the basic instincts of self-preservation and preservation of the race: running away out of fear. The fighting spirit and the spirit of cooperation, teams and team rivalries arose, he believes, from the act of resistance, primarily because of the advantage of community and common action in that respect. Aggressiveness, violence, the fighting spirit and the corresponding emotions (fear, anger, courage) are nowadays nowhere accepted, encouraged, practised and rewarded as much as they are in sport (especially in football), the law of which is "the survival of the fittest" (26, see also Beisser, 1967). Hofstätter sees as the main task of modern sport the offering of "adequate opportunities for the development of the *emergency function*".

Hegg (1969) interprets sport behaviouristically and ethologically as «comment fighting», in which the residual drive of the person whose instincts are appeased, of the domesticated or the still immature, is diverted by means of the purposeless satisfaction of the inclination to activity brought about by the intervention of pre-connected appetencies for substitute objects without the release of the respective corresponding purposeful final action. The sated cat continues to play with a ball of wool.

According to a variant of the theory of the discharging function of appetent behaviour, sport is "one of those institutions ... which should defuse the 'socially explosive' force of sexuality, conduct it into conformist channels" and repress and displace it. In this way sport appears as a conformist and stabilizing factor of the established social and political system (Böhme et al., 1971, 34 sqq.; Vinnai, 1970, 64 sqq., 75 sqq.).

Plack (1967, 188 sq., 185), who incidentally also criticizes Lorenz's metaphysics of basic aggressivity, sees in sport on the other hand a tendency towards the "liberation of the body", "towards its resexualization", which will confer spontaneity again on man, who has been divorced from his body and is sexually suffering from a blockage of his instincts. For the "ideal vassal", deficient in initiative and affections, is what results from the suppression of action and drive (of motor *and* sexual needs).

These two controversial opinions show how little in this field there is of empirical knowledge and systematic philosophy and their interaction, more or less free of ideology and capable of objectivity.

The *monolithic* interpretations of modern sport as appetency abreaction, as the residue of race-preserving activities or as a safety-valve for the release of aggression, cannot fully cover the complex social phenomenon of sport (Weiss, 1969, 34, 178), even though sporting contests may certainly in part perform the outlet function for the abreaction of individual aggression. Furthermore, Lorenz's metaphysics of aggression is in need of modification for intra-specific cultural relationships and collective group behaviour, however permissible it is to accept the idea of instinctual components in aggression. After all, the escalations of nationalism projected from external sources during and after sporting contests have refuted much of Lorenz's optimism.

Sport as a Mean in the Class Struggle, of Increasing Production and Overcoming Alienation

Marxist theoreticians of sport see it as their main task to fit the social phenomenon "*bodily culture and sport*" as accurately as possible into the theory of dialectic and historical materialism.

The dual concept 'bodily culture and sport' covers the totality of the social measures for the all-round perfection of man. 'Bodily culture' here is the primary or leading concept and embraces: planned physical education, physical exercise as a form of active recreation (also tourism), and, as 'nucleus' of bodily culture, sport (exercise to attain technical perfection and meet standards of performance or competitions with fixed objectives) (Erbach, 1965, 877).

The basis of all these philosophical interpretations is Marxist anthropology. The ontological status of man is determined according to Marx by three factors: his specific relationship to nature, the socially determined character of all action, and work.

The relationship between man and nature is to be understood as dialectic dependence, whereby man (himself part of nature) by using his mind makes the latter servicable to him and thus achieves a new quality of human existence. Man himself is "that part of nature which thinkingly and consciously refashions the world" (Schaff). Through conscious action which always constitutes a process and is always tied to a particular situation, he becomes a member of society.

Being socially determined is therefore his essential characteristic. "His expression of life ... *is* ... an expression and confirmation of *social* life. "The life of the individual and the life of human kind are not *different* from one another" (Marx, Frühe Schriften, I, 597).

Born of nature and at the same time being a "product" of history, man becomes his own creator through *work*. The work of man is, therefore, more than an external activity, a metabolism of nature and himself. It is a unity of thought and action in which the essence of man is realized, and by which according to Marx he is distinguished from the animal. Work is always social production, which is dependent upon the state of material production.

Other expressions of life must likewise be determined by specific methods of production and therefore by concrete social relationships and circumstances. This is to say that all human life—including bodily exercises—must be understood in "the context of objective social relationships" (Nitschke, Kleine, 1961, 120). This phrase is confirmed by an analysis of the production process which in Marxian interpretation also provides the foundation for a theory of sport. A few ethnological investigations are taken as proof that in the primitive community there was a close connection between bodily exercises and the form that material production took. In this early phase bodily exercises were first manifested as "*a necessary expression of human life* and indeed as preparation for the acquisition of the material product", and as "a *means* to the preservation of physical existence" (e.g. the boomerang among the Australian aborigines) (ibid.). As advances in production create new needs, whereas new tools for the satisfaction of these needs are only developed slowly, the growing needs can only be met in the first instance by the most highly skilful manipulation of the old tools. Thus physical exercises arose, "possibly, in the dialectic interval between a newly created need and the production of suitable new tools" (ibid., 122).

In a (first) process of abstraction the close dependence of physical exercise upon the production process weakens in proportion as man succeeds in asserting his freedom in the face of objective nature. Freedom—understood as social freedom—is the result of the development of tools, whereby the degree of freedom can be measured by the extent of the surplus product in society. This offers the possibility of practising at first simple (elementary) physical exercises such as running, jumping, climbing, and swimming without apparent reference to practical necessities. On the other hand the development of productive forces demands new forms of movement, which again at first serve the ends of production and which later, as society steadily develops, are divorced from it (399). From this it follows that only an analysis of the *purpose* of the movement, not of its *form*, can answer the question whether it is a working or a purely physical activity.

With the emergence of private ownership (of the means of production) this relationship between man and nature changes into a relationship between the classes. The physical exercises often serve in the new phase of development as a preparation for warlike confrontation, and no longer perform a "social-natural" function, but a "social-political" function. Corresponding to this change in society there is also a primitive stage of physical exercise (preservation of physical existence by throwing spears, shooting arrows etc.) in the political sphere. Through a second process of abstraction these forms of movement are divorced from "direct action" and constitute a "relatively independent social sphere of physical culture" in which a "*relative* absence of purpose obtains in all developed forms of movement" (400 sq.).

Unproductive activities such as religious dances—forms of expression of the ideological superstructure ("Überbau")—are likewise products of social consciousness. They must be interpreted as total subordination of man to the magic power of nature. They, too, are a "socially produced need". The only difference from the forms of movement previously referred to is that the transition from one form of movement to another depends upon more factors than the mere degree of separation of the physical exercises from the direct production process. Added to "material servitude to nature" is "spiritual servitude to prevailing conditions" (402).

This interpretation of sport in terms of the philosophy of history is supplemented by a philosophical reflection on physical activity oriented towards the labour process. As opposed to idealism, *consciousness* and *action* form a dialectic unity. Consciousness is a "social product" which arises "only out of the need, the necessity of communication with other people" (Marx-Engels, W III, 30). Applied to physical exercise this signifies a rejection of all theories which describe automatized movement-skills as unconscious or spontaneous.

As a product of social conditions physical culture in Socialism has the task of contributing to man's all-round education, liberation and completion and his psycho-physical equilibrium, also to increasing his life-expectancy and strengthening his will and endurance. The goal is the all-round Socialist in thought and action. Owing to the dialectic relationship of sporting activity and consciousness this task goes far beyond the physical strengthening of man. Sport serves both to cure and to prevent physical disablement and also helps alienated man to find himself again. Physical exercises enable the citizen "to overcome the heritage of alienation in himself" and "to experience himself as man" (Oelschlägel, 1968, 591). In this way sport becomes not only a precondition, but an essential *means of waging the class struggle*. This does not mean that "participation in sport itself mitigates the alienation ... but that an awareness of the social significance of the struggle for the liberation of mankind is a first step towards overcoming alienation" (592). Since *after* the abolition of private ownership of the means of production work no longer alienates man, it becomes a genuine need, along with sport; and both together have an important function in the recovering process of the citizen. Thus in Socialism sport and work are not in contradiction either historically or socially. Oelschlägel defines sport as "conscious, objective, creative action ... practical sensuous activity completing the individual", as "collective, social, therefore political activity" (1969, 388). Since social activity is always political, every "unpolitical sport" is for Marxism a fiction. The victory of a Socialist athlete in an international contest signifies according to Marxian ideas more than a mere personal success; it counts as expression and proof of the superiority of Socialist society, in which man, liberated from all alienation, has found himself and reached a higher plane of human existence.

A criticism of the Marxian theory of sport would involve a criticism of Marxism itself, which cannot be attempted here. One might, however, note the frequent dissolution of philosophic problems into historical explanations, whereby the latter are neither worked out nor criticized philosophically. Furthermore, a theory that reduces *all* activity to political activity runs the risk of allowing all its concepts to become metaphors which are incapable of dealing with differentiated phenomena.

Sport as Symbolized Father-Son Conflict and as Substitute Narcissistic Satisfaction

Beisser generalizes his psychoanalytical diagnoses of former top-class athletes. He interprets sporting contests as a symbolic repetition of the familiar father-son conflict for the winning of the mother (or of her esteem), or more generally, of a girl (1967, 192, 205, 213). Especially in a contest between an inexperienced athlete and a favourite or an "old pro" the struggle against the overpowering father-symbol finds expression (unsureness, submissiveness on the part of the young victor etc.) (203 sq.; cf. also Magnane, 1964, 31 sqq.). To be father substitute, scapegoat and love-hate object is often projected upon the coach (Beisser, 200, 210, 221, 235). Sport, no longer childish play and not yet serious work, becomes the bridging rite of initiation toward manhood. It assures continuity of interest across the frontiers of age and class, offers opportunities for the younger athletes to find and constitute identity, familiarity, and a certain amount of farsightedness, and thus contributes very largely to the psycho-social integration of the maturing personality. The victor must also accept a certain amount of risk, he must defend victory and title, accept responsibility for them and assimilate them in spite of feelings of weakness and guilt towards his opponent and 'father' and of the public's sympathy with the underdog. In this way he matures into adulthood, unless he becomes neurotic or psychotic and fearfully retreat from this responsibility, remains fixated at the sport-play stage or is wrecked by victory (162 sq., 175 sqq., 181, 189 sqq., 211, 235 sqq.). In extreme cases such as these (especially if he is forced to withdraw) he may undergo a crisis of personality or psychiatric disorder. "Psycho-organic" changes may often be attributed according to the respective specific type of sport to an excessive "pursuit of perfection" or hypertrophy of particular action patterns forming part of the specialized sport. In this case "a distortion of the personality can be the product of competitive sport" (Thill, 1970).

In view of the pseudo-similarity of the roles of the two sexes and of the absence of the displays of strength no longer functionally necessary in the industrial welfare society, it is only sport that can offer opportunities of demonstrating unambiguously manliness and of staging comparisons of strength. In physical man-to-man contacts (as when players embrace after the game) it alone makes 'legal' allusion to hidden and otherwise strictly tabooed homosexual needs (Beisser, 1967, 186, 195 sq., 198, 221, 233).

While Deutsch (1926) and Stokes (1956) had recognized in sport the function of lessening anxiety through the projection upon the external world of the sources of Oedipal-castration anxieties and father-son conflicts, recent social criticism of sport, which is psychoanalytically oriented, too, goes a step further and interprets narcissistic and sado-masochistic behaviour patterns on the sports field as an easily obtainable substitute for object-libido being denied in the labour process. According to this thesis the crowds of spectators in particular repress and displace their alienating everyday frustrations through collective, auto-erotic, regressive self-identification with the performers and are thus geared to an immature adaptation to prevailing conditions of the establishment (Vinnai, 1970, 7, 75 sqq.). Similarly de Greef (1947, 166) had already described sport in general as an unusual means of appeasing the unconsciously dissatisfied, for whom sport represents an effective means of regression to childhood (infantilization).

Many branches of psychoanalysis are methodologically still in dispute, allow of philosophic generalizations only to a limited extent and appear to be one-sidedly constructed. Some of Beisser's results might apply only to American conditions. Nevertheless this bold approach is an enrichment of the interpretation of patterns of behaviour in sport and in many respects develops and illustrates the interpretation of existential philosophy. However, the sociological aspects of sport are indeed too much oversimplified if they are completely projected into the relationship to the super-ego.

As a whole these latter interpretations of sport, which, like most of the others, may be vaguely grouped between very general empirical hypotheses and purely philosophical interpretations, reflect in general terms a thoroughly representative image of the still tentative, not yet systematically integrated attempts at formulating a philosophy of sport. One cannot take seriously or hope for a monolithic, single-factor interpretation, one must wait for more systematic work and programming. It is a matter of urgency that the philosophy of sport and more generally of all achieving behaviour should be developed if a social sphere of such rapid growth and importance should not remain without critical interpretation and study and should not be regarded merely as a sort of natural phenomenon, to which at the best one must adapt oneself or which one may avoid, but which one cannot conciously and goal-orientedly modify or control.

Bibliography

Aaken, E. van: Die sportliche Höchstleistung als Kunstwerk und absoluter Wert. Ein Ansatz zu einer Philosophie des Sports. Olympisches Feuer **5**, 12, 7—10 (1955).

Adam, K.: Nichtakademische Betrachtungen zu einer Philosophie der Leistung. Leistungssport **1**, 62—67 (1972).

Adam, P.: La morale des sports. Paris 1907.

Adorno, T. W.: Veblens Angriff auf die Kultur. In: Adorno, T. W.: Prismen. Kulturkritik und Gesellschaft, p. 82—111. Berlin-Frankfurt 1955.

— Stichworte. Kritische Modelle 2. Frankfurt 1969.

American Association for Health, Physical Education, and Recreation. Division for Girls, and Women's Sports and Division of Men's Athletics. In: Report of a National Conference on Values in Sports. Interlochen (Michigan) 1967.

Amsler, J.: Essai sur le sport et le sacré. Education Physique et Sport. **40**, 3—8 (1958).

Bannister, R.: The Meaning of Athletic Performance. In: International Council of Sport and Physical Education (ed.): International Conference on the Occasion of Baron de Coubertin-Centennial Anniversary. UNESCO ... Paris ... 1963, Gauting (UNESCO Youth Inst.) 17—21 and in Jokl, E., Simon, E. (ed.): International Research in Sport and Physical Education. Springfield/Ill. 1964, 64—73.

— What Makes the Athlete Run? The UNESCO Courier, 10—19 (1964).

Barthes, R.: Mythologies. Paris. 1957 (Quoted from: Paris 1970).

Baum, K.: Der Geist des Sports. Grundfragen einer Psychologie und Philosophie des Sports. 1. Teil: Der Ursport. Unpubl. diss. Würzburg 1952.

Beets, N.: The Experience of the Body in Sport. In: Jokl, E., Simon, E. (ed.): International Research in Sport and Physical Education. 74—82. Springfield (Illinois) 1964.

Beisser, A. R.: The Madness in Sports. New York 1967.

Bend, E.: Some Functions of Competitive Team Sports in American Society. PhD. Univ. of Pittsburgh 1970.

Berg, J. H. van den: The Human Body and the Significance of Human Movement. Philosophy and Phenomenological Research **XIII**, 159—183 (1952).

Bernard, M.: Une interprétation dialectique de la dynamique de l'équipe sportive. Education Physique et Sport **63**, 7—10 (1962).

Berry, E.: The Philosophy of Athletics. New York 1927.

Böhme, J.-O., Gadow, J., Güldenpfennig, S., Jensen, J., Pfister, R.: Sport im Spätkapitalismus. Frankfurt 1971.

Bouet, M.: Contribution à l'esthétique du sport. Revue d'Esthétique **1**, 180—194 (1948).

— La double signification du temps en sport. Education Physique et Sport **59**, 5A—7B (1962).

— Eléments de recherche pour une psychologie des intérêts compétitifs dans la pratique du sport. Education Physique et Sport. **65**, 7—10 (1963).

— Signification du Sport. Paris 1968.

— Les Motivations des Sportifs. Paris 1969.

Buytendijk, F. J. J.: Allgemeine Theorie der menschlichen Haltung und Bewegung. Berlin-Göttingen-Heidelberg 1956.

— Das Fußballspiel. Würzburg o.J. (1953).

— Christian, P., Plügge, H.: Über die menschliche Bewegung als Einheit von Natur und Geist. Schorndorf 1963.

Čelikovský, S.: Axiologická analýza hodnoty pěnesnych cvičení. (An axiological analysis of the value of physical exercise), In: Sborník vědeckě Rady UV CSTV. **V.**, Prag 17—30 (1969).

Clifton, M.: Values Through Sports. Unpublished paper presented at the annual convention of the Eastern District Association for Health, Physical Education, and Recreation. Philadelphia, Pennsylvania, March 18 (1963).

Coubertin, P. de: Les assises philosophiques de l'Olympisme moderne. In: Bulletin du Comité International Olympique **13,** 12sq. (1949).

Coutts, C. A.: Freedom in Sport. Quest, Nr. **10,** 68—71 (1968).

Deatherage, D.: Factors Related to Concepts of Sportsmanship. Unpublished Ed. D. dissertation. University of Southern California 1964.

Deutsch, H.: A Contribution to Psychology of Sport. Internat. J. of Psychoanalysis **VII,** 223sq. (1926).

Diem, C.: Philosophie der Leibesübungen. Olympische Flamme, **1,** 61—69. Berlin 1942.

Doherty, J. K.: Why Men Run. Quest **2,** 60—66 (1964).

Dufrenne, M.: La Philosophie du Sport. Education Physique et Sport **1,** 4—6 (1950).

Ellfeldt, L., Metheny, E.: Movement and Meaning: Development of a General Theory. The Research Quarterly **XXIX,** 264—273 (1958).

Ellul, J.: La technique ou l'enjeu du siècle. Paris 1954. Quoted from: The Technological Society. New York 1967.

Erbach, G.: Sportwissenschaft und Sportsoziologie (I, II), Theorie und Praxis der Körperkultur **XIV,** 877—883, 950—963 (1965).

Felshin, J.: Sport and Modes of Meaning. Journal of Health, Physical Education, and Recreation **XL,** 43—44 (1969).

Fogelin, R.: Sport: The Diversity of the Concept. Unpublished paper presented at the 13th Annual Meeting of the American Association for the Advancement of Science. Dallas, Texas, Dec. 28 (1968).

Frayssinet, P.: Le sport parmi les beaux-arts. 1968.

Geblewicz, E.: The Aesthetic Problems in Physical Education and Sport. Fédération Internationale d'Education Physique **3,** 53—59 (1965).

Gehlen, A.: Sport und Gesellschaft. In: Schultz, U. (ed.): Das große Spiel, p. 22—33. Frankfurt 1965.

Gerber, E. W.: Identity Relation and Sport. Quest. **8,** 90—97 (1967).

— (ed.): Sport and the Body. A Philosophical Symposium. Philadelphia 1972.

Graves, H.: A Philosophy of Sport. Contemporary Review **78,** 877—893 (1900).

Greef, E. de: Les instincts de défense et de sympathie. Paris 1947.

Gregg, J. R.: A Philosophical Analysis of the Sports Experience and the Role of Athletics in the School. PhD U. of Southern California 1971.

Grupe, O.: Grundlagen der Sportpädagogik. München 1969.

Habermas, J.: Soziologische Notizen zum Verhältnis von Arbeit und Freizeit. In: Funke, G. (ed.): Konkrete Vernunft. (Festschr. Rothacker). Bonn 1958, 227sqq. Republished in and quoted from: Plessner-Bock-Grupe, 28—46. München 1967.

Harper, W.: Man Alone. Quest. **12,** 57—60 (1969).

Hartman, B. G.: An Exploratory Method for Determining Ethical Standards in Sports. Unpublished Ph. D. dissertation. Ohio State University 1958.

Hegg, J.-J.: Tiefenpsychologie des Hochleistungssports. Schweizerische Z. f. Sportmedizin **17,** 89—94 (1969).

Heidemann, I.: Der Begriff der Bewegung. Die Leibeserziehung **14,** 395—401 (1965).

Hein, H.: Performance as an Aesthetic Category. J. of Aesthetics and Art Criticism **XXVIII,** 381—386 (1970).

Herald, C.: Freud and Football. In: Lessa, W. A.; Voigt, E.Z.: Reader in Comparative Religion: An Anthropological Approach. New York 1965.

Hogan, W. R.: Sin and Sports. In: Slovenko, R., Knight, J, A. (1967).

Horkheimer, M.: New Patterns in Social Relations. In: Jokl, E., Simon, E. (ed.): International Research in Sport and Physical Education, 173—185. Springfield/Ill. 1964.

Houts, J. A.: Feeling and Perception in the Sport Experience. Journal of Health, Physical Education, and Recreation **XLI,** 71—72 (1970).

Huizinga, J.: Homo ludens. Quoted from: Homo ludens. Vom Ursprung der Kultur im Spiel. Reinbek 1956.
Hutter, C. M.: Sport und Wettkampf. Unpubl. diss. Univ. Graz 1956.
Iden, M. A.: Substantive Elements About Human Movement. Diss. University of California, Los Angeles 1967.
Jantschev, J.: Sportethik, Theorie und Praxis der Körperkultur **14,** 409—413 (1965).
— L'éthique sportive (une discipline scientifique). In: N.N.: Sport et développement social au XXe siècle, 226—229. Paris 1969.
Jaspers, K.: Die geistige Situation der Zeit. 1931. Quoted from: 5th ed., Berlin 1955.
Jokl, E.: Medical Sociology and Cultural Anthropology of Sport and Physical Education. Springfield/Ill. 1964.
— Sport as Leisure. Quest **4,** 37—47 (1965).
Jost, E.: Die Fairness. Diss. Hamburg 1970.
Kaelin, E. F.: The Well-Played Game. Notes Toward an Aesthetics of Sport. Quest **10,** 16—20 (1968).
Kaplan M.: Games and Sport as Leisure. In: Leisure in America: A Social Inquiry. New York 1968.
Keating J.: Winning in Sport and Athletics. Thought **XXXVIII,** 201—210 (1963).
— Sportmanship as a Moral Category. Ethics **LXXV,** 25—35 (1964).
— Athletics and the Pursuit of Excellence. Education **85,** 428—431 (1965).
— The Heart of the Problem of Amateur Athletics. The Journal of General Education **XVI,** 261—272 (1965).
— Sartre on Sport and Play. Unpublished manuscript. De Paul University 1966.
— The Urgent Need for Definitions and Distinctions. The Physical Educator **XXVIII,** 41—42 (1971).
Keller, H.: Sport and Art. The Concept of Mastery. Unpublished manuscript, University of Salford (England) 1969.
Kenyon, G. S.: A Conceptual Model for Characterizing Physical Activity. The Research Quarterly **XXXIX,** 96—105 (1968).
— Sport Involvement: A Conceptual Go and Some Consequences Thereof. Aspects of Contemporary Sport Sociology. Proceedings of C.I.C. Symposium on the Sociology of Sport. Chicago Illinois 1969.
Kleine, L.: Philosophische Grundpositionen der spätbürgerlichen Reflexion auf Körperkultur und Sport in Westdeutschland. Diss. Leipzig (DHfK) 1966.
— Philosophische Grundpositionen der spätbürgerlichen Theorie der Körperkultur in Westdeutschland, Wiss. Z. der DHfK Leipzig **8,** 2, 5—38 (1966).
Kleinman, S.: Toward a Non-Theory of Sport, Quest **10,** 29—34 (1968).
— The Significance of Human Movement: A Phenomenological Approach. In: Bucher, A., Goldman, M. (ed.): Dimensions of Physical Education, 150—153. St. Louis 1969.
— Sport as Experience. Unpublished paper presented at the Annual Convention of the American Association for Health, Physical Education, and Recreation, Seattle (Washington) 1970.
Klöhn, G. (ed.): Leibeserziehung und Sport in der modernen Gesellschaft. 2nd ed., Weinheim 1963.
Koch, A.: Die Leibesübungen im Urteil der antiken und frühchristlichen Anthropologie. Schorndorf 1965.
Kretchmar, R. S.: A Phenomenological Reduction: The Unity of Sport and Dance. Unpublished manuscript. Kansas State Teachers College at Emporia 1969.
— A Philosophical Description of Sport. Unpublished manuscript. Kansas State Teachers College at Emporia 1970.
— A Phenomenological Analysis of the Other in Sports. Diss. PhD. U. of Southern Calif., 1971.
Krockow, C. v.: Der Wetteifer in der industriellen Gesellschaft und im Sport. In: Ausschuß Deutscher Leibeserzieher (ed.): Der Wetteifer, 48—63. Frankfurt-Wien 1962.
— Sport und Industriegesellschaft. München 1972
Krug, O. C.: The Philosophic Relationship between Physical Education and Athletics. Diss. New York University 1958.
Kuchler, W.: Sportethos. München 1969.

Kunath, P., Thiess, G.: Die wissenschaftliche Begründung des allgemeinen Ziels und die Aufgaben der körperlichen Erziehung und Bildung der jungen Generation in der Deutschen Demokratischen Republik. Theorie und Praxis der Körperkultur **12**, 502—537 (1963).

Lenk, H.: Werte — Ziele — Wirklichkeit der modernen Olympischen Spiele. 2nd ed., Schorndorf 1972.

— Leistungsmotivation und Mannschaftsdynamik. Schorndorf 1970.

— Notizen zur Rolle des Sports und der Leistungsmotivation in einer künftigen Gesellschaft. Die Leibeserziehung **20**, 82—87 (1971).

— Sport, Arbeit, Leistungszwang. Leistungssport **1**, 63—70 (1971).

— Sport — Gesellschaft — Philosophie. Zur Sozialkritik an der sportlichen Leistung und zur Programmatik einer Philosophie des Sports. Sportwissenschaft. **1**, 19—32 (1971).

— Ist Training repressiv? Zur neuen Gesellschaftskritik am Leistungssport. Die Zeit **37**, 10. 9. 1971.

— Leistungssport. Ideologie oder Mythos? Stuttgart 1972.

Linde, H.: Zur Soziologie des Sports. Versuch einer empirischen Kritik soziologischer Theoreme. In: Plessner-Bock-Grupe, 103—120 (1967).

Lorenz, K.: Das sogenannte Böse. Zur Naturgeschichte der Aggression. Wien 1963.

Lowe, B.: The Aesthetics of Sport: The Statement of a Problem. Sport Psychology Bulletin **IV**, 8—13 (1970) and Quest **16**, 13—17 (1971).

Loy, J. W.: The Nature of Sport: A Definitional Effort. Quest **10**, 1—15 and in: Loy, J. W., Kenyon, G. S., 56—71 (1969).

— Kenyon, G. S. (ed.), Sport, Culture, and Society. London 1969.

Lüschen, G. (ed.): Kleingruppenforschung und Gruppe im Sport. Kölner Z. f. Soziologie und Sozialpsychologie. Köln 1966, Sonderheft 10.

— The Sociology of Sport. Den Haag-Paris 1968.

Magnane, G.: Sociologie du Sport. Paris 1964.

Maheu, R.: Sport and Culture. In: Jokl, E., Simon, E. (ed.): International Research in Sport and Physical Education, 9—22. Springfield/Ill. 1964.

Malter, R.: Der ‚Olympismus' Pierre de Coubertins. Eine kritische Studie zu Idee und Ideologie der modernen Olympischen Spiele und des Sports. Köln 1969.

Masterson, D.: Sport and Art. Unpublished manuscript, University of Salford 1969.

McBride, P.: The Philosophy of Sport. London 1932.

McIntosh, P. C.: Sport in Society. London 1963.

Mead, G. H.: Play, the Game, and the Generalized Other. In: Mind, Self and Society from the Standpoint of a Social Behaviorist. Chicago 1934.

Menze, C.: Die anthropologische Funktion des Wetteifers. Ausschuß Deutscher Leibeserzieher (ed.): Der Wetteifer, 87—100. Frankfurt 1962.

Merleau-Ponty, M.: La structure du comportement. Paris 1942. Quoted from 6th ed., 1967.

Metheny, E.: Only by Moving Their Bodies, Quest **2**, 47—51 (1964).

— Connotations of Movement in Sport and Dance. Iowa 1965.

— How Does a Movement Mean? Quest **8**, 1—6 (1967).

— Movement and Meaning. New York 1968.

— The Symbolic Power of Sport. Unpublished paper presented at the annual convention of the Eastern District Association for Health, Physical Education, and Recreation, Washington 1968.

— This 'Thing' Called Sport. Journal of Health, Physical Education, and Recreation **XL**, 59—60 (1969).

Minkowski, E.: Les modes d'existence en fonction de certaines activités psychomotrices. L'évolution psychiatrique **III**, 413—427 (1955).

Moser, S.: Ansatzpunkte einer philosophischen Analyse des Sports. In: id., Philosophie und Gegenwart, 183 sqq. Meisenheim 1960.

Moussat, E.: Etre chic. De la morale du sport à la morale sportive. Paris 1947.

Nash, J. B.: Spectatoritis. New York 1932.

Natan, A. (ed.): Sport and Society: A Symposium. London 1958.

Neidhardt, H.: Marxistisches Menschenbild und Körperkultur. Wiss. Z. d. DHfK Leipzig **8**, 2, 39—47 (1966).

Neumann, O.: Sport und Persönlichkeit. München 1957.
Nitschke, W., Kleine, L.: Entwurf eines Grundrisses einer allgemeinen Theorie der Körperkultur. Theorie und Praxis der Körperkultur **10**, 115—122, 397—402 (1961).
Noel-Baker, P.: A New Understanding of the Phenomenon of Man. In: Jokl, E., Simon, E. (ed.): International Research in Sport and Physical Education. 160—172, Springfield/Ill. 1964.
Oelschlägel, G.: Karl Marx und die Körperkultur. Theorie und Praxis der Körperkultur. **17**, 394—401, 587—594 (1968), **18**, 388—400, 510—519, 681—693 (1969).
Orringer, N. R.: Sport and Festival. A Study of Ludic Theory in Ortega y Gasset. Diss. Brown Univ. 1969.
Ortega y Gasset: El origin deportivo del estado (The origination of government from sport). In and quoted from: Gesammelte Werke. Bd. I, 428—449. Stuttgart 1954.
— Obras completas. Quoted from: Gesammelte Werke, vols. I-II. Stuttgart 1954.
— Meditationen über die Jagd. Quoted from: Über die Jagd. Hamburg 1957.
— Über des Lebens sportlich-festlichen Sinn. In: DSB (ed.): Jahrbuch des Sports 9—20. Frankfurt 1955/56.
Osterhoudt, R. G.: A Descriptive Analysis of Research Concerning the Philosophy of Physical Education and Sport. Diss. University of Illinois, Urbana 1971.
Page, B.: The Philosophy of the Dance. The Research Quarterly **IV**, 4—59 (1933).
Pendergast, H. A.: Art and Activity. Journal of Health, Physical Education, and Recreation **VIII**, 67—70 (1937).
Peters, A.: Psychologie des Sports. Seine Konfrontation mit Spiel und Kampf. Leipzig 1927.
Plack, A.: Die Gesellschaft und das Böse. Eine Kritik der herrschenden Moral, München 1967; quoted from: 3rd ed., 1968.
Plessner, H.: Soziologie des Sports. — Stellung und Bedeutung des Sports in der modernen Gesellschaft. Deutsche Universitätszeitung **22,** 9sqq.; **23,** 12sqq. (1952).
— Die Funktion des Sports in der industriellen Gesellschaft. Wissenschaft und Weltbild, 262sqq., (1956). Republished in and quoted from: Klöhn (1963), 18sqq.
— Bock, H.-E., Grupe, O. (ed.): Sport und Leibeserziehung — Sozialwissenschaftliche, pädagogische und medizinische Beiträge. München 1967.
Richardson, D.: Ethical Conduct in Sport Situations. Proceedings 65th Annual Meeting, National College, Physical Education Assoc., San Francisco, California 1962.
Rigauer, B.: Sport und Arbeit, Frankfurt 1969.
Risse, H.: Soziologie des Sports. Berlin 1921.
Rydl, M.: Filosofie a sport (Philosophy and sport). Teor. Praxe těles. Vých. **XIV,** (Prag), 586—599 (1966).
Santayana, G.: Philosophy on the Bleachers. Harvard Monthly **XVIII**, 181—190 (1894).
Scheler, M.: Begleitwort zu Peters, A.: Psychologie des Sports. Leipzig 1927.
Schmitz, K.: Sport and Play: Suspension of the Ordinary. Unpublished Paper presented at the 13th Annual Meeting of the American Association for the Advancement of Science. Dallas, Texas 1968.
Schulte, R. W.: Körper-Kultur. Versuch einer Philosophie der Leibesübungen. München 1928.
Schwidtmann, H., Sieger, W.: Wissenschaftlich-technische Revolution und sozialistische Körperkultur. Einheit. Z. f. Theorie und Praxis des wissenschaftlichen Sozialismus **XX**, 79—86 (1964).
— Wissenschaftlich-technische Revolution — sozialistisches Menschenbild — sozialistische Körperkultur. Wiss. Z. der DHfK Leipzig **7**, 61—77 (1965).
Sheets, M. I.: The Phenomenology of Dance. Diss., University of Wisconsin 1963.
Sieger, W.: Bürgerlich-humanistische Tradition des sozialistischen Menschenbildes. Wiss. Z. der DHfK Leipzig **9**, 49—57 (1967).
Slovenko, R., Knight, J. A. (ed.): Motivations in Play, Games, and Sports. Springfield/Ill. 1967.
Slusher, H. S.: Sport and Existence: An Analysis of Being. Unpublished paper presented at the History and Philosophy Section of the American Association for Health, Physical Education, and Recreation. Chicago 1966.
— Man, Sport, and Existence. A Critical Analysis. Philadelphia 1967.

Slusher, H. S.: To Test the Wave is to Test Life. Journal of Health, Physical Education, and Recreation **XL**, 32—33 (1969).
Spencer-Kraus, P.: The Application of 'Linguistic Phenomenology' to the Philosophy of Physical Education and Sport. Unpublished Master's Thesis. University of Illinois 1969.
Stokes, A.: Psycho-Analytic Reflexions on the Development of Ball Games. Internat. J. of Psycho-Analysis **XXXVII**, 186sqq. (1956).
Stone, G. P.: Some Meanings of American Sport. College Physical Education Association. Proceedings of the 60th Annual Meeting. Ohio. In: Sport and American Society. Massachusetts 1957.
Storer, D.: Significance of Death in Sport. Univ. of Southern Calif. 1966 (unpubl.).
Thill, M. E.: L'étude de la structure dynamique de la personnalité dans ses rapports avec l'expression sportive. Unpubl. diss. Tours. 1970.
Thomson, P. L.: Ontological Truth in Sport: A Phenomenological Analysis. Diss. Univ. of Southern California 1967.
Trogsch, F.: Körperübungen als menschliche Lebensäußerung und kultureller Entwicklungsfaktor. Deutsche Z. f. Philosophie **XII**, 935—947 (1964).
Tunis, J. R.: Democracy and Sport. New York 1941.
Vanderzwaag, H. J.: Sport: Existential or Essential? Quest **12,** 47—56 (1969).
— Sports Concepts. Journal of Health, Physical Education, and Recreation **XLI**, 35—36 (1970).
— Toward a Philosophy of Sport. Reading, Mass. 1972.
Veblen, T.: The Theory of the Leisure Class. New York. 1899. Quoted from: Theorie der feinen Leute. Köln 1958.
Vernes, J. R.: The Element of Time in Competitive Games. Diogenes, 25—42 (1965).
Vinnai, G.: Fußballsport als Ideologie. Frankfurt 1970.
— (ed.): Sport in der Klassengesellschaft. Frankfurt 1972.
Weiss, P.: Sport — A Philosophic Inquiry. London-Amsterdam 1969.
Wenkart, S.: The Meaning of Sports for Contemporary Man. Journal of Existential Psychiatry **III**, 397—404 (1963).
— Sports and Contemporary Man. In: Slovenko, R., Knight, J. A. (1967).
Wieczisk, G.: Die körperliche Vollkommenheit als Problem des sozialistisch-kommunistischen Menschenbildes. Theorie und Praxis der Körperkultur **13**, 540—549 (1964).
Willimczik, K.: Wissenschaftstheoretische Aspekte einer Sportwissenschaft. Frankfurt 1968.
Wischmann, B.: Über die Einflüsse des modernen Sports auf das moralische Verhalten des Menschen. Diss. Mainz 1953.
— Der moderne Sport. Waldfischbach 1955.
— Die Fairneß. Frankfurt 1963.
Wohl, A.: Rola ukladu ruchowego w ksztaltowaniu poznania ludzkiego (The role of the motor system in the formation of human knowledge) Kultura Fizyczna, **10, 11, 12** (1961); **1, 2** (1962).
— Die Bedeutung des Bewegungssystems für die Entwicklung der menschlichen Erkenntnis. Theorie und Praxis der Körperkultur **11**, 698—715 (1962).
— Slowo a ruch (Word and Movement). Warszawa 1965.
Wolf, R.: The Absurdity of Sport. Univ. of Southern Calif. 1966 (unpubl.).
Zeigler, E. F.: A Philosophical Analysis of Amateurism, Semiprofessionalism, and Professionalism in Competitive Sport. School Activities **XXXV**, 199—203 (1964).
— Problems in the History and Philosophy of Physical Education and Sport. Englewood Cliffs, N. J. 1968.
N.N.: Athletics and Morals. Atlantic Monthly **XIII**, 145—148 (1914).
N.N.: Über philosophische und soziologische Probleme der Körperkultur. Theorie und Praxis der Körperkultur **13** Sonderheft (1964).
N.N.: Toward a Theory of Sport. Quest **10** (1968).

Sport in Theological Perspective

Sport in Catholic Theology in the 20th Century

Introduction

The dialogue of the disciplines, which began long ago in questions of anthropology, is now being pursued among those branches of knowledge where there is an interest in sport. Has theology, too, something to say here? In many countries its competence is questioned and its participation rejected; elsewhere fruitful discussions have taken place and given rise to a partnership which both sides have welcomed. The question of the value of such a dialogue can neither be regarded on the basis of preconceived opinions nor exclusively from the viewpoint of its direct use to the practising athlete. On the other hand the confrontation of the two disparate concepts "sport" and "theology" provokes some clarifying questions: 1. how does theology come legitimately, i.e. without overstepping its boundaries, to broach the theme of sport, and 2. what is a theological statement on the subject of physical exercises, or what sound contribution can this branch of knowledge make to the tasks and problems of sport? The answer can only be given after a third question is asked and answered: from what points of view has theology hitherto occupied itself with the phenomenon of sport? This is the purpose of the research report which follows.

Although in this ecumenical age the points of contact come to the fore much more than the points of division between the denominations, as indeed they should, and although the relations of the two great churches to sport are characterized by a broad area of common ground in judgements and efforts, the accounts of Catholic and non-Catholic theology are presented separately, 1. because equal familiarity with the tradition and literature of all denominations cannot be expected from one and the same writer and 2. because theological statements in the period covered by the report are still partly tinged with characteristics of the divergent doctrines.

Completeness was not possible in view of the widely scattered and often extremely obscure testimonies of theological opinions. The novelty of the venture, therefore, calls for indulgence, and is a challenge to critical appraisal.

Naturally, the contribution of Catholic theology cannot be treated and understood without reference to the history of sport. Since in many countries sport, as distinct from gymnastics and games, only entered into public awareness as a social phenomenon and into the purview of governments, organizations and the world of learning as a factor in general education around the turn of the century, it is not surprising that theology, too, turned its attention relatively late to the concept and problem of "sport" in the narrow sense. Religious scholarship had first to reflect on and articulate its views and declarations on this subject, which could not happen all at once, given the inertia of theological views and textbooks.

For this reason the material to be examined in the following pages will be divided and analyzed in two parts. There can be no question of already putting forward a "theology of sport". Whether and in what manner this might be possible will be discussed briefly at the end of the report. Here we are concerned with the sifting of individual theological contributions on the subject of sport, as propounded by professional theologians and churchmen in the light of biblical revelations—therefore theological in the narrow sense—or else by non-theologians who are inspired by a consciously articulated Catholic faith and Catholic comprehension of the world.

From the Turn of the Century to the End of the First World War

Naturally even before the emancipation of modern sport, the subject of the care of the body and physical exercise existed in the awareness and in the writings of Catholic theology (Kuchler, 1969), and there was, for instance, a practical realization of this by church teachers of international reputation like Don Bosco (1815—1888) and Flanagan (1886—1948) (Fetz, 1967). It might be mentioned here that Coubertin, the reawakener of the Olympic idea, nowhere found as much understanding for the holding of the Games in Rome in 1908 as in the Vatican with Pius X and his Secretary of State Merry del Val, who had studied in the homeland of modern sport, more precisely, at Eton (Giannattasio, 1960, p. 34). It took some time, however, for the official interest of the church to find an echo in theology.

Of pioneering importance was certainly the comprehensive work of the Munich moral theologian, Walter, who in his very title "Der Leib und sein Recht im Christentum" (The body and its rightful place in Christianity), set the tone for his plea for physical exercise and helped to demolish many prejudices relative to the attitude of the church, as well as many historical misjudgements. Rightly he felt obliged to lament the unsatisfactory treatment of the body and of physical exercise in Catholic moral theology and to demand greater consideration of this subject. He described physical exercise as morally important and pointed to the fundamental biblical data on which the dignity of the human body is based: man created in the image of God, man's duty to glorify God in the body, the appearance of the Saviour in human shape, the destiny of man to be glorified at the last day even in the body. He also pointed to the uninhibited attitude of the Old Testament towards the body. With the statement: "We live in the age of sport" (Walter, 1910, p. 644), he defined this phenomenon as something intermediary between play and work and expressed the view that "the element of pleasure" should not be lacking. He stressed the physical and pedagogic effect of sport, underlined the positive qualities of patience, endurance, toughness, self-confidence, determination, self-control, enjoyment, love of nature, comradeship and the bringing together of the sexes. His therefore was the solitary voice raised to justify, indeed to proclaim the necessity of sport for women: "There is no reason why the female sex should be excluded from healthy participation in physical games and sport .... A woman has the same right to it as a man. Health and strength are at least as important to the female body as to the male; and in the present day especially a woman's need for physical exercise has increased, compared with earlier times (p. 656)". Significant is his comparison between sport and asceticism: "In sport as in asceticism the point of cardinal importance, in the final analysis is not physical training, not the deprivation of food and drink, not the submission of the self to effort and exertion, not the development of this or that bodily organ, not the renunciation of enjoyment and not self-denial. All this, rather, is merely the outer aspect and effect of the inner principle: of the controlled strength of the personality, of the intensified energy of the will. This, and not the individual physical exercise, is what primarily matters: to discipline the inner self and summon it to resist influences that impair the will and therefore the power to act. Selfcommand, subjection of elemental impulses to the will: such is the principle and the aim of asceticism and of sport" (p. 663). "It is useless to try and build the supremacy of the spirit on the ruins of a destroyed physical existence" (p. 665).

This appeal was not without effect. The moral theologian Anton Koch, on the model of Walter, took up the subject of physical exercise in the 3rd edition of his "Lehrbuch der Moraltheologie" (Textbook of Moral Theology), and thus introduced sport into theological literature: "Physical exercise, properly carried out, has a moral as well as a hygienic and educative value; for it affords spiritual satisfaction in addition to offering recreation and promoting physical health. Thus the various forms and exercises of a healthy type of sport —such as gymnastics (not unjustly termed "work in the guise of pleasure"), riding, swimming, hunting, shooting, archery, fencing, and wrestling, rowing, sailing, cycling, and skating, skiing and sleighing, organized walks and mountain-climbing—are in themselves morally acceptable and can have a beneficial influence upon mental life. These exercises become morally questionable and even sinful if they ignore moderation and are carried out to excess. "A sport which is not content to accomplish something good and beautiful, to provide amusement and edification, but instead seeks victory, triumph and admiration at all costs is in itself reprehensible" (Anton Koch, 1910, p. 237). Koch later quotes St. Paul, the Church Father Clement of Alexandria ("regular exercise of strength in the interest of health is good and manly"), and finally Pope Pius X, who had declared: "Young people should perform physical exercises. Performed in moderation they will not only promote the health of the body, but also the salvation of the soul" (p. 238).

Koch's exposition is typical of the subsequent attitude of Catholic theologians to sport: acceptance in principle, warnings against overvaluation of sport and against exaggeration, references to church authorities and openmindedness for further developments, with emphasis on the spiritual and moral effects of sport. The occasion for references to physical exercise and sport was usually the treatment of the 5th commandment, whilst the word "play" in the context of the 8th commandment was the cue for most authors, right up to modern times, simply to utter warnings against gambling, especially in Latin textbooks, where the word "sport" did not occur until 1960.

In Germany in the meantime the Catholic sporting association "Deutsche Jugendkraft" (DJK) was founded, which under the "sports prelates" Mosterts (1920—1926), Wolker (1926—1933 and 1945—1955) and Bokler (1956—1968) aimed at "spiritually oriented gymnastics and sport, morally oriented bodily exercise" in place of the materialistic concept of physical culture (M. Söll, 1960). Mosterts' addresses on "Reverence for the Body" and "The Moral Values of Physical Exercise", in which he stressed in particular the awakening of vitality and enjoyment, of energy and self-confidence, but at the same time warned against the dangers of a sensational pursuit of record-breaking, testify to the basic attitude of the church and its theology. Through such objectives as these, valuable ethical influences emanating from the theological background, were brought to bear upon the idea and practice of sport, arising primarily from reflections on the origin, dignity, and destiny of man in relation to the body, and thus containing a more than superficially motivated warning against exaggeration and the misuse of the body and of physical exercise.

Clearly manifest excesses in mass sport and its management led the German bishops in 1925 to adopt a critical attitude without, however, denying the positive significance of physical exercise (Doctrinal writing). Unfortunately too much weight was attached to these notes of warning, even in theology. Therefore Catholics interested in sports greeted all the more warmly the courageous address in which at the 66th Catholic Congress in 1927 Wolker defended the culture of the body, using, what is more, theological arguments taken from the dogmas of the creation of the human body by God, of salvation through the Incarnation of the Son of God, and of the final glorification of man even in the body. From this he deduced that it is the right and duty of the Christian, drawing upon his deeper understanding, to outdo the Greek educational ideal of "kaloskagathos" by giving new significance and attention to the body. In his address Wolker underlined the threefold tasks of bodily culture: social, organizational and educative, and ended with a call to the young to pay proper attention to the "bodily care of the children of God". His appeal was heeded far outside church circles (M. Söll, 1960, p. 65—77).

Almost at the same time the Jesuit Küble made known in Germany the book of his English brother-Jesuit Lockington under the title "Durch Körperbildung zu Geisteskraft" (Spiritual strength through bodily exercise). He reverted to those figures in Catholic tradition who had laid particular stress upon physical exercises (Ignatius Loyola, Thérèse d'Avila, François de Sales), because they called for self-education through disciplined bodily exercises (Küble, 1925, p. 58). Thirteen years later Küble published a 5th edition with the title "Gesundheit, Leistung und Erfolg" (Health, performance and success) and explained in the preface: "When the 4th edition appeared, it was still necessary in the Catholic camp to fight for a positive valuation of physical education. This problem today is no longer so much in the foreground" (Küble, 1938, p. 7). There follow in the book, with reference to the German bishops, eleven guiding principles, in which along with appropriate warnings extremely positive recommandations are made. Küble approved the comparison of performances in sport, as far as it represents a natural system of developing the body and remains on the level of play (p. 125).

Küble also quoted Pope Pius XI, who was known as a mountaineer since his time in Milan, and who in his encyclical "On Christian Education" emphasized the fact that "the object of Christian education is the formation of the whole man—spirit combined with body to form a unity of nature—with all his natural and supernatural capacities as we know him from reason and revelation" (Pius XI, 1930). Thus was born the idea of the wholeness and the unity of man, an idea which had not yet been sufficiently accepted by theological textbooks.

At first the practical pastoral elements predominated with the theologians, and especially with the moralists, most interestingly in the work of Ruhland. The author underlines not only the value of sport for health, self-confidence and pleasure, but stresses primarily such qualities as endurance, discipline, obedience and recognition of the rights of others which are important for sport ethics; and he recommends the virtue of 'sophrosyne' i.e. the power of moderation (Ruhland, 1933, p. 319—335).

In the meantime sport was increasingly appreciated in Catholic theological writings and in textbooks. Understandably the Olympic Games, recurring every four years, such as the Berlin Games of 1936, acted as a stimulus. In the small collection of essays "Vom Wert des Leibes in Antike, Christentum und Anthropologie der Gegenwart" ("On the Value of the Body in Antiquity, Christianity, and the Anthropology of to-day", 1936), the authors put forward ideas which went beyond often rather negative moral-theological and pastoral theses and established more profound relationships, thus preparing the way for the anthropological trend which only became visible after the Second World War and especially through the second Vatican Council. Bernhart (1936) made the connection back to "Metaphysics and the formal ideal of the body in Greek antiquity", Schröteler wrote an appreciation of "The culture of the body in the light of Christianity" in 1936, Ternus treated "The rediscovery of the body in the philosophical anthropology of the present day" in 1936, whilst Muckermann wrote about eugenic education.

In historical studies, written in the pre-war period, of the attitude of Christianity to the body very one-sided judgements were sometimes made; as a result Catholic statements frequently seemed to assume the character of an apology. This is Schröteler's intention in his contribution. While, therefore, characterizing the body as an "essential element in man's attainment of fullness of being" (with reference to the Bible and to Thomas Aquinas), and while stressing the function of the body in the service of the soul, he can add: "Disciplined and efficient use of the body in the service of the whole man, this is the guiding principle of Christian body-culture" (p. 77). Ternus' reflections lead to the same conclusion: "The secrets of religion are woven around the body" (p. 110).

In the same year of 1936 the moral theologian Tillmann in his manual treated the subject of sport in greater detail than others. He described the Church's concept of the body and of physical life as a healthy compromise, and declared: "It was left to the Christian conception of the relation in which body and soul stand to each other, not only to grant the body its natural right, but to give it enhanced significance, dignity and consecration. Outside the Christian moral law, on the other hand, it is all too often deprived of true protection and becomes the plaything of instinct and passion" (IV, p. 20). After dealing with the other needs of the body he continues: "Finally the important physical exercises, gymnastics and sport must be brought into the light of Christian observation" (p. 70). Tillmann then stresses their importance and especially praises the virtues of courage, self-confidence and self-control. In his definition of sport he agrees with Ruhland and calls it a "thoughtful and deliberate activity, which either in competition with others aims at achieving honour and recognition, or seeks pleasure in the personal ability to overcome difficulties." As guiding principles he cites: "The aim must always be to promote the health of body and soul, to educate the whole man through and through, to awaken in him pleasure in his daily work from which will of its own accord arise the will to fulfil loyally the duties attached to his employment" (p. 72).

A glance at theological literature in other countries shows no particular extension or more profound treatment of the theme. In the foreground, in keeping with pastoral interests, were the tasks of the Church in relation to sport (Pulsifer, 1921a), the problem of Sunday sports (Huskel, 1926), and the profession of faith in questions of sport (Angell, 1930). In the French-speaking area Christian published a study on the Christian spirit in sport, in which after a historical survey of the Bible, the times of the Church Fathers and the position of sport in the Catholic renaissance of the 17th century, and in Lacordaire's writings he stressed the evil sides of modern sport, but also the educative value in the promotion of comradeship and friendship, of submissiveness and respect, of moderation and sobriety, of reserve in the face of arrogance, and of patience and endurance; he then underlined the importance of sport for the peace of the world (Christian, 1933). Dermine examined the place of bodily culture in Christian education and stressed that the education of the body must be directed by the spiritual forces of our being (Dermine, 1934).

In a study "Sens chrétien de l'homme" (The Christian meaning of man), Mouroux (1945) developed a theological anthropology, in which first "the greatness of the body" and "the misery of the body" are treated, then, after a chapter on "the redemption of the body", there are reflections on the human personality. However, the conclusion that it is the secret and the paradox of the personality to be spirit incarnate, does not lead the author to the subject of physical exercise and sport. This example is typical of the attitude of dogmatics to the problems of physical exercise. While illustrating convincingly the dignity, significance, and final destiny of the body on the evidence of the story and sufferings of Christ, they fail to make the connection with the practical questions of the life of the body, e.g. with bodily culture, work, recreation and sport. This was until recently left to the disciplines of so-called practical theology, that is, pastoral and moral theology, or asceticism. The result is a presentation of a total view of man which is satisfactory to neither discipline, and judgements that lean too much on the negative and preventive side. That nevertheless a positive consideration of the phenomenon of sport could emerge, is shown by the book of the Swiss Capucin, Bickel (1960), an active sportsman, on "Religion and Sport". Beginning with a review of the development of sport from antiquity to modern times he offers a "treatise on the relationship between religion and sport" in which at first the "Moloch sport" is described as a pejorative term, but then the emphasis is upon "love as the soul of sport", upon wisdom in the exercise of sport, and upon the importance of sport in the education of the will and the exercise of moderation and community spirit.

As the date chosen as the limit for the first part of this report has now been reached, reference must be made—in order to open the way to an understanding of the second part—to the difficulties faced by Catholic theology in its attempt to deal benevolently, in detail, and objectively with the themes and problems of sport.

One difficulty has already been indicated: the premature reluctance of dogmatic theology to proceed from the theoretical to the practical insight and presentation. But this was rather a matter of form. Here are the grounds for the reservations of sport about theology as to its competence and authority to make pronouncements. What is the value of the most profound exposition on theological anthropology if, after these esoteric considerations, contact is never made with the daily life and interests of the practising athlete, and if the only result is sometimes merely a moral-theological confirmation of what is already known and familiar to the athletes and the sport officials through their own common sense, through the rules of behaviour enjoined by the club or the doctor, and through philosophically neutral sport ethics? On the other hand the athlete does not always realize that theological reflections and considerations on sport cannot always be directly translated into practical recipes for success. For theology, and this brings us to the second difficulty, can only treat the subject of sport within a larger frame of reference and with obvious prevalence of other themes and objects of research. A glance at the index of textbooks on dogma, and even moral theology, proves this.

A further obstacle, and more than a purely methodological one, has long been what is briefly called "dualism". This means the view and interpretation of man's body and soul which is determined by an antithetical way of thought, which considers them in too great isolation from each other, and which in view of the fact that Christianity preaches a religious doctrine of salvation and has declared this salvation to be primarily the salvation of the soul underestimates the body. This outlook as we know, is the main basis for criticism of Christianity on account of its attitude to the body. Although the identification of Christian anthropology with the views of the early despisers of the body could not be upheld in the long run, in view of the results of historical and theological research, it cannot be denied that in religious scholarship and church liturgy clearly gives priority to the soul, while "brother donkey" (that is, the body) frequently receives scant attention. Some found support for this attitude in biblical texts which, without consideration of the context and intention of the statement, were made to answer for this hostile antithesis. Since the Bible never made physical exercise, a direct theme and since Paul, the apostle of the peoples, who was fond of using metaphors from sports contests as symbols for higher realities (see below), but who took a critical view of the decadence of ancient sport as he grew older, the positive allusions in biblical theology relevant to an appreciation of the human body were inadequately exploited for forming judgements about physical exercise and sport. In addition, among not a few representatives of theology there was that retarding influence which Wegener (1959) exposed in his study. Subtly determined by philosophical dualism (Plato and Neo-Platonism), the three reasons specified by Wegener were, and still are, effective in varying degree among these representatives of the "intelligentsia" as well: sociologically there was a one-sided feeling of commitment to the humanistic educational ideal, psychologically a self-centred individualism expressed itself, and emotionally there was a prejudice against the cult of the body and the excesses of sport.

Highly symptomatic of the rating accorded to the body and physical exercise in the value scale of theological concepts and themes is the fact that the word "body" (not to mention "sport"), did not appear at all in the widely circulated "Katholisches Lexikon für Theologie und Kirche" (Catholic Lexicon for Theology and Church) edited by Buchberger (Freiburg, 1930—1938). The same applies to the great French "Dictionnaire de théologie Catholique", which was not completed until after the Second World War. Admittedly, there existed too little literature worthy of mention. Nevertheless, some Catholic studies on the place and the care of the body appeared during the pre-war years, which prevented the subject from being forgotten.

Schulte (1928) occupied himself with the question of the Catholic standpoint with regard to the culture of the body. "In our age", he says, "an entirely new movement towards the culture and the care of the body and towards physical exercise has come upon us like a tidal wave carrying everything before it", and goes on to warn pastors not to regard this as merely a necessary evil. Schulte is able to refer, for a positive judgement, to Wolker, but admits that the duty to preserve and care for the body formerly did not appear so necessary. He then goes on to say, "Nevertheless, one must confess that in earlier centuries obligations toward the body, although not theoretically denied, were in practice and in fact somewhat neglected by the Church for spiritual and ascetic reasons" (p. 262).

Other treatises followed, rather, the line of pastoral instruction in the sense of the St. Paul's exhortation: "Therefore glorify God in the body." This is true of, for example, publications by Colazzi (1924), McCutscheon (1920), Hartmann (1932), Metzler (1930), Michel (1933), Monitor (1926), Schmitz (1937), Steidle (1930) and Venhues (1930). One should bear in mind, if one is to make an objective judgement, that at that time no dialogue had as yet begun between sport and religion, and that the Church had been deliberately excluded in many countries.

Catholic Theology and Sport from 1945 to the Present

This particular period for more than one reason recommends itself to special consideration. The end of the Second World War signified more than a political and military caesura. It introduced, among other things, a new development in the relations of the Christian churches and their doctrines to sport. The church sports organizations which had been prohibited in the Nazi period were built up again—in Western Germany on the Catholic side by Prelate Wolker. Favourable recognition of their merits and objectives led to an ever intensifying dialogue between them and the non-church sports organizations or the roof organization of these. And this in turn stimulated church circles, drawing on their funds of philosophical and religious experience, to clarify their position with regard to such questions and problems of sport as could not be adequately dealt with in the usual sports literature and even in discussions of sport ethics. These contributions from the churches were likewise promoted by a new development in theological history—on the Catholic side especially by persons in the highest positions of leadership.

The Anthropological Change in Theology

The terrifying experience of the idolization of the body cult, conditioned in part by racial arrogance, and of the mass destruction and boundless degradation of human life before and during the Second World War furthered in religion, too, a recognition of the fact that in the last instance it is man who matters, and that concern for him must stand above all social, economic and cultural efforts. Systematic theology, too, had often enough ignored real life with its joys and sorrows. It could not be transformed into a social doctrine without betraying its name and purpose, but if it was to be in touch with modern man and assist in the solution of his problems, it had to face the realities of life more intensively, and especially phenomenon of man himself. Philosophy and the other sciences found themselves confronted with a similar task. The contribution of theology to the theme of physical exercise, which was made via anthropology, is important because sport, both in the so-called humanities and in theology, has to be placed in a wider context; in consequence, the proper understanding and in particular a unified view of man leads all the more easily to the theme of the body and physical exercise.

As early as 1945 Mouroux in his anthropological writings had come out in favour of a unified view of man, based on the evidence of other sciences, and thus paved the way for overcoming the body-soul dualism in theology. Other theologians took the same line, in Germany especially Rahner and his followers. Rahner, because of the wide dissemination of his writings and ideas, influenced many theologians in other countries.

Metz (1963) exploited the new knowledge in more concrete fashion and introduced the concept of "Leiblichkeit" (bodiliness, corporalité, corporalità) in order to stress "the particularity of *man's* bodily condition." "Bodiliness, (or corporality) as distinct from the body, seeks expressly to go beyond the classic discussion of the concept within the framework of the body-soul relationship and to bring to the fore the *whole man*, especially man's subjectivity, and the bodily character dominating his basic attitudes." "The body is, therefore, a reality appertaining to the whole man, man 'is' body, and not only in order that he may become spirit. For him to become complete *human* spirit, he must become more and more body ..... In view of his character as a whole man, the body is always the *appearance of the whole man*, that 'expression' in which the whole man 'emerges' *in himself*" (p. 30). Although here and in other statements by Metz the line leading from the body to physical exercise is not followed, he nevertheless helped prepare the way for its inclusion in theology. The most important practical gain lay in the victory over dualism which for centuries had been an obstacle to a positive theological appreciation of the body as such, and had permitted its functions to be treated almost exclusively as a theme of moralizing judgements and pastoral precepts of an ascetic character.

Thils, in 1955, produced an outline of a "Theology of earthly realities". The author complained that dogmatics was versed in the subjects of creation, providence and transformation at the end of time, but not in communities, organizations, culture, anxiety, technology. "Are all these nothing, because they have been so completely ignored? Have they no particular connection with God? ..... Furthermore, why should we hesitate to speak of a theology of earthly values, since we possess a theology of man" (p. 76)? Thils follows this up with an outline of the practical application of his ideas, and, apart from referring to a theology of the sciences and culture, of the emotions, of the family community and the state, of technology and of art, also mentions a "theology of the body and of sport" (p. 91). He then develops some of the themes in detail e.g. culture, technology, art and work, but not the theology of sport. Nevertheless, the subjects of history, social communities and work have since found a place in theological textbooks, but not yet sport.

Deeper Insight into the Statements of Revelation

The "anthropological change" in theology (of both denominations) would not have been possible if, primarily through research in biblical science, new knowledge had not accrued concerning the significance of the human body and corporality in the revelation. Not that this was an excursion into entirely new territory. Better collation of texts, however, as well as more detailed studies of the attitude of the Jews in the Old Testament to the body, play and recreation (Kranz, 1965), of the apparent dualism of the Bible and of the correlated concepts body-soul-flesh-spirit in the Old and New Testaments, especially in St. Paul, led to new discoveries, the most important of which was that, as a result of the intellectual influence of Platonic or Neo-Platonic philosophy upon many of the Church Fathers, the original unified view of man in the Bible was dimmed by ideas hostile to the body. Gnostic-Manichaean tendencies crowned this work by imposing upon many authors and ascetics the idea that the body is the soul's antagonist. The new formula runs: "Man *is* soul, and *is* flesh, and does not consist of soul and flesh" (Schmid, 1962, p. 131). This means, however, in terms of Christian anthropology, that the body should not by right be regarded and treated as a "quantité négligeable". This view of the completeness and unity of man necessarily shed new light on the evaluation of the part played by the body in the basic anthropological data of the Christian story, such as creation, redemption, sanctification and perfection in glory. As a result, greater justification was found for the everyday functions of the human body, including the care of the body and physical exercise as expressions of strength and vitality, or the summoning of its reserves for sports contests.

In keeping with this view the passages in the Scriptures where these things are mentioned now receive a more positive valuation. Maiworm (1957), for instance, in his investigation into the care of the body in the Gospels, states, "The history of the life of Jesus shows that he possessed a healthy and powerful body. No trace is to be found of illness or weakness. God-man did not spare his bodily strength" (p. 294). This unsparing use of Himself was carried by Christ to the point of destroying His body as an expiatory sacrifice for the world. No fact and no precept of the Christian religion presents such convincing evidence for the grandeur and the limitations of corporality than the sacrifice of the body of Christ. It was the highest imaginable sacrifice that He could offer, and in offering it He let us know that His body, like that of all other bearers of human corporality, did not represent an end in itself, but fulfilled its most liberating function in the service of God and mankind. For this reason one must think, at the same time, of the glorification of the body of Christ in His resurrection. "He tears the dark veil that lies over it (the body), He proves that the body has a future beyond death, beyond the grave and beyond decay, that it is destined to immortality and that it also has a place in the future Kingdom of Heaven" (Krautwig, 1949, p. 305).

With reference to the sufferings of Christ, particularly in the interpretation of the passage in Luke 22, 44: "And being in an agony He prayed more earnestly: and His sweat was as if it were great drops of blood falling down to the ground", new insight was achieved: here it was not a question of the fear of death arising from despair, but a conscious allusion to the so-called agon motive, derived from the Greek 'agonia' , originally meaning rebellion, struggle, thence the final summoning up of strength to face imminent decisions. "If he has confidence in his weapons and victory, the athlete is more secure than ever. Here (with Christ) it is a question of the uncontrollable externalization of that interior concentration and tension which characterizes the moment of exspectation immediately preceeding the beginning of the contest" (Gamba, 1968, p. 159). Christ Himself, therefore, was the exemplary fighter who gave supremely in order to win the supreme prize. It is obvious that, if viewed in this way, the metaphors from sports contests in the writings of St. Paul and the agon of the Christian martyrs in the cause of Christ acquired increased significance. (Compare also the work of St. Augustine, "De Agone Christiano".)

Neither the agon motive nor the power of expression which metaphors from sports contest as symbols of the spiritual struggle, can have escaped St. Paul, educated as he was in the classical tradition. The passages in his epistles where he speaks of the contest, of the preconditions of victory and of the greatness of the prize to be won, have long been so interpreted not only by professional theologians, but have also been used in addresses and treatises on sport by the Pope as well as by lay writers: I Corinthians 9, 24—27 ("They which run in a race run all, but one receiveth the prize.... And every man that striveth for the mastery is temperate in all things"); II Corinthians 4, 7—10 ("Always bearing about in the body the dying of the Lord Jesus"); Ephesians 6, 13—17 (The Christian should take unto himself "the whole armour of God", in order that he may be able "to withstand in the evil day, and having done all, to stand"); Philippians 1, 30 ("Having the same conflict which ye saw in me"); 3, 14 ("I press toward the mark for the prize of the high calling of God in Christ Jesus"); I Timothy 4, 8 ("For bodily exercise profiteth little: but godliness is profitable unto all things"); II Timothy 2, 4—5 ("No man that warreth entangleth himself with the affairs of this life... and if a man also strive for masteries, yet is he not crowned, except he strive lawfully").

"The metaphors from sports life employed by St. Paul prove to us that the apostle was definitely of a belligerent nature. It is not a matter of chance, or merely out of dependence upon the traditional store of figures used in speech that he employs metaphors of this kind so often. In him we sense the passionate quality of the born fighter for the cause of Christ" (Alois Koch, 1965a, p. 41). Naturally it is not possible to construct from the Bible a series of regulations for the behaviour of the sportsman, and as far as the attempt to create a theology of sport is concerned, the conclusion drawn by David (1958) in his critical remarks on other "Theologies" (of work and of history), is certainly of equal validity: "Unless the ideas are supported by personal experience and thoughtful effort, even biblical pronouncements remain empty" (p. 551). But it is equally certain that 1. Christianity as a whole cannot be criticized on the grounds that its founders and doctrinal writings have no relation to the world of sport, and that 2. the Christian and the athletes are very close to each other in the qualities fundamental to their professional ethos.

The Re-Assessment of the Body in Theological Literature

The advance in theological anthropology and exegesis is naturally reflected in textbooks and other writings presenting the viewpoint of Catholic theologians. This may be immediately seen from the nomenclature of the new theological lexica.

In the French publication "Catholicisme" the word "corps" was given its proper due by Jacquement (1952). Here it is first admitted that the Christian has "no great love" for the body. Then the body is characterized as one of God's masterpieces: "To scorn the body would be to revile God. To love it would be to recognize one of the greatest triumphs of creation" (p. 208). Alluding to the incarnation of Christ and the vocation of man to partake of divine life also in the body, the author quotes the words of Péguy, "Le surnaturel est lui mème charnel." The dictionary has not yet gone as far as using the heading "sport".

On the other hand, it appears in the great "Enciclopedia Cattolica" (Italy). After a conceptual differentiation into the aspects: stato di animo ricreazione (from orig. Latin di*sport*are), dilettantismo and professionalismo, and after a description of the different types of sport, the problems are approached from a religious and moral angle. The author, Testore (1953), quoting the authority of Pius XII, uses a comparison taken from instrumental music in order to show that the body is the instrument of the soul. Practising the instrument, he says, is comparable to sport and gymnastics. Religion has something special to add here: a knowledge of its origin, redemption, its elevation to the temple of God and its final destiny. Without the soul, sport is merely a movement of the limbs. Pleasure in strength and skill as well as victory should not be raised to the position of being the sole aim of action and living. He then proceeds to pastoral admonitions on the sanctity of the Sabbath, on family duties and on the dangers present in the practice of sport.

In the "Dizionario di Teologia Morale" Palazzini (1957) gave even more attention to sport. His arguments were obviously influenced by the attitude and statements of Pope Pius XII. After a historical survey extending from ancient Greece and the Bible to the development of gymnastics and sport in recent times, the author deals, in addition to the headings education, sexuality, nudism, acrobatism, with sport for women, of which he approves in view of the actual development and of the attitude of Pius XII: "The times demand a relaxation of these norms." Apart from a moral assessment, he offers little of theological purport. Among the kinds of sport to be condemned he includes mountaineering, boxing, wrestling and rugby. In the English edition of the lexicon, supervised by Yannone (London, 1962), only the dangers of sport are dealt with, and a negative judgement expressed only about boxing, wrestling and motor-racing.

In another "Dizionario Ecclesiastico" (ed. Mercati and Pelzer, Turin 1958), sport is praised as a means of education and character formation, schooling the will and toughening the body.

In the 2nd edition of the "Lexikon für Theologie und Kirche" (Dictionary of Theology and the Church. Ed. Hofer and Rahner), Teichtweier (1964) has treated the question of "bodily culture" or "sport". The primary objective he considers to be the glorification of the Creator; more directly, it serves health and beauty. Bodily culture should contribute to the fullness of life. Sport should serve pleasure in the regeneration of strength, preserve health and the good functioning of the body, and bind men together in fellowship.

Betts (1967), in the "New Catholic Encyclopedia", deals with sport. Among the practically oriented Americans, moral aspects, which Herron elucidates in a very positive manner, are much to the fore. He lists strength, health, training, intelligence, improvement of the sensory powers. The virtues particularly promoted by sport are given as the Aristotelian eutrapelia, courage to overcome difficulties, hardening, moderation, sense of order, self-control, sense of justice, fair-play, group conciousness, modesty and humility in recognizing the success of others. For the spectator, the author discovers the possibility of releasing accumulated tensions and receiving compensation for the frustrations of everyday life. Objectionable, in his view, are the injuring of one's opponent in an athletic contest and the exaggeration of sport until it becomes the predominant element in life. Referring to the work of Doulan (1952) and Lehner (1951) he laments the predominance of the competitive spirit in sport. In the "Maryknoll Catholic Dictionary" (ed. Albert and Nevins, New York 1965) only the dangers are treated under the heading "sport".

In the Catholic theological lexicon "Sacramentum Mundi", which was drawn up by an international editorial staff and has already been translated into other languages, Kuchler has concerned himself with the heading "sport". He emphasizes the advantages which have already been mentioned several times, and indicates the points of contact between the ethos of sport and the Christian ethos. Speaking of the objectives of theology he declares: "The moral assessment of sport cannot merely be to warn of danger, or to interpret sport in a purely instrumental way (its value for health, education...). Even consideration of corporality leads to few pronouncements specifically concerned with sport. One will only be able to say in a very general sense: whatever man does, he does from the wholeness of his constitution, and it will react upon the whole man. Preoccupation with the body is not preoccupation with something "secondary" or "base". It will be easier for athletes to become conscious of human nature in its corporality. They will run less danger of detaching themselves from the body if they regard it as "corpus". It is the task of moral theology to indicate and to acknowledge the natural purport of sport, but it must also clarify the limitations of these values and, where necessary provide impulses from Christian anthropology" (Kuchler, 1969).

Kuchler's contribution to the subject is certainly one of the soundest. By then, moral theology had incorporated the headings sport and physical exercise more than previously into its treatises. Schilling (1928), who had taken a positive attitude to physical exercise in the first edition of his textbook on moral theology, in the second edition (1954) favoured sport as a compensatory factor in its significance for the health of the people and for its value in the promotion of communal attitudes.

The new edition of Mausbach's "Katholische Moraltheologie" (Catholic moral theology, 1954), supervised by Ermecke repeatedly refers to sport. "Materially" the author equates it with the care of the body, "formally" with play, the aim of which is the activity itself and the functional pleasure or the joy it brings. "If in the course of play a competitive performance according to definite rules is aimed at, this is called sport." "An activity of the whole man, sport is subordinate to the entire order of norms and values by which man is in duty bound" (III, p. 228).

A textbook by Häring (1967), also in circulation in other countries, "Das Gesetz Christi" (The Law of Christ), claims among other things that "the attitude of Christian morality to play and sport is thoroughly positive. But here, too, the right measure should be observed. Sport should not become an end in itself. Against sport as a profession, however, certain reservations present themselves. The artistic representation of the athlete in the art of yesterday and to-day gives a horrifying picture of the way in which an over-emphasis on sport can lead to a false image of man, to the pure 'man of muscle' without the splendour of spirituality" (III, p. 245).

Similar considerations determine in part the arguments of Stelzenberger (1968) in the German and in the enlarged Italian edition of his "Lehrbuch der Moraltheologie" (Manual of Moral Theology). "Physical exercise is to be promoted in principle." This, however, is immediately followed by "moral limitations" (p. 233).

In his survey of the "moral theology and Christian social theory in the 20th century" in the compilation "Bilanz der Theologie im 20sten Jahrhundert" (Account of theology in the 20th century), Ziegler (1970), while giving prominence to the anthropological trend in Catholic theology, omits the headings body and sport. A more positive and fundamental approach is shown in the German-speaking world by two other theologians.

Auer (1964), in his contribution to the presentation volume for Kiesinger "Theologie der irdischen Wirklichkeiten" (Theology of earthly realities), carried further the thoughts of Thils outlined above. He did the same in the presentation volume for his colleague Schöllgen, who himself had often revealed extremely positive attitudes to the ethos of sport, and in his new "Versuch eines Systems einer

Moraltheologie" (Towards a system of moral theology) he again took up the theme. For the realization of his purpose he demanded 1. a theocentric dynamism with special respect for the mysteries of Christ and creation, and 2. an anthropological dynamism taking cognizance of the fact that every creature in an ontological situation strives to reach God. "In unfolding the scheme of the world, man achieves his own reality and that of the community". There is a more direct connection with sport in the thoughts he has developed on the theme "Vom Sinn menschlicher Leiblichkeit und Geschlechtlichkeit" (The meaning of human corporality and sexuality). Here he says, "In his body man is bound to the community and to the world. He must therefore educate his body to become a true expression and a true medium of this bond. A higher culture is necessary if one is to acquire a true relationship to Nature, to seek refreshment through reverential contact with her, to receive nourishment from her in reason and with thankfulness, to preserve human standards while achieving technical mastery over her and exploiting her resources economically, to experience her beauty or even to give it artistic expression. No less effort is required for the Christian cultivation of human and communal contacts and of ideal gregariousness in conversation, music and dance, of living and meaningful values in play and in sport, in clothing and in the home, for the proper development of the erotic and the sexual, for the creation of a friendly and cultured atmosphere within the family home" (Auer, 1967, p. 163). There follows a special review of dancing, but not, unfortunately, of sport. Nevertheless, sport seems here to be placed in a wider context, and the cultivation of sport to be enjoined upon man by the fact of his corporality. But it is not forgotten that the attitude of the Christian towards the body is determined simultaneously by a dialectic yes and no: "The Christian acknowledges his body. He glorifies God in his body when he rejoices in its beauty and its strength, but also when he bears its tensions and pains. Positive experience of the body is not the privilege of the heathen." But: "Present in all his joy in physical experience there remains grief for its transitoriness. There is no true yes to the body without a determined no. Man must incessantly battle against the tendencies that struggle for bodily expression and that have their origins in transiency and sin. Man is always an ascetic, he always denies his body, for only thus can he help the grandeur and the beauty of his body to break through" (p. 162).

In relation to the subject "Theology and Sport" these reflections are worthy of attention on two grounds: 1. The specific contribution of theology to this complex of questions is fundamentally determined, as befits the character of theology as a science, by religious considerations and higher truths based upon revelation. It cannot consist in helping to further the cause of sport. Its objective, even when expressed in the form of practical advice and aid, is the assertion of the values and dispositions taught by theology, which then, admittedly, signify more than a merely apparent chance of success. 2. In spite of joyful acceptance of the body and the promotion of sport by religious science, it must be remembered that neither of these things may be offered without reservations, since both are exposed to that inner dialectic tension which arises from the imbalance of man's nature, caused by human failure before God. It is, therefore, not a matter of chance that almost every theologian who takes account of this overall relationship and who wishes to fulfil his obligation to sport, which is also a religious obligation, quite naturally includes pastoral guidance and admonition into his contribution.

Fleckenstein (1965) who wrote on the subject of "body" in the Lexicon for Theology and Church, has also presented extremely positive ideas in his treatise "Vom Recht des Menschen auf ein frohes Sein im Leibe" (On man's right to happiness in the body). For example: "Through more profound reflection on the mystery of the creation and the incarnation it (moral theology) attained a new fundamental attitude of greater openness relative to the Christian consummation of the senses in the body. After all, according to the biblical accounts of creation and the basic attitude of the people of the Covenant in the Old Testament, the body has been given to man as an image of divine omnipotence and love, as a link with the world, as a sign and worthy manifestation of the fact that he is rooted in the Cosmos. Through his very bodily existence man is the meaningful centre and head of visible creation" (p. 251). By the fact of his redemption the new dignity of being the seed of eternal glorification was conferred upon man. "From here it is clear to moral theology today that 'happiness in the body'—a meaningful bodily culture—is not only compatible with the teaching of the Church; it is actually enjoined by it. Christian reverence for all being regards the body in the light of the totality of man and of the divine acts of salvation; it is therefore protected from a natural and harmless infatuation which would surrender the body (and the Cosmos) to the daemons, as well as from an erroneous belittlement of the value of the body" (ibid.). Fleckenstein refers to Schöllgen, who in an essay on "Sociology and Ethics of Entertainment" in "Current Moral Problems", 1965, had discovered that the earlier moral theologians had shown a greater understanding of joy and pleasure, even for the popular forms of noisy and boisterous play in social gatherings, including the spheres of sport and dancing. Fleckenstein, after reminding pastors not to issue too many warnings and reprimands in the matter of sport, stresses, with allusion to Wolker, the obvious advantages of sports activity: protection from the evils of civilization, the channelling of superfluous bodily energies and impulses, compensation for the one-sided demands of physical work, escape into some sort of simplicity and spontaneity, help in the shaping of a personal way of life, chances for public recognition opportunities for the lonely persons to communicate, acceptance of an opponent as capable of comperable achievement, and education to a sense of fairness. The author closes his reflections with the wish that the pastors of the Church should accept sport (including sport for women) with fewer reservations, and should remember "that bodily indolence and lack of pleasure—lack of discipline even more—can serve to reinforce difficulties of faith and Christian community life."

Various studies and contributions by other theologians remain almost exclusively within the bounds of anthropology as for instance, Daubercies (1959), Gevaert (1971), Görres (1967), Janssen (1960), Mejecaze (1960), Poucel (1955), K. Rahner (1967) and Ryan (1970). Stoekle (1964) deals with the theology of the body, Christian responsibility towards the body, and the body as acceptance, surrender and denial. The expositions by Rody (1947) keep within the sphere of dogmatics and cannot, in regard to style and composition, easily be classified as scientific works. Other authors pay more attention to the relationship between Church and sport, and others again make their judgements from the general Christian viewpoint rather, as, for instance Holzamer in his lecture (1959), Weiler (1968) in "Sport in christlicher Schau" (The Christian view of sport) where he stresses the priority given to personality development, also in sport; furthermore Kortsfleisch (1970), Muench (1957), and finally Renard (1963) with the following chapter headings: 1) Christian meaning of sport, 2) Christian meaning of bodily culture, 3) Pius XII and sport, 4) From sport to asceticism, 5) Religion in the service of sport, 6) The divine meaning of sport, 7) The gods of the stadium, 8) Reflections. The author pays tribute to the dogmatic principles underlying the Christian valuation of the body, and goes on to stress the closeness of sport ethics to asceticism, as well as the supernatural-religious value of sport. To him, sport activities are "des actes aussi méritoires que la prière, l'étude ou le travail" (acts as meritorius as prayer, study or work, p. 185).

At the Congress of the German Gymnastics Association on the theme "Christ and Physical Exercise", the Catholic view was put forward by Prelate Bokler (1959). Among other things he emphasized the fact "that neither a system of philosophy nor a system of religion can be found which offers such a complete, compact, and valuable doctrine on the subject of the body as is offered in the doctrine of the revealed religion of God or Jesus Christ." He gave prominence to the function of the body as one of the principles in human actions and as the primary subject of man's experience, and insisted that the Church does not claim a monopoly in sport and objects especially to the idea of denominationalism in sport. At the same time he defined clear limits: "But there is the following, says the Church, that I must operate in this field, as in any other cultural field, as a Christian who is bound to God and Jesus Christ and who has been placed into a state of revealed reality of salvation and healing. And because of this, to the extent that it is a specialized field —a specialized cultural field—sport should not be developed by theology, but in agreement with sport science, sport pedagogics and the routine and practice of sport, whether in schools or in sports clubs" (p. 39).

In his contribution to the anthology "Kirche und Sport" (1968), Bokler dealt in detail with the pastoral aspect. He protested against false judgements and the suggestion that the Church's attitude towards sport is based on opportunism, and equally against the attempt to document the relationship, conditioned by its "very nature", of the Church to sport by apologetic references to the achievements of churchmen in sports or to religious ceremonies conducted in connection with sports events.

Enz (1970) devoted a monograph to an examination of the relations between Church and sport, with the sub-title, "Ein Beitrag zur pastoralpädagogischen Integrierung des Sports" (A contribution to the pastoral and pedagogical integration of sport). He does not actually reach the subject until Chapter E, but the secondary themes are a useful preparation: A) General definition of place of sport, B) Anthropological and general pedagogical aspects of sport, C) The special pedagogical role of sport, and D) Sport in the religious sphere of existence. Regarded from a purely theological point of view, his exposition belongs more to the pastoral consequences which follow upon positive decisions on principles.

In the middle, as it were, between the theme-groups of theology and sport, or Church and sport, lie the works on the ethics of sport, or the ethical concept as a link to religion. Allusions to this occur in nearly all Catholic contributions on the theme of sport, specifically, of course, among moral theologians and Catholic sports leaders. Apart from shorter essays, as, for example, those by Green (1964), Johnson (1952), Schöllgen (1953a) and Shriver (1963), it is above all Kuchler who, in a very profound study, has addressed himself to this subject.

The theological application is seen in Part C: "Sport ethics and moral theology", where the sub-titles are as follows: I) The Christian evaluation of sport [1) The question of an evaluation of sport and sport ethics in the New Testament, 2) The ethical content of sport according to papal addresses and communications, 3) Views and evaluations of sport in textbooks on Catholic moral philosophy and Protestant ethics, 4) Theological anthropology and appreciation of sport, 5) Sport ethics of the Deutsche Jugendkraft, 6) The Christian as a sportsman]; II) Problems of sport from the point of view of sports ethics and moral theology [1) Doping, 2) Boxing, 3) Professionalism]; III) Pastoral and sport ethics [1) Pastoral orientation, 2) Pastoral possibilities].

Kuchler's analysis is critical and matter-of-fact. He points to the limitations of the metaphorical language of the New Testament, and explains that no fundamental evaluation of sport, either of that or of the present time, is to be obtained from I Timothy 4, 8 and the agon metaphors of the New Testament. Then, as future tasks of moral theology with regard to sport, he mentions the following: 1. comprehensive treatment of sport as a phenomenon of our age affecting the whole of modern life, 2. Appropriate confrontation of Christian anthropology with interpretations of the meaning and essential nature of sport, instead of a mere assessment of its value for health and impulse control, 3. Recognition of natural sport ethics and demonstration of its narrowness. Today Kuchler's comments on man in the image of God would also have to consider the converging results of theological interpretation. Nevertheless, his work certainly is the best that has yet been written or said on the subject. The limited scope of this presentation does not permit extensive quotations. Reflections on sport ethics and Christianity are without doubt the most direct and most rewarding opportunity for initiating a confrontation of these two factors, and produce a large measure of agreement. Kuchler's recommendations to moral theology are completely justifiable, and obviously found a response in Weiler. In two short contributions to a symposium of the Christian Academy of Sport in Vienna, Weiler makes the connection with dogmatic anthropology called for by Kuchler, and in his contribution to the presentation volume for Groll (1969) he poses wide-ranging questions of principle. He discusses in succession: 1) The body in the totality of human personality and human vocation, 2) The building up of the moral personality through physical training and sport, 3) From idea to form in sport and physical exercise today. At the close of his observations, in which he sets forth the anthropological and philosophical as well as the biblical and theological basic principles, he points to the danger that the play element in sport might be superseded by business, show and propaganda, and to the danger of manipulation through drugs for the sake of records and victories (p. 116).

A noteworthy though not purely theological contribution to the overall theme was made by the American Dominican Ashley (1961). Reflecting on the problem of the integration of present-day Catholic education, he pleaded for increased participation of theology in this process through a better harmonization of physical education with the objectives of spiritual and religious education. Here one must remember the great importance attached to sport in the educational curriculum in the USA. Since the athlete, as the author explains, with his well-developed body offers a living example of successful subjective integration, and since he handles his body like an artist does as an instrument, thanks to an inner sense (habitus), this physical integration, i.e. adjustment to the totality of life, is tantamount to a manifestation of an inner intellectual integration. Naturally, the arts of play and dancing were not revealed by God, "but to the extent that these arts serve the Christian in his efforts to serve God, a divine light has fallen upon them. Christians see in the human body both something noble and something wretched, which the ordinary eye cannot perceive" (p. 272). With reference to pronouncements of Pius XII on the body as the crowning work of creation, Ashley regards sport as a means for the glorification of God. If today no one finds it strange that an athlete should study anatomy, physiology and psychology in order to perfect his skill, "why (then) should it be considered strange if he studies the theology of sport in order to be able to make sport a vital part of his Christian life?" If moral integration is added, i.e. spiritual domination of the body in unfolding its powers, then this is like a perfect virtue, the virtue of "dynamic harmony". It is obvious that Ashley, who expands his thoughts into religious deliberations on the integration of the saints and of "Christ as a model", has shown that there is a theological background for other problems too, which pedagogics, philosophy and the social sciences will have to solve, along with the interpretation and final elucidation of sport. Its interpretation as self-fulfilment and fulfilment of being, as ethical training, as a symbolic world and as a means of overcoming alienation, are problems still to be solved by theology.

Before the close of this report, two further ideas must be dealt with: the function of church leadership with regard to the topic under discussion, and the correction of historical misjudgements by the findings of recent research.

Almost every Catholic theologian or layman writing on the relationship between theology (or the Church) and sport, appeals to the authority of Pope Pius XII and his pronouncements on questions of sport. And quite rightly so, because no personality in the Church has in recent times adopted so positive and stimulating an attitude. If one asks oneself whether his statements concern systematic theology or merely directions for practical pastoral action, the answer is that they are both. On the one hand the occasions which the Pope used were not suitable for the expression of profound theological speculations, on the other hand one must admit that his comments were based on preliminary reflections by the Supreme Pontiff and his advisers on fundamental theology, and as such have influenced theologians all the world over. The Pope, who from his youth right up to his old age took part in sports, commented on nearly all topical questions of the subject, including approval of Sunday sport and sport for women. He constantly sought to establish an inner connection between the Christian faith and image of man, and the acceptance and practice of physical exercise, in which context, quite naturally, the question of sport ethics occupied its own special place.

His addresses, which found an echo in all countries in many translations, cannot be analyzed here. Deserving of mention, however, are his remarkable words about the physically handicapped, who are forgotten by many people in the happy experience of their own energies or the energies of others. Pope Pius XII said in his address to the delegates to the National Scientific Congress for Sport and Physical Education in Rome on Nov. 8, 1952:

"While we wish that the old saying 'a healthy mind in a healthy body' should become more and more of a reality among the present generation, it is the duty of all to turn with special and loving attention to those whose earthly destiny is of another kind. Indeed, human dignity, duty and its fulfilment are not bound to that saying. There are many examples in daily life and still more in the long course of history, to prove that there is no reason why a sick or mutilated body should not harbour a great, even an inspired and heroic soul. Every human being, even if he is sick and therefore unfit to participate in sport, is nevertheless truly human, and carries out, even in his bodily infirmity, a special and mysterious plan of God. If he accepts this painful mission with a willing heart, if he supports and is supported by the will of the Lord, he will be able to proceed on the road of his life more surely, though for him it will be both rough and thorny, and though the enforced renunciation of the joys of sport will bring no small measure of pain. It will be his particular claim to honour and nobility that he does not grudge or envy others their joy in their limbs and in their physical strength, but himself, from the bottom of his heart, shares in their joy, just as on the other hand the healthy and strong, making a brotherly and Christian return, must show true understanding and a loving heart towards the other's infirmity." (M. Söll, 1964, p. 37).

Of his two successors, John XXIII (1960) in addresses to the sports press or to athletes, spoke in much the same vein as Pius XII, while Paul VI was already able to point to the positive attitude of the *II. Vatican Council* (1965). The latter, in the document on the Church in the world (Gaudium et spes), demanded respect for the dignity of the human body (No. 61), spoke of educational and leisure factors, including sport, which contributes "through its activities to the physical equilibrium of the individual and of society as well as to the creation of brotherly relationships between men from all walks of life, from all nations and all races." In his message to the Bishop of Grenoble, Paul VI (1968) declared, "Since the inception (of the Olympic Games) the Church has constantly applauded these noble contests."

In view of these facts, criticism of the attitude of the Church and Christianity towards the body and physical exercise has markedly declined. It has particularly undergone correction as a result of the factual research carried out by Ader (1971), Decker (1936), Elias (1939), Alois Koch (1965a), Marrou (1957) and Zellinger (1928). These corrections will no doubt be reflected in historical accounts of the development of sport, as well as in some of the much consulted lexica on the subject of sport.

The legitimation of the churches and their theologies to speak, help and advise in matters of sport derives not, it is true, from history, but from the facts of the Christian story of salvation, by virtue of which man (and this includes the athlete), both today and in the future, is seen and explained in a higher context implying, indeed, greater commitment than in the purely earthbound image of man and in non-religious sports ethics.

Conclusion

Despite the danger of failing to mention or deal adequately with many noteworthy publications on the theme of this report, one can now undertake an assessment by way of a summary of the Catholic theological attitude to the body and to sport.

The positive elements ought to have emerged clearly enough. A better stimulus for the continued preoccupation of religious scholarship with this group of themes and trends, however, will be provided by registering the gaps and future desiderata.

1. Since it can be considered certain that the Christian view of sport and physical exercise could promote better results, it is to be regretted that Catholic theology has not done enough to improve the effect of this fact upon the process of opinion-forming among its adherents, particularly among its specially educated pastors.

2. Theology clings in its dogma too closely to purely theoretical anthropological considerations and has not yet found a convincing transition to the practical aspects of the body in everyday life and in sport. Therefore many theologians still stress too one-sidedly the ethical aspects common to both sport and Christian living, while there is hardly any insistence upon the inner superiority achieved through the religious view of the body and of physical exercise.

3. Pastoral theology should provide suitable materials for priests and lay-men who are actively concerned with athletes, and help them in the services they render to the athlete and the sport official, including questions of rehabilitation sport and pastoral aid for unsuccessful sportsmen and victims of sport.

4. Finally, theologians ought to reflect on the fact that their thoughts and statements relative to sport should not so much start from above, i.e. from a given dogmatic field of reference, but also from below, i.e. they should have their point of departure in the practical needs of athletes and sports associations as well as in philosophical suggestions, such as have been developed in the "Philosophy of Sport" in the present volume of reports and such as have in part been indicated above. If Lenk asserts: "The philosophy of sport is only in its infancy", then this applies equally to the "theology of sport". The question, asked at the beginning, as to the if and how of such a theology can be better answered at the end, and indeed positively. Just as today a theology of history, of work and of technology has an established place in textbooks, just as a "theology of corporality and of the human personality" and a "theology of human conditions and events" (Rahner) have been projected and a "teologia della gioia" (joy) as well as a "theology of social men" (authors Agresti, and Foresi) have been brought out, a "theology of sport" may be attempted with equal justification. This, too, will find its place within the totality of religious scholarship and receive its most effective impulses from overlapping truths (G. Söll, 1972).

The religious man, celebrates the Creator's complete acceptance of the body who in the mystery of the incarnation of God, has the right and the duty to be happy of and grateful for his own body and to enjoy earth and life in the energy-laden play of his limbs.

Teilhard de Chardin indicated some of this when he concluded his "The Divine Sphere" with these words:

> "Let the earth now seize me with her giant arms. Let her fill me with her life or return me to her dust. She can adorn herself before my eyes with all enchantment, with all terror and with all mystery. She can intoxicate me with the fragrance of her nearness and unity. She can force me to my knees in anticipation of what is ripening in her womb. Her charms can no longer harm me since the earth for me has become, beyond herself, the body of Him who is and who is to come."

Georg Söll

Problems and Trends in Protestant Theology

Theology and Sport—an Unsatisfactory Relationship

Perhaps the most important statement to be made on the relation between theology and sport is that it has been realized to an astonishingly small degree: sport has hardly been reflected at all in theology. The few points of contact were through practical necessity and provided no noteworthy theoretical impulse. There are historical grounds for this on many levels. Theological tradition prefers a deductive way of thinking, abstraction leading to fundamentals, and is particularly interested in questions of wider grasp. In this manner, the particular is only of secondary importance as an object of attention. The more specialized, particularized, and pluralistic modern society becomes, the less likely it is that any social field will be affected by this way of thinking. Especially obstructive were the implications of the matter/spirit dualism, which has marked theological thought ever since the early days of Christianity. This led to a growing spiritualization and rationalization of religion. In this religion the "material" presented a possible danger to the cultivation of the soul, and was therefore an object of pastoral care. When the bodily sphere, as e.g. in modern sport, claims a dignity of its own, it enters into a competitive relationship with spiritualized religion. Since, however, it is always true that "problems" only acquire importance when they have acquired full size, some time-lag is inevitable: the "theological lag" remains until conflicts arise and confrontation is forced upon us.

The lack of contact between theology and sport is not totally devoid of sense. Any mutual stimulation and discussion of topical themes and issues in partnership is possible only within a type of dialogue in which either side abide by their own exposition of problems, thus allowing for a statement of their own topics and, consequently, for generative rather than merely reactive action. Independence is a prerequisite of any fruitful partnership.

In so far as the genuine theme of theology consists in explaining the relationship of man to what transcends him, human reality must always constitute, as "explicandum", one of the poles of theological theory. Traditionally, theology has always considered itself to be the science of reality as a whole. From the perspective of this claim to universality it is difficult for theology to enter into a relationship with any partial social phenomenon such as sport. On the other hand, the theological explanation of the transcendental relationship proceeds, even in a partial social field, by employing its own terminology and patterns of thought (myth) and its own specific practice (cult, piety, ethos). This difference of social fields implies of necessity a certain incommensurability.

A translation of the reality content of theological thinking back into concrete everyday reality can in principle proceed from the side of social practice and take the form of questions as to its theoretical basis; it can also proceed from the side of theory and take the form of a practical impulse. The closer the specific practice of a cult, within the framework of a theory such as that of Christian theology, approaches everyday reality, the more likely this latter impulse may be expected to occur. If Christian theology succumbs to the danger of perverting its meaningful independence by complacently limiting itself to the religious sphere, then, confronted by contemporary realities such as modern sport, it will find itself on the debit side as far as theory is concerned. In the confrontation which is inevitable as soon as its own positions are affected or indeed challenged, it can then react apologetically at best.

An investigation of the relationship between Protestant theology and sport should first uncover the reasons why there has scarcely ever been any confrontation between the two. In this way the parts played by practical necessity, by historical conditions, by negligence or by mere chance in this lack of contact will become clear. This approach, moreover, should enable us to take the measure of the situation and evaluate the chances or at least the conditions for future development.

Below in the second section we will reveal the reasons for the lack of contact between theology and sport by indicating the motives and themes to which the modern sport movement gave rise, or in the context of which this movement has played a role. In a third section we then will outline the history of the relations as far as they have been realized between the Church and sport. This will serve to describe the actual situation and enable the preceding analysis to be checked against historical facts. The fourth section attempts a confrontation on the strength of those themes which suggest the existence of associative links between the two spheres. The object is the systematic disclosure of possible points of factual contact which, even if they continue to fall on the debit side, nevertheless suggest that further attention to them might be fruitful and promising. Arising from this, conclusions regarding future efforts that might be made by theology, will be drawn in the outline of the problem given in the fifth section.

On the Genesis of the Unsatisfactory Relationship

A series of historical conditions and factual motives characterize the modern movement in sport both in its beginnings and in its development, and these have a functional relevance to the entire evolution of society. They are the reflexes of socali needs which theology had to face. Even if the borderline between these motives and impulses is difficult to define and even if they have varied in significance in the different phases of the history of modern sport, they nevertheless in prospect throw some light on the sudden juxtaposition and to some extent opposition of theology and sport.

One complex of the development of the modern sports movement should be seen in the context of social change. In a certain sense the modern movement in sport is a stylistic element in the advancement of the masses. Even the simultaneous existence of different types of physical exercise for knights, burghers and peasants during the Middle Ages reveals a tendency to copy the exercises of the respective superior class (Neuendorff, 1925; Wildt, 1957). In connection with the recent rise of the masses, the adoption of sports with greater prestige value represents a disguised instrument of social advancement, even though this instrument operates as a symbol and compensation rather than as a means of effectively altering the social structure. Feudal and bourgeois ideals, fostered by these exercises, along with pre-military strategies of education thus enter by devious ways into the code of norms of the rising masses: the selection of an élite, the identification of nobility with beauty in keeping with the Greek ideal of '*kalokagathia*' and the moral and economic principle expressed in the Roman ideal of 'moderatio', in the chivalrous ideal of measure in the Middle Ages and in Puritan thrift.

In so far as the Church and theology assumed a position of social and spiritual leadership throughout the history of the Christian Occident, they found themselves in a coalition of interest with the privileged classes when confronted with tendencies toward social change. Social conservatism runs parallel to the clerical-theological claim to leadership. The open involvement of the new sports movement with the rising industrial culture and its attendant social upheavals has forced theology and the Church, no less than the bourgeoisie, into an apologetic position. This may be clearly seen in the alliance between sport and the youth movement at the beginning of the 20th century, whose main protest was directed especially against bourgeois civilization without, however, abandoning the bourgeois framework. The defence strategy of the Church in face of threatening social change is on the one hand a recourse to the divinely ordained and created social order, i.e. it is determined by a pattern of thought inherent in theology, the latter sometimes using of conservative pronouncements, sometimes withdrawing into spirituality; on the other hand, the efforts of Cultural Protestantism to preserve a link with social development are frustrated by internal tensions and thwarted by the speed of social change, by the emancipation of the masses and their alienation from a church they experience as an obstruction to development. Here, presumably, is the main reason for the neglection of the phenomenon of sport by theology in the 20th century.

While Christianity saw in sport an exponent of social change, from which, in general, it sought to escape by rejecting it, sport itself is not only part of this social change but a reaction to it. It seeks to reply to the challenge by adjusting to it. Both sides, in a certain sense, have unwittingly become partners in a curious but dangerous coalition. This wrong assessment of the social and historical situation is partly to blame for the unsatisfactory development.

The functional moorings of modern sport in the way of life of industrial civilization may be adduced as another aspect responsible for this unsatisfactory relationship between theology and sport. The experience of alienation, which arose under the working conditions of the industrial age, made the idea of the total realization of human potentialities once more a very immediate problem. As a compensation for the purposeful rationality of the capitalist economic system and of modern bureaucracy, a social need for "direct experience" arises, in which meaning and existence can be experienced as identical factors.

Since Max Weber's analysis there is still no complete agreement on the precise definition of the connection between Protestant ethics and the principle of capitalism. That there is a connection and that one influences the other is beyond doubt. The theology of the Enlightenment and of Cultural Protestantism had a major share in the spiritualization and intellectualization of religion. It also had a major share in the influence of rationality on those spheres of Church life and thought which were less closely connected with the growth of rationality. Human need for social, emotional, and religious roots had in these circumstances to be disappointed. The dimensions of experience mediated by the Church are constantly shrinking. With the penetration of the rationality principle to the foundations of society and with its trivialization, it becomes increasingly difficult for the Church and theology to provide "evidence of usefulness", whereas sport can without difficulties take over their dominant role in catering for unsatisfied needs.

A compensation for the atrophy of traditional forms of social contact in urban civilization, with its effects upon social habits which include a retreat into the intimacy of the family sphere, sport offers possibilities of association at different levels even including mass meetings as festive public events.

An essential condition for the development of sport has been the increase of leisure time accompanying the growth of automation. Capitalist ethics of work and profession gain a stimulating ambiguity in sports: on the one hand it fosters the appreciation of purposeless parttime activities and leisure occupations of the amateur, on the other it accentuates the principle of efficiency and competition.

Finally, with the spread of medical hygiene, physical exercise is increasingly valued as part of the health ideal, for the prevention and correction of the ills of civilization, as a compensation for physical handicaps and for rehabilitation. Even these functions of physical exercise come within the area of conflict between humanitarianism and the interest in preserving and reproducing man's capacity to work.

A further complex of impulses favouring modern sport derives from philosophical, ethical, and educational tradition. A philanthropic concept of education has focussed interest on the aim of the "total formation" of the personality and has given new currency to physical training as opposed to the preference given to the spiritual ideal of education in early modern times. In pursuance of these educational impulses, sport was also recognized as a medium of moral education, and was used to inculcate comradeship, fairness, and the desire to excel. As shown, for instance, by the history of physical education within the pedagogics of the Moravian sect (Burger, 1955), the concept of sport as a compensatory function was already well established in pietistic educational tradition.

The unity of the healthy mind and healthy body is an idea that inspired physical education in Ancient Greece and bodily culture in Jewry. It has persisted right down to the ideals of Jahn, the founder of gymnastics, specifically in the service of premilitary training. The conception of bodily movement as play with no ulterior purpose has in theory first been reflected in the cultural anthropology of recent times, but has in fact manifested itself in all stages of the history of sport in the form of dance and entertainment at festivals.

The difficulty experienced by theology in achieving a positive evaluation of the modern movement in sport is due, to the fact as has already been indicated, that the traditions of western Christianity in alliance with Greek philosophy have opposed body and spirit dualistically to each other and have elevated the spirit above the body. Thus, education in social behaviour is founded rather on the teaching of spiritual norms and values than on practical training. The very fact that traditionally sport had its roots in the religious festival evoked a critical and defensive attitude even in Jewry and in early Christianity (Koch, 1965).

The relevance of all these themes and motives to social problems offered many points of contact between theology and sport. The involvement in the same theme, however, encouraged a divergent development, especially in view of the Church's understanding of its own role. Although in the process of social change there is a demand which is inherited in a positive and negative sense from the Church and theology, a demand which persists, these challenging contradictions do not provide them with an effective impulse. Once the themes had been manifested socially and transformed into an ideology by the sports movement, the Church could no longer take part in their formulation without drastically reducing its own pretentions, and was obliged to take refuge in apologetics.

The structural parallel between the situations of the two partners is apparent in yet another aspect. Apart from certain points of contact in respect to the tendency of the masses to adopt middle-class attitudes, there are in sport important elements conducive to the diversion and relaxation of social tensions which, instead of emancipating help to spread "petit bourgeois" standards. Sport, despite certain trends, e.g. in workers' sports, has never been an effective instrument of the class struggle; instead, it has offered the possibility of avoiding head-on collisions. In this respect sport from the first has found itself in a factual, if not a realized coalition with the Church. That this was not recognized by theology is to be explained by its incorrect assessment of sport as a movement towards emancipation and by its indiscriminate rejection of emancipatory tendencies.

Contact between the Church and sport does not result from the articulation of social needs but has become a reality only after sport has been institutionalized and ideologized and appears in competition with the Church. This is most evident in the Olympic idea, which is expressly to be understood in a religious sense, produces a quasi-ritual cult and has inherited many norms of religion, with which are associated specifically modern ideals like internationalism and mutual understanding between different peoples (Hörrmann, 1968). In some measure this situation corresponds to the historical pattern of the controversy between Jewry and early Christianity on the one hand and ancient sport and its links cult on the other. The Church no longer possesses influence strong enough to stop social developments; at the same time, it is too deeply involved with the causes of these developments to isolate itself from them completely. Faced with the rise of the autonomous sub-culture, sport, it adopts the strategy of duplication: within the Christian youth movements a comprehensive sports organization is built up. This duplication, however, is not merely a dubious aspect of church policies; rather, it contains at the same time an admission that, in view of the decline in social development, the movement in sport has a legitimate place.

From the point of view of sport, too, the partnership with the Church becomes more attractive at the very moment when the honouring of the original ethical and educational impulse became a problem. As soon as this achieves autonomy, it finds itself faced with insolvency on several levels. Permanent difficulties are created for both sport and the Church if they evade the movement towards emancipation and fail to meet the challenge of changed social demands. The theoretical problems become apparent when an attempt is made to create norms. They manifest themselves in increasing ideological and pedagogical difficulties, and find a secondary expression in permanent organizational crises.

Historical Points of Contact

The relations between theology and the Church on the one side and modern sport on the other are influenced not only by conditions in a rising industrial civilization.

The effects of historical precedents and patterns continue to be felt. A historical survey makes it clear that, if any light is to be thrown upon the changing aspects of their points of contact, each side requires a more differentiated way of consideration.

There is repeated evidence that physical exercise was practised in Israel in the days of the Old Testament. The use of the sling and the bow, swimming and running are mentioned (C. Diem, 1960; Sassenrath, 1970). Here, too, we find the constant rivalry between purposeful, end-directed activity and the element of immediacy in play, festival, and leisure. These practices were in part carried out in connection with military training (van Dalen, Mitchell, Bennett, 1961). Dancing, too, obviously played an important part. That Jewry became increasingly critical of sporting exercises can be explained adequately by the alliance between sport and cult and by Jewish rejection of alien civilizations.

The history of early Christian relations with sport has been studied by Koch (1965). Undervaluation of corporality by the fathers of the Church contrasts with indications of unaffected approval of athletics and gymnastics as part of the practical education of young people. It is true that the use in the New Testament and in early Christian writings of metaphors taken from sport allows no very far-reaching conclusions as to the attitude of the authors towards sport, but they at least show familiarity with the practice of sport and an absence of any fundamental prejudice against it. The depreciation of the body and an allied tendency towards asceticism, resulting from eschatalogical ways of thinking although in the Old Testament there is no trace of the dualistic conception of body and soul, is a consequence of the acceptance of Greek philosophy into early Christian theology. Thus, following the arguments of the Stoics and the Platonists, training of the body for its own sake, for pleasure in movement and play and for pure enjoyment, is rejected as a concession to man's sensual nature; physical exercise for purposes of health and cleanliness, on the contrary, are approved as elements in spiritual education.

The situation remains unaltered throughout history: the Church continues to preserve a tolerant or even positive relationship with sport as long as it can be categorized under the headings of "asceticism" or "education". The Church shows negative reactions to sport whenever, by reason of its roots in cult, it conflicts with religious rites or becomes an experience of sensuality for its own sake. Furthermore, modern sport has inherited and been deeply influenced by this tradition. For this reason the ecstatic orgastic element in sport has never achieved uninhibited expression.

In the Christian Middle Ages, which were exposed in scholasticism to a further wave of Greek thought in Christian adaptation, physical exercises were nevertheless common to all classes of the population (Neuendorff, 1925; Wildt, 1957). Admittedly the body and the senses were seen as dangers to spiritual purity; still, certain physical exercises such as walking, ball games, folk-dancing and jousting were permitted, in so far as they served ethically approved aims or were regarded as conducive to mental and social health. The tolerance criterion was the principle that the body should be granted its rights if the denial of these rights were to obstruct the attainment of spiritual objectives.

Even amongst the Reformers one finds positive statements about physical exercise as part of pedagogical counselling, although the valuation of corporality continued to have reference to its spiritual effects (Metzke, 1961).

Schneider (1968) has made a detailed investigation of physical exercise in England and its relations with Puritanism. He comes to the conclusion that the widespread belief in the hostility of the Puritans to the body is in need of correction, and that on the contrary Puritanism played a significant role in the development of physical exercise. Puritan thought carries on the biblical idea that the body is ordained for the service of God. Care of the body promotes this aim. In view of some of the contemporary physical activities the Puritans protested and developed a distinction between "lawful" and "unlawful" sports. Especially in the debate about James I's "Book of Sports", 1617, they demanded that Sundays should be kept free of physical exercises in the widest sense. They denounced dancing by partners of different sexes at public entertainments or in connection with church and religious celebrations. Folkdancing and dancing with partners of the same sex meet with their expressed approval, and instruction in this sort of dancing is recommended. The Puritans similarly opposed the "Floralian May-Games", the only great festival not to have been christianized, and also rejected bloody games with animals.

Still, through this controversy the Puritans gave a decided impulse to the rise of the English sports movement in the 17th century and its continued effectiveness. Just as Puritanism influenced the bourgeois revolution and the rise of capitalism, it also gave prominence to important principles which affected the development of sport: physical exercise, as a necessary and constant aid to living, represents an urgent duty; it contributes to the preservation of health; it is an aid to education and is essential for the formation of the human character. Thus, hostility to the body and obstruction of the sports movement are less characteristic of Puritanism than is the alliance between the Puritan impulsion to sport and the capitalist system of society.

There is a direct line from the Puritan contribution in English sport to the Christian sport movement in the United States which found an effective footing in Springfield College, Mass., and provided a stimulus for modern sport, especially through the invention of new games such as basket-ball and volley-ball (C. Diem, 1960).

The history of physical exercise in the educational work of the Moravian sect was described by Burger (1955). In the Niesky orphanage games were played regularly from 1778; but even earlier, attention was paid in their educational principles to the question of the training of the body. Physical education as a rule played a part in most pietistic and philanthropic educational work. The field of education was a meeting ground for sport and Church. That better use was not made of this initiative, was primarily due to the failure of both partners in the face of new social problems at a time when the modern movement in sport was in its infancy.

C. Diem, in his World History of Sport and Physical Education (1960), has devoted a chapter to the relationship between the Church and modern sport. The many contacts described above might easily conceal the profound mutual estrangement, the motives which have been traced already. The contacts remain largely the work of individuals, and do not go much beyond assurances of mutual respect (Stade, 1950).

The development of the Christian sports movement is tied to the youth movement around the turn of the century. It was able to draw on the Christian educational tradition and strove to cater for the sporting needs of young people attached to the Church when they found themselves involved in the conflict between official church teaching and the active life of modern sports associations. In 1928 G. Kunze published the "Catechism of the Oak Cross", as a theoretical basis of the Society of the Oak Cross within the German CVJM (Young Men's Christian Association). This catechism is largely characterized by the attempt to show on the one hand the compatibility of the Christian belief with sport and on the other hand to impose upon sport, in so far as it came within the sphere of influence of religion, a moral code of a Christian character. Thus, official contact between the Church and the leading sports authorities was—if at all—made by way of the Christian sports movement all over the world. As had been the case in England in the 17th century, Sunday sport frequently was the technical ground for dispute.

Since the Second World War the Church has once again made great efforts to keep pace with social developments, whereas the emphasis in dialectic theology in the first half of the 20th century had been on the independence of theological subject matter and upon a refusal to consider the mixing of church and secular problems. Now, a convergence of interests becomes apparent in the leisure problem, for instance. Since modern principles of end-directed rationality and bureaucratization have helped sport to achieve autonomy, pluralism and the competitive principle are beginning to prove an obstacle. The mass spread of sport makes its theoretical insolvency even more apparent; commercialization and professionalization present new problems. Sport, as a genuine product of industrial civilization, is also influenced by the crisis of late capitalism.

In this situation, official contacts between Church and sport have intensified. The fact that this coalition has come about precisely in a phase extremely critical for both parties certainly makes one wonder whether this tendency is not defensive, conformist, and directed towards self-preservation rather than being an expression of the intention to meet the social challenge and bring to bear in an emancipatory sense the ecstatic, eschatological and critical elements—the elements liable to disrupt and alter the system—which are common to both parties. In workshops, meetings, and international conferences, theoretical and practical applications of this partnership are undertaken. The initiative has been taken by both sides. The preliminary climax of the development is the participation of the Churches, for the first time in history, the Scientific Congress on the occasion of the Olympic Games, 1972.

Confrontation: Points of Contact

Examination of the Protestant systems of ethics clearly confirms the marginal position of the problem of sport in theological thinking. It is not only that, with few exceptions, the word is hardly ever mentioned. Even more surprising is the fact that, generally speaking, there is no reference to sport even in the context of corporality, where mainly questions of sexuality are dealt with (Ringeling, 1965). In the context of leisure time, too, sport is just as infrequently discussed, and indeed the theme of leisure, in spite of its obvious social importance, is broached by very few writers (Rich, 1964; Thielicke, 1964, 1965; Trillhaas, 1949).

In view of this it is not surprising that neither dogmatics nor, in particular, theological anthropology make reference to a phenomenon such as sport; to such an extent does the traditional scheme of internal theological problems determine the structure of these treatises. The latter always concern themselves in essence with questions like man as a creature, man in the image of God, free will, the fall from grace, and redemption. Theoretically the themes of modern sport are quite capable of being treated within this traditional structure of theological problems. Decisive, however, is the fact that theology is obviously restricted in its perception of problems, and is inclined to select only those of institutional interest, those which concern its own identity and those which carry on the tradition with little flexibility.

On the other hand, a large number of potential and actual points of contact appear as soon as one ceases to expect an overall and explicit treatment of sport, and divides the phenomenon into its various aspects in order to match them against themes taken from theology. From the following five aspects of sport tangential connections with theology will now be traced: corporality and experience of the self and the world; sport and the achieving society; sport and sociability; play; the ideology of sport. The imbalance of the sections corresponds approximately to the varying attention paid by theology to the individual groups of themes.

Corporality and Experience of the Self and the World

The points of contact with theological themes in the context of corporality are to be found in the varied analyses offered by modern anthropology (Grupe, 1969). The body is not only a medium, but the direct and concrete subject of personal experience. Man's body, for him, is a given fact. When concepts such as creatureliness and naturalness are employed to describe the experience of the body, reference is made to a state of affairs which theology is trying to deal with under the heading of creation. Naturalness, ease, charm, relaxation, beauty are all associated with the idea of Paradise. Romantic thought since Rousseau, on the other hand, has regarded civilization as alienation. But man's experience of being dependent and outcast, of powerlessness and transience in the face of "blind" nature, is also deeply rooted in the phenomenon of corporality.

Corporality as a given fact finds expression in the myth of creation. Man is understood as a creature and defined in relation to his creator. "The existence of man is the history in which one of God's creatures, chosen and called by God, is comprehended as having a personal responsibility to Him—a responsibility to which he proves himself equal" (Barth). From the reality of body and life and their partnership in relation to God as the creator arises the theory of the development of human dignity, freedom, and responsibility. Man is explained as the image of God (Bonhoeffer, 1958; Sassenrath, 1970).

In fully exercising his freedom man renounces the familiar security of his primitive condition; he loses his sense of belonging; he is thrown upon his own resources. The myth of the fall of man and his banishment from Paradise is a manifestation of the attempt to fit the experience of the hardships of reality—toil, suffering, death—into a theoretical scheme and to relate this experience to human responsibility. In it is expressed the danger bound up with human efforts to transform "reality" into "achievement" (or "fate" into "history").

The degree of man's alienation from his supposed original state has been a constant preoccupation of theological and anthropological thought in the West. This preoccupation expresses the desire to regain original directness of experience. Does nature offer here a connecting link, or is the blessing of redemption only thinkable along with a complete negation of nature and a questioning of man's capacity to use his free will to measure up to the divine (Brunner, 1930, 1934, 1937)? The doctrine of original sin in the Augustine tradition links this question with the body/soul dualism which was superimposed upon Judaeo-Christian thought through its synthesis with Greek thought. The history of this dualism has been traced by Wach (1932). He describes the working out of anthropological themes against a background of the development of Greek thinking from the "Mythos" to the "Logos"—that extraordinary mixture of supranaturalism and rationalism—and of the influence of Orphic, Iranian and Neo-Platonic thought in this philosophical tradition. Theological anthropology in the 20th century is making intensive efforts to overcome the body/soul dualism with an analysis of thought structures and conditions (Barth, 1948; Boman, 1965; Ebneter, 1952; Schlatter, 1964). The distinction between the Hebraic and the Greek concepts of the body which has been revealed by research into the history of religion, led to a sharp revision of prevailing theological ideas about the body, a revision which has since on occasion had certain repercussions.

Stählin's book "On the Meaning of the Body" (Vom Sinn des Leibes, 1930) is characterized by this tendency to overcome the dualistic tradition. It answers the question as to the meaning of the body by putting forward the idea of its ambiguity which, according to the Christian view, is a feature of the whole of human existence. The body shares both in the discrepancy and the correspondence between the human and the divine order, but is not to be accused—as in dualistic interpretations—of being the cause of the "fall of man". The motive of the book is to offer a criticism of the prevailing educational ideal, against the background of the youth movement. It culminates in the fostering of a "bodily confession" by means of "bodily spiritual exercise", in which the body is understood as a temple and a sacrifice. In this connexion the ambivalent function of the body is described with respect to tension and relaxation, openness, and reserve, self-assertion and devotion.

Christology, in particular the doctrine of the incarnation of the Logos, makes a new interpretation of corporality possible. Redemption is interpreted as the participation of man in the spirit of Christ, directed toward incorporation by action. The interpretation of St. Paul in Käsemann (1933), Robinson (1962), Schroten (1970), and Bauer (1971) moves Christian existence, as partaking of the body of Christ—the Church—into the sphere of the all-embracing ministry of Christ in the world. The antithesis flesh/spirit in St. Paul is no longer interpreted as an anthropological dualism, but, in keeping with old tradition, as a cosmological dualism. The borderline of sin does not separate body and soul; instead, the "corpus", as the unity of body and soul, exists either in the sphere of divine spirit or in the sphere of the godless powers (Brandenburger, 1968). The claims made upon man by the Gospels call for him to serve with the totality of his spiritual and bodily existence. In this new approach one observes a tendency to remodel the traditional individualizing ethics of work or profession of the Reformation (even emphasizing eschatological orientation towards the imminent re-creation of the world) in favour of the social dimension.

With the stress laid upon cult as signifying the presence of the historical incarnation in Eucharist and preaching, as well as with the insistence upon the future resurrection of the body, history, too, including its realizations and anticipations, is brought within the field of reference of corporality. On the other hand, this historical context of theological thought offers the possibility of concretization: "If one abandons the historical foundation of the content of religion, one finds it easier to renounce all objectivity; one can be as little interested in the reality of the body as in the sphere of practice" (Bockmühl, 1961).

This becomes evident in the history of Docetistic Christology and its ethical implications. The controversy surrounding the dogma of the concrete humanity (and therefore the corporality) of Jesus has always been a fight against the depreciation of the body by asceticism or libertinism as well. When Käsemann (1964) and other disciples of Bultmann, after some decades of research characterized by resignation, again took up the question of the historical Jesus, this was partly conditioned by their interest in avoiding the tendency to elevate the concrete facts of history and the bodily aspects of Christ's actions into mere abstract significance and religious reality.

Civilized action and its significance for human dignity arises out of the competence of man's body, his ability to use his senses and to control his environment. In the creation myth, man's authority to rule is derived from the idea of his being moulded in God's image. Through the anchoring of man's authority over himself and his environment in his intimate relationship and alliance with God (O. Weber, 1957), his domination of the world is bound up with his domination of himself; his capacity to dominate is of positive value only as long as he holds himself in control in face of the conditions that influence him. If he loses control over himself, over his body and his acts, he also loses his rights. Vitality which leads to arrogance and a boundless feeling of strength proves to be restriction of reality, since it knows nothing beyond its own truth (Kuhlmann, 1935). The history of justification as the central theme of Christian theology is the theoretical model of worthiness established not by one's own effort but by acceptance, which for its part strives towards concretization and manifestation in the body. Hence justification in Protestant theology is the basis of a new obedience as well as of loving and trusting behaviour. It includes a new freedom to accept what is received and therefore includes pleasure in creation and in the body; it opens at the same time the way towards employing what is given as a means of liberation tending towards the redeemed world.

The capacity for bodily movement is regarded by Rousseau as the original expression of freedom (Grupe, 1969). The Bible looks upon bodily stigmata as a symbol of the claims made upon the individual by God. It is in the form of movement that one encounters the environment, that one presents oneself, tries out possibilities, even finds religious self-expression. Freedom in one sense is closely bound up with mobility. Bodily restraint is experienced by man as exhaustion, depression, and illness; by contrast, vitality is reflected in well-being and enjoyment, in activity and performance. Theology gives attention to the close connection of these opposites in the context of themes like passion, martyrdom, and temptation, as well as consolation, encouragement, hope, and bliss. That the suffering and the weak are consoled by the solidarity of Jesus with them on the cross, is one of the central tenets of the Christian faith. The Passion of Jesus and the sufferings of the martyrs are a protest against suffering and its evils, and at the same time presage a form of sanctification of the profane. By trying not to ignore suffering but to integrate it into life, it becomes possible to renounce illusion and to achieve an adequate and realistic picture of the "whole" man. Into this context belong not only the confrontation of theological anthropology with medical and general anthropological thought (Rössler, 1962), but also theological views on compensatory activities in sport and on sport activities pushed to the limits of performance.

Man's experience of his individual value is based in large part on the given fact of the body which is the medium both of experience and of his mastery of "vital existence". The constitution of cognizable reality by a structuring consciousness is conveyed by the senses. The latter ensures perception of the external world and the feeling of sensual pleasure by direct sensuous experience. If sensuous contact with the environment also builds up the experience of self-identity, and makes the transcendence of this self possible, then bodily communication by expression, gesture, and touch opens up the way to personal partnership.

Recently the aspect of sensuous enjoyment, of conviviality and of happiness has been given new impulses in theological thought (Buhr, 1969; Cox, 1970, Miller, 1970; Moltmann, 1971). The sensuous expression of the affirmation of the world founded in God's acts of justification and the mobilization of vital powers of resistence to the experience of wickedness in this world, are here newly integrated into the theory of the totality of Christian existence. This trend clearly demonstrates to what degree the tradition of suspicion of corporality and sensuality in the history of Christianity has come to an end. This will finally also affect the relationship with sport in growing measure.

Through Heim (1955) the idea of the personality of man introduced by Buber, Ebner, Grisebach, and Rosenstock-Huessy found its way into theological anthropology. On the one hand this conception points to the phenomenon of the unity, individuality, and identity of human existence, on the other hand to its "reciprocity" and dependence on others. Gogarten (1952) in particular stressed the part played by the relationship of "you and I" among human beings, rendering history possible. Pannenberg (1968) sees in the conception of personality and personal dignity a modern equivalent of the biblical "man in the image of God". Bockmühl (1961) goes as far as to speak of the sublimation of corporality in the community: "Creation is sublimed in the covenant".

In the sphere of the personal, man exceeds the bounds of objective space; he experiences the transcendental. In contrast, Gogarten and others interpret the relationship of man to God as creator and partner in the covenant as a prefiguration of the "you and I" relationship. This connectedness, which ordinary man constantly loses, is newly manifested and rendered possible again by Jesus. It is clear that there is a link between this view and the anthropological recognition of the body as the medium of communication and community living.

Sport and the Achieving Society

Max Weber's explanation of the spirit of capitalism as arising from the secularized principles of Protestant, especially Reformist ethics, has not gone unchallenged. Nevertheless it can be taken for granted that modern end-directed rationalism is indebted to Christian impulses in more than one respect, not least to a frequently one-sided emphasis on the theory of satisfaction in the doctrine of justification. The reformist principle of the "syllogismus practicus", according to which predestination fears may be overcome by viewing worldly success as a sign of divine election, has as great a share in this development as the Lutheran ethics of work and profession and the resultant conception of duty.

Neo-Marxism vehemently attacks the achievement principle, which also affects sport in view of its large share in the socialization of the drive for competition and success. The reduction of reality to quantification as a typical mark of rationalization is clearly expressed, for example, in the phenomenon of record-seeking and the importance of score lists. If there is only a grain of truth in the theory of the sponsorship of this principle by Christianity, and especially by Protestantism, then the Church cannot escape its share of responsibility for the socially undesirable consequences. Solidarity in face of this responsibility involves criticism and also participation in the search for possible solutions.

Not only the socializing effects of the urge to competition and success, inherent in sport, but also the development of sport into a social subsystem, determined by the laws of consumption and profit, of professionalism, bureaucratization, and hierarchization, are urgently in need of critical appraisal and determined rectification. Sport, mainly on account of this development, is today undergoing an ideological crisis, to surmount which the Church should, in all fairness, make every possible theoretical contribution and exert its remaining social influence. Admittedly, every attempt at rectification is rendered difficult by the interdependence of the social system which sport, too, cannot escape. Its functions of helping man to adjust to a problematic social structure, of providing a safety-valve for his sense of alienation and of deflecting aggression, are in themselves ambivalent. Alienated man is ill served by being given the possibility to identify himself with idols, thus creating a dream reality and seeking to realize a pseudo-identity. These are on the one hand the classical disburdening functions of religion but, they form on the other hand a hindrance to social change.

Recreation, leisure, celebration, and play are in Jewish tradition linked to the Sabbath and thus especially hallowed. It has always been possible to exploit the human need for diversion and amusement for unfair ends, as when "panis et circenses" pander to the complaisance of the masses. But when the Sabbath, leisure and celebration, are brought into special relationship with divine service, they each acquire a specific character according to the way in which God is understood. In biblical thought they are increasingly concentrated on an ever new orientation to be will of God. Naturally, this concept contains a claim to exclusiveness; as soon as this orientation towards God in the religious festival and in the leisure of the Sabbath comes into conflict with other orientations, the reaction of Jewry and of Christianity alike is one of protest. Even modern sport, with no link with religion, finds itself in competition with this principle in so far as it claims autonomy; and since it only partially can become autonomous, it assumes the position, willy-nilly, of handmaiden to the system of the prevailing social structure. A critical appraisal of the claims of such a system, applying the criteria of the Christian interpretation of man and the world, is essential to the Church. That the Church, in view of the modern leisure society, faces an unprecedendet situation in the solution of this problem, may be seen from the fact that the leisure problem has as yet hardly been touched upon in theological ethics. Both the legitimacy of recreation in a working world which overtaxes man's strength, and the danger of leisure being used as a means of regenerating "human capital" are in need of investigation in this context.

Sport and Sociability

In explaining the phenomenon of sport, attention is always drawn to the fact, even in the above-mentioned Puritan principles, that it can fulfil a positive function in education in social behaviour. The basic principles of discipline and fair play are as essential for sporting behaviour as for social life in general. The transmission of culture and the functioning of society rest upon the unconscious and conscious acceptance of rules which contain cultural experience. The systematic learning of such rules is conducive to the protection of society and saves society inappropriate and damaging experiences. In the system of rules, motal precepts, such as that of enjoining respect for the rights of others, are given concrete expression. Systems of rules in sport and play can be regarded as direct patterns for the systematic norms imposed by society (Sports in a Christian Perspective, 1970). Socialization is to a considerable extent founded upon the internalization of rules and norms, indeed, of entire roles.

The differentiation in theology between the law and the Gospel implies affirmation as well as criticism and comparative assessment of this state of affairs. If in modern Protestant ethics the law is seen as a structure intended to preserve the threatened world, this implies recognition of the anthropological significance of social regulations. But this recognition is conditioned by the knowledge that the threat cannot be removed by unwilling subservience to a law, and that it can be overcome only by a voluntary renunciation of rights, by the sovereignty of love, and through an unwavering conviction of one's own security. From the opposition of law and grace, seen in this way, O. Weber (1957) infers a "critical realism of education". Köberle (in Haag-Möhres, 1968) sees in "man's clear-sighted recognition of his danger" an essential contribution of theology to education. Yet even emancipatory conceptions of education, in so far as they are founded in theology, connect with the doctrine of justification.

The importance for communication of being partners in the team, opponents in the contest and fellow members of the sports club, must rate high in view of the tendency to individualization in the way of life of an industrial civilization. Opinion surveys unanimously indicate that this is a main reason for the attractiveness of sport. If human experience of the disposition is based largely on man's meaning of life for personal partnership, the theological formulation of the intimacy of the word of God and of human fellowship is to be seen as a theoretical justification for and at the same time a qualification of this aspect of the reality sport, and also as a normative standard for its evaluation.

Obvious points of departure for theological statements on sport have always been found in the metaphors taken from sport in the New Testament. Pfitzner (1967) has studied the agon motif in St. Paul and in his immediate succession. The use of this motif by St. Paul derives from the popular moral philosophy of Hellenism and from Hellenistic Jewry, which on its part was misled by the undifferentiated use of Hellenistic categories of thought into inappropriately applying this motif in the interpretation of the Old Testament. The specific modification of the significance of this motif by St. Paul was not retained in the subsequent tradition of the agonal conception of martyrdom and asceticism. In contrast to Hellenism, St. Paul sees the agon not as an achievement, a virtue, but links it closely with the service of Christ.

Pfitzner characterizes the motif as used by St. Paul as the "agon of faith for the faith". Thus for St. Paul the agon precludes personal renown. "The principle of honour in its agonistic conception ceases to be a stimulus to action, and the place of self-education for 'proficiency' is taken by the sense of duty" (Schlatter, 1964). Sassenrath (1970) is justified in pointing to the fact that in the Bible physical prowess in the contest is seen as dependent upon God; victory and defeat are not attributed to man's own strength.

Neither, on the other hand, is there any tendency in the Bible directly to belittle man and his achievement, although this effect cannot be overlooked in Church history. Since the Enlightenment this effect has aroused strong protest. Wherever there is a suspicion of this tendency in the Bible and in exegetical literature, the main intention is really to place man into proper relationship to God, his creator, and the condition of his existence. This definition of the relationship aims just as much at giving meaning to the experience of failure as, on the other hand, at preventing a feeling of boundless self-conceit. In between, however, lies a realistic understanding of the self, which, instead of leading to quietism, permits man to take unselfconscious pleasure in his own strength, achievement, and success. This feeling of personal value on the basis of a balanced self-knowledge corresponds exactly with the intention expressed in the theme of the justification of the humiliated and despairing.

The sport metaphors in the Bible, as we have seen, can contribute to the relationship between theology and sport only indirectly and on the basis of subtle exegesis. If Bible research were to pay its respects to sports by alluding to these biblical motifs without reflecting on the meaning of these, neither side would profit, and the contribution of theology would particularly lose in significance.

Play

The few theological essays on sport are mostly centered on the idea of play. Sport is regarded as an "allegory" (Heidland, 1968), or a "mirror of life" (Stählin, 1958) where on the one hand leisure is practised through play which is without aim or profit: "Sport is merely a way of passing the time, of amusing oneself ... it is fun, a game, something for people with time and leisure, something leisurely and unnecessary even in difficult times" (Buhr, 1959). On the other hand Thielicke (1966b) underlines the fact that sport, if it is based on the play instinct which "accepts the challenge offered by human nature and then overcomes it in the education and training of the body, compelling human nature against its will to release all its potentialities", has no meaning except as an "instrument" and cannot become an end in itself. Without doubt the desire for play and the pleasure taken in it are in part rooted in the contrast they present to the serious side of life. In addition there is the pleasure of action shared with other people for innocent goals devoid of real risk. The treatment of play in cultural history reveals its relationship to myth and the undifferentiated interfusion in myth of need and fulfilment, conflict and desire, emotion and experience. Play is a reminder that pre-logical, mythical man was still scarcely separated from the womb of nature. Thus, play can be looked upon as a reversal of alienation and a way of preserving originality. Schlatter (1929), in his work on ethics, quotes sport as the concretization of bliss.

It seems questionable, however, whether one can conclude from this reasoning that play corresponds unproblematically to the intentions of Christianity, quite apart from the question whether the play element in modern sport is not ideologically overstressed. To oppose work and care, as an affair of the intellect and the will, to play as an affair of the "collected and untrammelled emotions" (Riess, 1965), is not in harmony with other efforts to realize a total conception of man; the latter should manifest itself in both spheres with its own particular orientation.

What has been said above about sport metaphors applies in essence to the biblical references to sport collected by Sassenrath (1970); they cannot be employed as a biblicistic justification of play. For instance, the fact that in Proverbs 8, 22ff. God's creation of the world is presented as a process of "playful" freedom cannot, even if allegorical intentions can be discounted, be used as a qualification of play, unless one considers the place of such motifs in religious history.

Attempts at a theology of the festival (Cox, 1970; i.a.) have rediscovered the play element in religion. The importance of this only becomes apparent against the background of the increasing rationalization of Christianity in modern times. The unmistakable over-development of end-directed rationalism in the modern achieving society is doubtlessly in need of correction. Yet this should not, on the other hand, mislead us into neglecting once more the impetus given by religion to the emancipation of the rational consciousness when this impetus has only just begun to prevail in the face of its suppression by the Church. Play, too, cannot be interpreted adequately in a Christian sense unless its ecstatic and emancipatory characteristics are considered in relation to rational and social responsibility. As a romanticist conception of play is denied to Christian thought, its task must be to re-establish the naivety and originality of play on the basis of rationality, at the same time giving due attention to its ecstatic elements and the possible significance of these for our present society and its future.

Sport Ideology

It has already become apparent in more than one instance that Christianity prepared the way for certain functions of sport in modern society. Christianity in part gave up these functions as a result of internal developments, in part it was pushed out of this role. Thus, sport ideology to a certain extent gives the impression of providing substitute ideas for a substitute reality. Hammelsbeck (1954, 1965) quite rightly points out that the ideologizing of sport enables us to resist the alienation of sport, and to do so by means of "mature ideologies", whose justification is founded in sport itself; on the other hand, ideologization entails the possibility of a capitulation to forces which are foreign to it. Hörrmann (1968) investigated the religious implications of sport and in particular of the Olympic idea. In the ideas of Pierre de Coubertin "sport religion" serves as an educational means of reconciling mind and body, of ensuring the continued existence of mankind and the temporary and symbolic cessation of hostilities during a "truce", and of promoting national integration. The ceremony of the Olympic Festival is interspersed with more or less religious symbols: the torch race as a symbol of devotion, the oath as a purifying rite, together with many other examples, give sport the appearance of "exorcizing" evil spirits. At the same time the ritual is an expression of a return to primitive mythological traditions, which are expected to guarantee both historical continuity and irrational support.

If religion is completely unthinkable without cult and its irrational implications, the progress of Christianity from its Jewish origins and the movement from mythos to logos nevertheless implies a tendency toward emancipation from irrational and archaic ties, and therefore a tendency toward a criticism of cult. In contrast to the cyclic concept of history in nature cults and in ancient Greece, the Christian cult, in the tradition of Hebraic thought, performs the task of referring man to the historical process. For this reason Christian theology cannot remain neutral when confronted by an ideology and cult which aims at establishing a substitute for ordinary reality and at abolishing history more or less indefinitely.

This argument is the theoretical core, the criterion, and indeed the justification of Christian reservations in face of other ideologies. On the other hand, modern sport in fact performs interpretative and meaningful functions for society which the Church can no longer effectively undertake. Here lie tasks and opportunities for theology—a chance to help in the formulation of a sports ideology in such a way that the truth content of the Christian presentation of reality may be socially fruitful.

Some Conclusions

The contribution of theology to the problems of sport has only become recognizable in vague outlines. The essential reason for this is that systematic theological anthropology has exercized no stimulating influence, and is perhaps incapable of doing so. Firstly, it has up to the present been preoccupied with the exposition of themes, inherent in its own system, such as the creatureliness of man and his creation in God's image, perversion and restitution. Secondly, owing to the specialization and particularization of the sciences and the incompatibility of many of the results, it is scarcely possible to construct a complete anthropological system which would take in neighbouring fields. Thirdly, such a system would be highly dubious from a theological point of view, owing to the basic historical incompleteness of man, both now and in the future.

In these conditions anthropology is conceivable only in particular perspectives, sections, and contexts. This is evident for instance, when we are faced with the question, which is repeatedly raised, as to the basic and specific character of Christian anthropology. In keeping with the theological consensus which has meanwhile been achieved, the answer is often found in the unity of body and soul. The fact, however, that Greek traditions are superimposed on this idea even though biblical criticism now has been able to make it evident, points to the relativity of such answers. The specific character of theology obviously cannot be described in an absolute sense, but has to be repeatedly redefined in the historical context.

On the other hand there is an unmistakable social need for a reliable, systematically based, complete, and meaningful system of reference—a general theory which would allow, in particular situations of life, guide-lines and precepts for action to be deduced. On the level of prescience, in any case, the obligation of such a system to provide meaning already exists in a more or less conscious form in the awareness and actions of society, or has been partially anticipated.

The efficiency of theological anthropology in this situation depends upon whether the elements of anthropological theory implicit in social life have been analyzed and put forward. For this purpose the cooperation of the social sciences is necessary, e.g. of cultural anthropology, the sociology of knowledge, social psychology. Only in this way it would be possible to replace the verbal reproduction of a socially ineffective or even counter-productive Christian anthropological system very gradually by more appropriate references to the situation. This should link up with the secular residues of original Christian anthropology in the social consciousness of our time. In this way, for instance, theology could, in cooperation with the sports theory or ideology, assume a function in the formation of social consciousness, or more concretely in working out a theoretical foundation and practical concepts for what should be done in this field.

True, since the relationship between the Church and sport has improved, new practical possibilities of cooperation have become apparent. However, one should delude oneself: a viable coalition can only be based on an energetic settlement of the problems caused by theoretical shortcomings and historical omissions.

The first task for theology is to become acquainted with its partner in his social field of reference, hitherto practically ignored. Empirical investigations into the sociology of sport provide merely incomplete information as to orientations and values, systems of reference and relevance structures in the sphere of sport. Yet it is of the utmost importance to know the attitudes connected with sport and their effects on social action. It is certainly no bold hypothesis if we suppose that in this way implications might arise for sport which are totally unknown to sports theory, and that at the same time the inappropriateness would be revealed of the approach of the Church to those to whom sport means something. In this connection, for example, an analysis of addresses made by clergymen at sport events would be illuminating.

Primarily, however, theology can only do something to promote cooperation with sport if it pays attention to its functional connections. Clearly, the problems raised by these connections have hitherto not been adequately formulated either by sport or by theology. As an indication of themes that might be treated in this context a few headings may suffice: changing needs in modern society, the situations outlined by such concepts as the achieving society, education and leisure, the effects of psycho-social release and regression on social change, the connections between eschatology, Utopia, ecstasy and revolution, the social function of subjective sensations of happiness, experience, and sensual pleasure as possibilities of emancipation from discrimination and repression.

Rüdiger Schloz

Sport and Non-Christian Religions

Some Introductory Observations in the Light of the History of Religions

The subject "Sport and Religion" is nothing new in research on the history of religions (Recla, 1957). Since human activity in the sense of physical exercise was not always as strongly differentiated and reduced, so to say, to an external manifestation as is implied in the idea of sport today (classification of relevant sport bibliographies, Mack, 1956 to 1969; Pahnke, 1967; Recla, 1958), the phenomenon of physical exercise has offered sufficient points of departure for a study on religious history. A review of the history of civilization (Danzel, 1924; C. Diem, 1960; Saurbier, 1969; Toynbee, 1970; Weule, 1926; Zierer, 1969 to 1971) clearly shows links between physical exercise and such human activities as hunting and fishing (Dostal, 1962; Friedrich, 1941; Lommel, 1965; Malinowski, 1922; Weyer, 1932), fighting or war (Kreichgauer, 1914; Rose, 1925) which in the widest and neutral sense served the safeguarding and continuation of existence.

With this global approach it can be observed that sport (especially in its antagonistic and not primarily playful components) has, without its purpose of safeguarding existence, today assumed a certain festive character which removes it from everyday routine (Altrock-Karger, 1956 to 1958; Zeiss, 1962). In non-Christian religions, nevertheless, sports activities are very difficult to separate from religious manifestations, for which reason it is necessary to observe the phenomena as a whole. Although the conception of sport today is very different from its earlier interpretations (cf. the differing definitions of sport in various dictionaries and encyclopaedias from the 19th century onward), it must not be forgotten that its history can be traced back very easily, the Greek Olympic Games being a prominent example (Bengtson, 1971; Drees, 1962; Rudolph, 1965).

On the one hand, therefore, the necessity arises for religious science to comprehend sport as an integrating element within all activities which directly concern human physical existence; on the other, it is necessary to grasp the religious relevance of human actions concerning the body, since they, in tendency, confirm man's existence.

These two factors, together with the semantic vagueness of the word "sport", make it appear advisable to classify some of its manifestations under headings such as worship (Jensen, 1951; Mowinckel, 1953), ritual (Hooke, 1933), play (Brinkmann, 1929; Huizinga, 1963; Jensen, 1941; W. Schmidt, 1950) or religious drama (Eberle, 1954; Gaster, 1950; Grönbech, 1931) with its constitutive element of dance (Baaren, 1964; Backman, 1952; Herter, 1947; Kool, 1921; Leeuw, 1930; Otto, 1965). (In this connection see Heiler, 1961; Leeuw, 1956; Widengren, 1969.) The need for this approach does not, however, arise only from the nature of the subject itself but also forms part of a development within science which can, perhaps, best be described as a departure from a spiritualizing conception of religion and an increasing interest in the so-called "external" phenomena of religion, such as e.g. ritual.

Today, therefore, the interest of religious science in sport concerns categories such as play and holiday (W. Schmidt, 1950, cf. also the close connection between holiday and holy, which is sometimes reflected in language; for instance, the Polish word "swietosc"—the holy thing—has the same etymon as "swieto"—the holiday). This association must be regarded as the central interpretation of the relationship between religion and sport in so far as the holiday and the events which characterize it as a manifestation of a holy period (Eliade, 1953a; Hornung, 1966; Reuter, 1941), form a constitutive element of religion. Present-day sport, which must be regarded as a secular phenomenon, also contains quite a number of elements which can only be defined as religious. It is sufficient to remember that many athletes have become heroes of our mythology or that sportfields were turned into battle-fields of fanatical conflict between the fervent supporters of popular teams; besides, there are many other quasi-religious forms of diminished cultic importance (Aigner, 1955; Leniger, 1954; Wehrhan, 1936). It was thus not a mere coincidence that the resuscitation of the Olympic Games by Coubertin in modern times took place in connection with an idea such as the "Religio Athletae" (Hörrmann, 1968).

The necessarily religious interpretation of sports phenomena can be recognized even today by their symbolic significance (Fink, 1960). It can, for instance, be found in the Mexican ball game with its decidedly cosmological significance (Krickeberg, 1948). The fact that this game, in an only slightly changed version, may nowadays be played on Sundays only proves that it still has sacral associations, and demonstrates the relevance of religious questions to sports phenomena (Brandenstein, 1954; Henderson, 1947; Mehl, 1953; Mendner, 1956; Löffler, 1955).

Even these few pieces of evidence suffice to contradict the idea of any separation of sport from its religious background. Since this religious character has mostly receded nowadays, an adequate view of sport phenomena must be orientated towards historical observations in which a conditional connection between sport and religion can be seen more clearly. It has been the intention of religious science (particularly with respect to the history and phenomena of religion) to demonstrate this connection with sport. It therefore seems appropriate to give at least an outline of the results obtained by a study of phenomena in the religions of illiterate peoples (this designation was chosen in order to avoid the dubious word "primitive"; with this designation we mean prehistoric, primeval, and present-day peoples who have no written language), past civilisations (with this we understand the civilisations of antiquity whose religions have died out) and the non-Christian religions of the present day.

Religions of Peoples with no Written Language

With the emergence of religious science in its present sense (its beginning can be dated with the work of Müller, 1856, cf. Wach, 1962) a large amount of material for our subject was presented in the works of the early evolutionists. Although the doctrines of evolutionism have been corrected and criticized today (Evans-Pritchard, 1968; Levi-Strauss, 1965), the interest shown by such researchers as Frazer, Marett, Tylor has provided us with sources (Frazer, 1911 to 1927, Marett, 1914; Tylor, 1871) which today put us in the position to recognize the original mystic and religious quality of physical activity (Hirn, 1936; Mathys, 1957).

Archaeological research has also delivered abundant documentation in the form of various representations of hunting, fighting, and dancing which can be shown to have at least magic character (Leroi-Gourhan, 1971; Lindner, 1937).

On the other hand, some monographs dealing with different forms of physical exercise enable us to recognize, also among "primitive" peoples, certain elements which not only indicate a religious aspect but already point to a playful, quasi-sportive aspect (Damm, 1936; Eichhorn, 1930; Frobenius, 1933; Macfarlan, 1958; Preuss, 1930; Reutler, 1940). Justice can be done best to this idea of identity if both the sportive and the religious sides of the phenomena under discussion are given equal consideration.

In particular, the dual character of the celebrations held after a successful hunt deserves to be emphasized: an imitation of the course of a hunt was performed under accompaniment, for instance, by a dance of the shamans (Eliade, 1957; Findeisen, 1957; Narr, 1959; Pilsudski, 1909) and elements of a cultic spectacle (Findeisen, 1941; Niggemeyer, 1960). Sportive activities of religious intention are even more distinct in the case of initiations (Eliade, 1961; Schmitz, 1964), where the initiate participated in physical contests with the object of demonstrating his ability to lead an independent life.

The interrelationship of sport and religion can also become apparent through a mythical content (Ehrenreich, 1910; examples given by Burland, 1970; Nicholson, 1967; Poignant, no date). In Central America, for instance, the ball game already mentioned and also the flying game (Piña Chan, 1968) attained a mythical interpretation in connection with certain cosmogonies (Aigner, 1955; Eliade, 1953a).

Past Religions

In the ancient, highly developed civilizations we meet with a more pronounced delineation of the competitive character of sport activities (Eheloff, 1925; Lesky, 1926). The spectacular elements of sport are more in evidence, as well as the play components of an activity determined by "leisure" (not in Labriola's sense). The religious interpretations of sport are, nevertheless, also recognizable here. In this connection it should be noted that in the highly-developed civilizations of the Mediterranean area sport (as education) was practised in the vicinity of temples (Castle, 1965; Marrou, 1957) and also formed part of military training (Delbrück, 1962 to 1966).

In the whole Mediterranean area we find various kinds of horse-racing, chariot-racing, running, and similar contests (C. Diem, 1942; Popplow, 1958; Wiesner, 1939). These activities, it should be mentioned, had a special association with the royal courts. Through modern research into the history of religion which, particularly in recent times, has investigated the phenomenon of sacral kingship (Hooke, 1933), we know that the king was also the central figure with regard to sport (Davies, 1934; Dürr, 1931).

The systematic repetition of sport-cum-cult activities already showed signs of what, in modern sport, we could describe as training. The example of Egypt with its large variety of sports activities offers abundant material and documentation in support of this (Diem, 1931; Touny-Wenig, 1969; Wilsdorf, 1939). The training programme at that time (from the 7th century B.C. under Greek influence) comprised exercises which today would be included in the categories gymnastics (in ancient Egypt elements of Yoga were already known in the field of gymnastics; see Touny-Wenig, 1969), heavy athletics and track and field. Here, too, sport was inseparably combined with religion (Touny-Wenig, 1969), which formed and dominated life in ancient Egypt in a special way. In all highly developed civilizations the gods stood in a close relationship to sport (Simon, 1969; Wiesner, 1939); the Egyptian goddess Sehet, for example, was worshipped as the patron of sport (Touny-Wenig, 1969).

Many religious ceremonies, on the other hand, undoubtedly displayed sportive features, such as the ritual race that represented the capture of a town and which was thus part of the sacralized political sphere of Egypt (Touny-Wenig, 1969).

These Egyptian examples had numerous analogies in the whole of the ancient world, for which evidence can also be found in the Old Testament, among other sources (C. Diem, 1960; Levy, 1911). Greek civilization undoubtedly had a special influence on the present conception and practice of sport in Europe. Elements of oriental sports activities were combined with the original Greek ones and found their crowning expression in the Olympic Games. A special, religious form of acrobatics was already practised in ancient Crete, as we can see from the representations of tauromachy in the palace of Knossos (Willetts, 1962).

Since, through the medium of numerous channels, we today have a far better knowledge of the Greek than of the oriental world, a few examples will suffice to illustrate the close association of sportive and religious activities (Deubner, 1936; Drees, 1962), a) Hercules, through his extraordinary feats, became the prototype for the maximum and optimum of human faculties (Schweitzer, 1922), b) the arrow shot was associated with Apollo and Artemis (Schaumberg, 1910), c) the death cult expressed by certain sports in the pan-Athenian games (Überhorst, 1950; Schröder, 1927), d) the political effects of the Olympic Games, presupposed was the organization of a holy peace (H. Schmidt, 1969).

With Hellenism and in Roman times, secular features of sport appear with a religious content which was not a mere memory of a declining historical background (Huber, 1934; Ohlemutz, 1940; Spoerri, 1959). This is reflected particularly in the gladiator contests (cf. art. Gladiatore, in: Enciclopedia dell-arte Antica classica e Orientale, 1960, Vol. 6), in which the gladiators were actors who became heroes in the eyes of the mob.

Due to the close connection between the games and the triumphant concept of the empire, the sports arena became a political one, whereby politics gained religious features in their relationship to the sacralized position of the sovereign and the empire (Ostrogorsky, 1963).

Present Non-Christian Religions

In the two great religions of India, Hinduism and Buddhism, we find an identity of physical exercise and religious purpose that is not only revealed by an analysis of the historic background but also confirmed by the testimony and self-interpretation of those who practice it. We refer in particular to Yoga exercises (Hauer, 1958; Yesidian-Haich, 1951 and 1953) and the dance (Devi, 1954) which do not only serve the purpose of religious cognition but also, through the gestures accompanying their execution, make the performer and viewer conscious of religiously motivated

Indian theories of the nature of the human body. It must, for instance, be pointed out that all the breathing exercises which accompany Yoga exercises are, in a way, a direct, physical realization of the Atman conception in Brahmanism or of the Buddhist "psychology" (Kuvalayandana, 1935; Schmithausen, 1969) and can by no means be dismissed as purely physical exercises. The self-indicating ascetic intention contained in the etymology of the word "Yoga" is, moreover, identical with a certain Indian religious view of the world and the ethics which are derived from it (from the root "*yuj*" which means "binding together", "putting under a yoke").

In Asiatic civilizations the Chinese view (Eder, 1947; Hue-Kerkdal, 1961; Kiang 1969; Tsu min Yee, 1936) of the close connection between physical exercise and ethics undoubtedly played a decisive role which we can trace back even in Korea (Culin, 1895; Cusinier, 1951) and Japan (Aihiko Sata, 1928; Filla, 1939; Kaiten Nukariga, 1913; Mathys, 1956; Swami Sivananda, 1939) to Chinese influence. This domain included dancing (Beaumont, 1963) and certain kinds of contests such as boxing and archery in which the possibilities of an association between contest and humanitarian ethics were reflected (C. Diem, 1960). A culmination of this spiritualization of an originally combative sport can be seen in the practice of archery in Zen, which is motivated by a striving for religious knowledge (Herriegel, 1968).

In Islam the frequent association of religion with fighting, which frequently appears to be foreign to our nature, is explained by the sacralisation of war (Bergsträsser, 1935; Coomaraswamy, 1943; Grunebaum, 1946). In this connection, all kinds of sport which are obviously of military utility prove to have a religious association with the object of waging the "Holy War" *(ǧihad)*.

Concluding Outline

The expansion of the definition of sport that has been undertaken in this short survey introduces new questions concerning the problem complexes of education and play, ethics and law, and the relation of each of these fields to religion. It was, unfortunately, not possible within the limits of this review to deal comprehensively with the engagement of students of the history of religions in regard to sport; in particular, socio-religious problems concerning the effect of sport on the structure of different religious groups had to be omitted. Nor has any mention been made of the psychological aspect of religion which would have rendered possible an adequate evaluation and consideration of athletic performance. It was, in our opinion, only possible to provide an outline of relationships, since there are many gaps to be filled in scholarly literature concerning the fields of religion and sport. We were, therefore, interested in drawing attention to a number of desiderata which are capable of designating these gaps.

Hans Wißmann

Bibliography

Sport in Catholic Theology in the 20th Century

Ader, A.: Zu den Ursachen der Leibes- und Sportfeindlichkeit. Leibesübungen und Leibeserziehung **25**, 30—32 (1971).

Angell, J. R.: Confession of Faith in matter athletic. Playground **24**, 191 (1930).

Ashley, B. M.: Theology and Faith: The ultimate objective and subjective integration of catholic education. In: Philosophy and the integration of contemporary catholic education, p. 166—186, (G. F. McLean, ed.) Washington 1961.

Auer, A.: Anliegen heutiger Moral. Theol. Quartalschrift **138**, 275—306 (1958).

— Theologie der irdischen Wirklichkeiten. In: Führung und Bildung in der heutigen Welt. Festschrift für K. G. Kiesinger, p. 200—209. Stuttgart 1964.

— Theologische Aufwertung des tätigen Lebens. In: Moral zwischen Anspruch und Verantwortung, p. 27—51. Festschr. für W. Schöllgen. (Böckle, Fr., Groner, Fr., ed.). Düsseldorf 1964.

— Vom Sinn menschlicher Leiblichkeit und Geschlechtlichkeit. Arzt und Christ **13**, 149—165 (1967).

Bauer, J. B.: Die Wertung des Leibes in biblisch theologischer Sicht. In: Leib christlich gesehen (Weiler, R., ed.). Wien 1972.

Bernhart, Jos.: Metaphysik und Formideal des Leibes in der griechischen Antike. In: Vom Wert des Leibes in Antike, Christentum und Anthropologie der Gegenwart, p. 9—55, ed. Deutsches Institut für wiss. Pädagogik in Münster. Salzburg 1936.

Betts, J. R.: Sports. In: New Catholic Encyclopedia, vol. XIII, 617—620. New York 1967.

Bickel, B. J.: Religion et sport. Essai historique et philosophique. St. Maurice 1944 = Sport und Religion, Recklinghausen 1960.

Bokler, W.: Christ und Leibesübungen. In: Der Mensch unserer Zeit und die Leibesübungen, p. 30—43. Ein Kongreß des Deutschen Turnerbundes. Frankfurt 1959.

— Katholische Seelsorge und Sport. In: Kirche und Sport, p. 71—85, ed. Sportbeirat des Deutschen Sportbundes. Frankfurt 1968.

Christian, M.: L'esprit chrétien dans le sport. Paris 1933.

Colazzi, A.: Lo sport è cristiano? Riv. dei Giovani **1924**, 343—350.

Il Corpo Umano, Insegnamenti Pontifici. Rom 1959.

Council, 2nd Vatican: The Church in the World (Gaudium et Spes), dated Dec. 7, 1965.

— Declaration on Christian Education, dated Oct. 28, 1965.

McCutscheon, J. M.: Recreaction as a function of the Church. Playground **14**, 283—290 (1920).

Daubercies, P.: La condition charnelle. Tournai 1959.

David, J.: Theologie der irdischen Wirklichkeiten. In: Fragen der Theologie heute, p. 549—565. (Feiner, J., Trütsch, Jos., Böckle, Fr., ed.). 2nd ed. Einsiedeln 1958.

Decker, Äg.: Kenntnis und Pflege des Körpers bei Clemens von Alexandrien. Innsbruck 1936.

Dermine, J.: La place de l'éducation physique dans l'éducation chrétienne. Liège-Paris 1934.

Deutscher Sportbund, Sportbeirat (ed.): Kirche und Sport. Frankfurt 1968.

Doulan, T. C.: The moral Price of Interschool Athletics. Amer. Eccl. Rev. **126**, 351—365 (1952).

Egenter, R.: Apostolat des Sports. Deutsche Jugendkraft **24**, 50—51 (1955).

— Die Verfügung des Menschen über seinen Leib. Münch. Theol. Zeitschr. **16**, 167—178 (1965).

Elias, N.: Der Prozeß der Zivilisation. Basel 1939.
Enz, Fr.: Sport im Aufgabenfeld der Kirche. Wissenschaftliche Schriftenreihe des Deutschen Sportbundes, vol. X. (Bock, H. E., Burck, E., Lersch, Ph., Lotz, Fr., Pleßner, H., ed.). München 1970.
Erlinghagen, K.: Leibeserziehung aus katholischer Sicht, In: Kirche und Sport, p. 59—70. Frankfurt 1968.
Fetz, F.: Leibeserziehung bei E. J. Flanagan (1886—1948). In: Vorbildliche Erzieher und die Leibeserziehung, p. 59—78. (Fetz, F., ed). Frankfurt 1967.
Fleckenstein, H.: Leib, in: Lex. f. Theol. u. Kirche, VI, 905.
— Vom Recht des Menschen auf ein frohes Sein im Leibe. Theol. prakt. Quartalschrift **113**, 250—258 (1965).
Flick, M., Alszeghy, Z.: Fondamenti di una antropologia teologica. Rom 1969.
— — L'uomo nella teologia. Modena 1970.
Fuchs, Jos.: Moral und Moraltheologie nach dem Konzil. Freiburg 1967.
Gamba, G.: Agonia di Gesu. Riv. Biblica **16**, 159—166 (1968).
Gevaert, Jos.: Antropologia e Catechesi. Torino 1971.
Giannattasio, F.: Olimpiadi di Roma. Civiltà Cattolica **111**, 225—239 (1960).
Görres, A.: Der Leib und das Heil: Caro cardo salutis. In: Der Leib und das Heil, p. 7—28. (Rahner, K., Görres, A., ed.). Mainz 1967.
Green, B.: Sports-Ethical Aspects. 20th Century **173**, 84—89 (1964/65).
Groll, H.: Leibeskultur in christlicher Schau. In: Idee und Gestalt der Leibeserziehung, vol. I, p. 23—34. 3rd ed., Wien 1969.
Häring, B.: Moralverkündigung nach dem Konzil. Bergen-Eckheim 1965.
— Das Gesetz Christi, vols. I—III. 8th ed., München 1967.
Hartmann, B.: Der Christ und der Sport. München 1932.
Holzamer, K.: Sportpflege in katholischer Gemeinschaft und nach katholischen Grundsätzen. Deutsche Jugendkraft **28**, (1959) Beilage.
Hörmann, K. (ed.): Lexikon der christlichen Moral. Innsbruck 1969.
Huskel, E. W.: Should Christians play on Sunday? Literary Digest **88**, 27—28 (1926).
Jacquement, G.: Corps. In: Catholicisme, Hier-aujourd'hui-demain, vol. III, 207—209, Paris 1952.
Janssen, A.: De mens en zijn lichaam. Löwen 1960.
Johannes XXIII.: Ansprachen. Acta Apostolicae Sedis **42**, 349, 817—819 (1960).
Johnson, G. W.: Sports and Conscience. The Tablet **200**, 405 (1952).
Koch, Alois: Die Leibesübungen im Urteil der antiken und frühchristlichen Anthropologie. Schorndorf 1965 a.
— Ein ‚Erziehungsprogramm' aus dem westgotischen Spanien. Die Leibeserziehung **14**, 117—122 (1965 b).
— Historische Bemerkungen zum Problem ‚Christentum und Leibesübungen'. Die Leibeserziehung **16**, 141—147 (1967).
Koch, Anton: Lehrbuch der Moraltheologie. Freiburg 1910.
Kortsfleisch, S.: Olympic Games. Religious Olympism. Soc. Just. Rev. **37**, 231—236 (1970).
Kranz, B. M.: Probleme der Leiblichkeit im biblischen Judentum. Diss. Köln 1965.
Krautwig, J.: Der Leib im Kampf des Pneuma wider die Sarx. Theol. u. Glaube **39**, 296—311 (1949).
Küble, Ph. (nach Lockington, W.) Durch Körperbildung zu Geisteskraft. Innsbruck 1925.
— Gesundheit, Leistung und Erfolg, Innsbruck 1938.
— Grundsätzliches zur Vergeistigung der Körperkultur, In: Die Deutschen Leibesübungen, Großes Handbuch für Turnen, Spiel und Sport, p. 162—176. (Neuendorf, E., ed.). Berlin 1927.
Kuchler, W.: Sportethos, Eine moraltheologische Untersuchung des im Lebensbereich Sport lebendigen Ethos als Beitrag zu einer Phänomenologie der Ethosformen. Wissenschaftliche Schriftenreihe des Deutschen Sportbundes, vol. VII. München 1969 a.
— „Sport", in: Sacramentum Mundi (theol. Lexikon), vol. IV, 691—695. (Rahner, K., ed.). Freiburg 1969 b.
Lehner, F. G.: Virtue in play. Cross Crown **3**, 460—477 (1951).

Lotz, Fr.: Kirche und Sport. In: Deutscher Sportbund (1968), 7—16.
Maiworm, J.: Leibespflege im Evangelium. Theol. u. Glaube **47**, 289—295 (1957).
Marrou, H.-I.: Das Christentum und die klassische Erziehung. In: Geschichte der Erziehung im klassischen Altertum, p. 455—476. (Harder, R., ed.). München 1957.
Mausbach, Jos., Ermecke, G.: Katholische Moraltheologie, 10th ed., München 1954—62.
Mejecaze, J. M.: L'église et la vie corporelle de l'homme. Brive 1960.
Metz, J. B.: Leib. In: Lex. f. Theol. u. Kirche, 1961 vol. VI, 902—905.
— Christliche Anthropozentrik, München 1961.
— Caro cardo salutis. Hochland **55**, 97—107 (1962/63).
— Fiorenza, F. P.: Der Mensch als Einheit von Leib und Seele. In: Mysterium Salutis, vol. II, p. 584—636. Einsiedeln 1967.
— Leiblichkeit in der Dogmatik. In: Deutscher Sportbund (1968), 47—53.
— Leiblichkeit. In: Handbuch theol. Grundbegriffe, vol. II, S. 30—39, München 1963.
Metzler, Fr.: Körperkultur und Sittlichkeit. Innsbruck 1930.
Michel, C.: L'esprit chrétien dans le sport. Paris 1933.
Monitor, G.: Katholik und Körperkultur. München 1926.
Mouroux, J.: Sens chrétien de l'homme. Paris 1945.
Mosterts, C.: Ansprachen, In: Söll, M. (ed.). Geist und Wesen der DJK. Reden und Aufsätze von Prälat Mosterts und Prälat Wolker in der Deutschen Jugendkraft. Düsseldorf 1960.
Muench, J.: Athletics-Church sponsored. Social Justice Rev. **50**, 234—235 (1957).
Palazzini, P.: Sport. In: Dizionario di Teologia Morale, p. 1388—1395 (Roberti, F., ed.). Rom 1957.
Paul VI., Botschaft zu den Olympischen Winterspielen in Grenoble, Acta Apost. Sedis **60**, 106—108 (1968).
Pesch, W.: Zur Anthropologie des Neuen Testamentes. Arzt und Christ **13**, 105—117 (1967).
Pius XI.: Über die christliche Erziehung (Divini illius Magistri). Acta Apost. Sedis **22**, 49—86 (1930).
Pius XII: Speeches, part. on May 20, 1945; Nov. 8, 1952; Oct. 9, 1955. In: Il Corpo Umano p. 71—79; 225—238; 358—369; quoted in: M. Söll (1964).
Poucel, V.: Gegen die Widersacher des Leibes (from French). Freiburg 1955.
Pulsifer, H. T.: What can the Church do? Playground **14**, 632—634 (1921 a).
— Sport as religious factor, Literary Digest **68**, 65 (1921 b).
Rahner, H.: Der spielende Mensch. 5th ed., Einsiedeln 1958.
Rahner, K.: Der Leib in der Heilsordnung. In: Rahner, K., Görres, A., Der Leib und das Heil, p. 29—44. Mainz 1967.
Recla, J.: Das Religiöse in den Leibesübungen. 3rd ed., Buxheim 1965.
— Wissenschaftliche Arbeiten über Leibesübungen. 2nd ed., Graz: Institut für Leibeserziehung der Universität Graz und Frankfurt 1958.
— Habilitationen u. Theorie der Leibeserziehung, Sportwissenschaft, Institut für Leibeserziehung der Universität Graz. Graz 1970.
Renard, L.: Sport, mon ami. Tournai 1963.
Rody, Th.: Der Leib in der Herrlichkeit des Glaubens. München 1947.
Rösch, H. E.: Leibverständnis und körperliche Erziehung in den pädagogischen Schriften J. M. Sailers und süddeutscher Zeitgenossen. Diss., Saarbrücken 1969.
Ruhland, L.: Handbuch der praktischen Seelsorge, vol. III. München 1933.
Ryan, Fr.: The Body as a Symbol. Washington 1970.
Sand, A.: Der Begriff ‚Fleisch' in den paulinischen Hauptschriften. Regensburg 1967.
Scheffczyk, L.: Der Mensch als Bild Gottes. Darmstadt 1969.
Schilling, O.: Lehrbuch der Moraltheologie. 2nd ed., Stuttgart 1954.
Schmaus, M.: Der Glaube der Kirche, vol. I. München 1969.
Schmid, Jos.: Anthropologie (biblisch). In: Lex. f. Theol. u. Kirche, vol. I. 604—615. Freiburg 1957.
Schmid, Jos.: Der Begriff der Seele im NT. In: Einsicht und Glaube, Festschrift für G. Söhngen, p. 128—147, (J. Ratzinger, H. Fries, ed.). Freiburg 1962.
Schmitz, P.: Heilig ist euer Leib. Wien 1937.

Schöllgen, W.: Sport und Ethos. Deutsche Jugendkraft **22**, 128 (1953a).
— Die soziologischen Grundlagen der katholischen Sittenlehre, vol. V. Handbuch der kath. Sittenlehre (Tillmann, F., ed.). 2nd ed., Düsseldorf 1953b.
— Konkrete Ethik. Düsseldorf 1961.
— Körper—Moral—Seelsorge. Anima **9**, 99—105 (1954).
Schoonenberg, P.: Theologische bezinning op het lichaam. Dux **1**, 349—361 (1956).
Schröteler, Jos.: Leibeskultur im Licht des Christentums. In: Vom Wert des Leibes in Antike, Christentum und Anthropologie der Gegenwart, p. 57—79. Salzburg 1936.
Schulte, Ch.: Müssen wir Katholiken gegenüber der heutigen Körperkulturbewegung unseren Standpunkt revidieren? Theol. prakt. Quartalschr. **81**, 262—287 (1928).
Shriver, S.: Moral force of sports. Sports Illustrated **18**, 30—31 (1963).
Siewerth, G.: Der Mensch und sein Leib. Einsiedeln 1953.
Um Sitte und Sittlichkeit, Kommentar der Zentralstelle der kath. Schulorganisationen zum Lehrschreiben der deutschen Bischöfe (1925). Düsseldorf 1926.
Söll, G.: Theologische Anthropologie heute. Münchener Theol. Z. **122**, 134—157 (1971).
— Theologie des Sports? Münchener Theol. Z. **23**, 97—130 (1972).
Söll, M. (ed.): Geist und Ethos im Sport, Reden und Aufsätze von Prälat Ludwig Wolker im deutschen Sport. Düsseldorf 1958.
— (ed.): Geist und Wesen der DJK. Reden und Aufsätze von Prälat Mosterts und Prälat Wolker in der Deutschen Jugendkraft. Düsseldorf 1960.
— (ed.): Kirche zum Sport. Stimme der Päpste zu den modernen Leibesübungen. Düsseldorf 1964.
— Die Kirche als Bildungsmacht in ihrem Verhältnis zu den Leibesübungen. In: Christliches Zeugnis in Sport und Körperkultur (Working group, 76. Deutscher Katholikentag in Fulda 1954). In: Ihr sollt mir Zeugen sein, p. 154—161. Paderborn 1954.
Speckenbrink: Theologie en Lichamelijke Opvoeding. Breda 1963.
Steidle, R.: Leibeskultur und Leibesübungen. München 1930.
Stelzenberger, J.: Lehrbuch der Moraltheologie. Paderborn 1965; — Giuda alla Teologia Morale. Torino 1968.
Stoekle, B.: Die christliche Botschaft vom Leib. In: Leib und Leiblichkeit in der Erziehung, p. 15—39 (Schmidle P. ed.). Freiburg 1964.
Teichtweier G.: „Körperkultur“ Lex. f. Theol. u. Kirche **VI**, 558—560 (1961).
— „Sport“ Lex. f. Theol. u. Kirche **IX**, 979—980 (1964).
Ternus, Jos.: Die Wiederentdeckung des Leibes in der philosophischen Anthropologie der Gegenwart. In: Vom Wert des Leibes in Antike, Christentum und Anthropologie der Gegenwart p. 81—112. Salzburg 1936.
Testore, C.: Sport, In: Enciclopedia Cattolica, vol. XI, 1172—1173. Rom 1953.
Thils, G.: Théologie des réalités terrestres, I. Préludes, II. Théologie de l'histoire, Tournai 1954; — Theologie der irdischen Wirklichkeiten. Salzburg 1955.
Tillmann, F.: Handbuch der katholischen Sittenlehre. Düsseldorf 1936.
Venhues, Jan van.: Der Leib und sein Recht. München 1930.
Walter, Fr.: Der Leib und sein Recht im Christentum. Donauwörth 1910.
Walz, R.: Katholische Kirche und Sport, In: Ethik und Sport, p. 44—50. Bern 1943.
Wegener, H.: Der Intellektuelle und sein Affekt gegen den Sport. Die Leibeserziehung **9**, 273—277 (1959).
Weiler, R.: Vom Ethos des Sports, Theologie des Sports. In: Geist des Sports, Symposion der christlichen Sportakademie Wien, p. 14—19. Wien 1968.
— Beiträge zu einer christlichen Ethik der Leibeserziehung und des Sports, In: Leibesübungen in der technokratischen Welt, Festschr. für H. Groll, p. 98—118. (Tscherne, F., ed.). Wien-München 1969.
Wieland, H.: Die Leibesübungen im Erziehungssystem Don Boscos. Leibesübungen—Leibeserziehung **20**, 1—7 (1966).
— Vorbildliche Erzieher und die Leibeserziehung, p. 7—33, (Fetz, F., ed.). Frankfurt1967.
Wolker, L.: Reden. In: Söll, M. (ed.). Reden und Aufsätze von Prälat Mosterts und Prälat Wolker in der Deutschen Jugendkraft. Düsseldorf 1960.

Ziegler, Jos.: Moraltheologie und christliche Gesellschaftslehre im 20. Jahrhundert. In: Bilanz der Theologie im 20. Jahrhundert, vol. III, p. 316—370. (Vorgrimler, H., van der Gucht, R., ed.). Freiburg 1970.
Zellinger, J.: Bad und Bäder in der altchristlichen Kirche. Eine Studie über Christentum und Antike. München 1928.

Problems and Trends in Protestant Theology

Ahlbrecht, A.: Tod und Unsterblichkeit in der evangelischen Theologie der Gegenwart. Paderborn 1965.
Althaus, P.: Paulus und Luther über den Menschen. 4th ed., Gütersloh 1963.
— Die christliche Wahrheit. Gütersloh 1948.
Bachmann, W.: Gottes Ebenbild. Ein systematischer Entwurf einer christlichen Lehre vom Menschen. Berlin 1938.
Bahr, H.-E.: Totale Freizeit. Stuttgart 1963.
Baker, O. H.: Human nature under God; or: adventure of personality. New York 1958.
Barrett, C. K.: From first Adam to last. A study in pauline theology. London 1962.
Barth, K.: Kirchliche Dogmatik, vol. III, 2, Zürich 1948; vol. III, 4, Zürich 1951.
— Christus und Adam nach Römer 5, Theologische Studien. 35. Zürich 1952.
— Mensch und Mitmensch. Göttingen 1962.
Bastian, H.: Sport — christlich betrachtet. Deutsche Jugendkraft **24**, 7, 74sq. (1955).
Bauer, K. A.: Leiblichkeit, das Ende aller Werke Gottes. Gütersloh 1971.
Beker: Training camp counsellors in human relations. New York 1962.
Bleeker, C. J. (ed.): Anthropologie religieuse, Suppl. to Numen II, Leiden 1955.
Bockmühl, K.-E.: Leiblichkeit und Gesellschaft. Studien zur Religionskritik und Anthropologie im Frühwerk von Ludwig Feuerbach und Karl Marx. Forschungen zur Systematischen Theologie und Religionsphilosophie, vol. VII. Göttingen 1961.
Boman, Th.: Das hebräische Denken im Vergleich mit dem griechischen. 4th ed., Göttingen 1965.
Bonhoeffer, D.: Schöpfung und Fall. 4th ed., München 1958.
— Ethik. München 1961.
— Akt und Sein. 3rd ed., München 1964.
Bornkamm, H. (ed.): Imago Dei. Beiträge zur theologischen Anthropologie, G. Krüger dargebracht. Gießen 1932.
Brandenburger, E.: Adam und Christus, Neukirchen 1962.
— Fleisch und Geist. Paulus und die dualistische Weisheit. Neukirchen-Vlyn 1968.
Brunner, E.: Natur und Gnade. Tübingen 1934.
— Der Mensch im Widerspruch. Zürich 1937.
— Das Gebot und die Ordnungen. Tübingen 1939.
— Gott und sein Rebell. Hamburg 1958.
— Gott und Mensch. Vier Untersuchungen über das personhafte Sein. Tübingen 1930.
Buhr, H.: Der Sport in der modernen Gesellschaft. Junge Kirche **20**, 242—248 (1959).
— Das Glück und die Theologie — Wider die Weltflucht. Stuttgart und Berlin 1969.
Bultmann, R.: Adam, wo bis du? Über das Menschenbild der Bibel. In: Glauben und Verstehen, vol. II. 3rd ed., Tübingen 1961.
— Der alte und der neue Mensch in der Theologie des Paulus. Darmstadt 1964.
Burger, G.: Die Leibesübungen der Herrnhuter Brüdergemeinde von den Anfängen bis zum 1. Weltkrieg. Diplom-Arbeit, Sporthochschule Köln 1955.
Calhoun, R. L.: What is man? New York 1939
Cillien, U.: Das Erziehungsverständnis in Pädagogik und evangelischer Theologie. Düsseldorf 1961.
Cox, H.: Das Fest der Narren. Stuttgart 1970
Dalen, D. B. van, Mitchell, E. D., Bennett, B. L.: A world history of physical education. Cultural-Philosophical-Comparative. 4th ed., Englewood Cliffs, N.J., 1961.
Deutscher Sportbund, Sportbeirat (ed.): Kirche und Sport. Frankfurt 1968.
Diem, C.: Weltgeschichte des Sports und der Leibeserziehung. Stuttgart 1960.
Diem, H.: Was ist der Mensch? Tübingen 1964.

Dodd, C. H.: The Bible and the Greeks. 2nd ed., Naperville, Ill. 1954.
Doerne, M.: Der Mensch im Urteil der Bibel. Potsdam 1939.
Ebneter, A.: Der Mensch in der Theologie Karl Barths. Zürich 1952.
Eichrodt, W.: Das Menschenverständnis des Alten Testaments. Abhandlungen zur Theologie des Alten und Neuen Testaments, vol. IV 1947.
Elert, W.: Das christliche Ethos. Tübingen 1949.
Flew, A. G. N.: Body, mind, and death. New York 1964.
Friermond, H. T., McVicar, W.: Basic physical education in the YMCA. New York 1962.
Galling, K.: Das Bild vom Menschen in biblischer Sicht. Mainz 1947.
Gerner-Beuerle, M.: Christ und Leibesübungen. Vom Standpunkt des evangelischen Christen. In: Der Mensch unserer Zeit und die Leibesübungen, p. 43—50. Frankfurt 1959.
Giertz, B.: Kampf um den Menschen. Göttingen 1955.
Gogarten, F.: Der Mensch zwischen Gott und Welt. Stuttgart 1952.
Gollwitzer, H.: Das Bild des Menschen im theologischen Denken der Gegenwart. Communio Viatorum **2—3**, 187—205 (1959).
Grupe, O.: Grundlagen der Sportpädagogik. Anthropologisch-didaktische Untersuchungen. Wissenschaftliche Schriftenreihe des Deutschen Sportbundes, vol. VIII. München 1969.
Gutbrod, W.: Die paulinische Anthropologie. Beiträge zur Wissenschaft vom Alten und Neuen Testament, IV/15, 1934.
Haag, H., Möhres, F. P. (ed.): Ursprung und Wesen des Menschen, Ringvorlesung, Tübingen 1968.
Hamlin, R. E.: A new look at YMCA physical education. New York 1959.
Hammelsbeck, O.: Leibeserziehung in der Gesamterziehung. Die Leibeserziehung **3**, 52—60 (1954).
— Neue Einteilung zu dem alten Problem: Leibeserziehung in der Gesamterziehung. Die Leibeserziehung **10**, 205—217 (1961).
— Spiel und Sport in ihrer Bedeutung für die moderne Gesellschaft. Z. evang. Ethik **9**, 298—314 (1965).
Häring, Th.: Das christliche Leben. Ethik. Stuttgart 1914.
Hartmann, B.: Der Christ und der Sport. München 1932.
Heidland, H.-W.: Der Geist des Sports. Stuttgart 1968.
Heim, K.: Die christliche Ethik. Tübinger Vorlesungen nachgeschrieben und ausgearbeitet von W. Kreuzberg, Tübingen 1955.
Hempel, J.: Gott und Mensch im Alten Testament. Beiträge zur Wissenschaft vom Alten und Neuen Testament, III/2, 1926.
Hermann, I.: Endstation Mensch. Olten 1966.
Herrmann, W.: Ethik. Grundriß der Theologischen Wissenschaften, vol. V, 2, 5th ed. Tübingen 1921.
Hirsch, E.: Schöpfung und Sünde. Tübingen 1931.
Hofstaetter, F.: Die Leibesübungen in der Katechese. Leibesübungen — Leibeserziehung **18**, 1, 8sq. (1964).
Hörrmann, M., Der spielende Mensch. Theologische Überlegungen zum Spiel in der modernen Gesellschaft. In: Deutscher Sportbund (ed.), Sportspiegel der Frau, **10**, 20 (1967).
— Religion der Athleten. Stuttgart 1968.
Horton, W. M.: Conditions and limits of man's mastery over nature. In: Das Menschenbild im Lichte des Evangeliums, Festschrift für E. Brunner. Zürich 1950.
Jervell, J.: Imago Dei. Forschungen zur Religion und Literatur des Alten und Neuen Testaments 76 (1960).
Jüngel, E.: Die Möglichkeit theologischer Anthropologie auf dem Grunde der Analogie. Evangelische Theologie **22**, 535—556 (1962).
— Das Gesetz zwischen Adam und Christus. Eine theologische Studie zu Römer 5, 12—21. In: Z. Theologie und Kirche **60**, 42—74 (1963).
Kamlah, W.: Der Mensch in der Profanität. Stuttgart 1949.
Karnetzki, M.: Der Mensch — das Ebenbild Gottes. Pastoraltheologie **9**, 340—344 (1958).

Käsemann, E.: Leib und Leib Christi. Beiträge zur Historischen Theologie, vol. IX. 1933.
— Das Problem des historischen Jesus. In: Exegetische Versuche und Besinnungen, vol. I, p. 187 sqq. Göttingen 1964.
Köberle, A.: Vom Sinn des Leibes im Christentum. In: Deutscher Sportbund (1968).
Koch, A.: Die Leibesübungen im Urteil der antiken und frühchristlichen Anthropologie. Schorndorf 1965.
Köhler, H.: Theologie der Erziehung. München und Salzburg 1965.
— Theologische Anthropologie. München 1967.
Krapp, R.: Die kirchliche Verantwortung für Sport und Leibesübungen. In: Protokoll Nr. 236 der Tagung „Kirche und Sport". Mülheim 1969.
Kunze, G.: Katechismus des Eichenkreuzes. 1928.
— Der Sport in der Sicht der Kirche. Evangelische Welt **1950**, 545—548.
Kuhlmann, G.: Theologische Anthropologie im Abriß. Tübingen 1935.
Kümmel, W. G.: Das Bild des Menschen im Neuen Testament. Abhandlungen zur Theologie des Alten und Neuen Testaments, vol. XIII. Zürich 1948.
Lange, E.: Von der Meisterung des Lebens. Gelsenkirchen 1956.
Leibeserziehung und Bildung, Bericht über die Tagung der Evangelischen Kirche in Deutschland und des Deutschen Sportbundes 1967. Arbeitskreis Kirche und Sport in der Evangelischen Kirche in Deutschland, ed. Geislingen, 1967.
Lohff, W.: Sinn und Voraussetzungen einer theologischen Anthropologie. Grundaussagen des Menschenverständnisses im christlichen Glauben. In: Flitner, A. (ed.): Wege zur pädagogischen Anthropologie, p. 191—217. Heidelberg 1967.
Mann, U.: Das Menschenbild in der Theologie unserer Zeit. Wege zum Menschen **5**, 145—155 (1959).
McCurdy: Physical education in the YMCA. 1938.
McVicar, W.: A leaders corps guide. New York 1966.
Metzke, E.: Sakrament und Metaphysik. Eine Lutherstudie über das Verhältnis des christlichen Denkens zum Leiblich-Materiellen. In: Coincidentia Oppositorum, (Gründer, K., ed.). Witten 1961.
Miller, D. L.: Gods and games: Toward a theology of play. New York 1970.
Moltmann, J.: Die ersten Freigelassenen der Schöpfung. München 1971.
Morgenthaler, R.: Sport, ja oder nein? Murten 1947.
— Sonntags-Sport oder Werktags-Sport? Bern 1949.
Müller, F.: Sinnerfüllung oder Zweckdenken? Die entscheidende Fragestellung bei Erwägungen, die den Sport betreffen. Z. evang. Ethik **10**, 181—183 (1966).
Müller-Schwefe, H. R.: Der Mensch — das Experiment Gottes. Gütersloh 1966.
Neill, S. C.: Menschliche Existenz vor Gott. Entwurf eines christlichen Menschenbildes. Kassel 1961.
— Was ist der Mensch? Kassel 1963.
Neuendorff, E.: Leib und Leibesübungen im deutschen Frühmittelalter. Dresden 1925.
— Wir brauchen Gott. Ein Weg zu ihm über die Natur und ein lebendiges Leibestum. Wolfsburg 1955.
Niebuhr, R.: The nature and destiny of man. New York 1944.
Oyen, H. van: Evangelische Ethik. Grundlagen. Basel 1952.
— Ethik des Alten Testaments. Gütersloh 1967.
Pannenberg, W.: Wirkungen biblischer Gotteserkenntnis auf das abendländische Menschenbild, Studium Generale 1962.
— Was ist der Mensch? Göttingen 1962.
— Der Mensch — ein Ebenbild Gottes? In: Was ist das — der Mensch? Beiträge zu einer modernen Anthropologie. München 1968.
Pfitzner, W. C.: Paul and the agon motif. Traditional to athletic imagery in the Pauline literature. Suppl. Novum Testamentum Vol. XVI. Leiden 1967.
Philipp, W.: Die Absolutheit des Christentums und die Summe der Anthropologie, 2nd ed., Heidelberg 1966.
Quervain, A. de: Ruhe und Arbeit, Lohn und Eigentum. Ethik, vol. II. Zollikon-Zürich 1956.
Rich, A.: Christliche Existenz in der industriellen Welt, 2nd ed., Zürich und Stuttgart 1964.

Riess, H.: Der Leistungssport in theologischer Sicht. In: Sport und Kirche — Ein Tagungsbericht. Bad Boll 1965.
Ringeling, H.: Ethik des Leibes. Auf dem Weg zu neuen Formen. Hamburg 1965.
Robinson, H. W.: The Christian doctrine of man. 1913.
Robinson, J. A.: The body. A study in pauline theology. Studies in biblical theology 5. London 1962.
Rössler, D.: Der „ganze" Mensch. Das Menschenbild der neueren Seelsorgelehre und des modernen medizinischen Denkens im Zusammenhang der allgemeinen Anthropologie. Göttingen 1962.
Ruler, A. A. van: Gestaltwerdung Christi in der Welt. Über das Verhältnis von Kirche und Kultur. Neukirchen 1956.
Sassenrath, I.: Leibesübungen und Leibeserziehung von heute aus protestantischer Sicht. Versuch einer anthropologischen Grundlegung. Phil. Diss. Wien 1970.
Saurbier, B.: Geschichte der Leibesübungen, 9th ed., Frankfurt 1966.
Scherer, G.: Der Mensch als Leib. Ehe **4**, 49—61 (1967).
Schlatter, A.: Die christliche Ethik. 3rd ed., Stuttgart 1929.
— Paulus und das Griechentum, (Rengstorf, K. H., Luck, U., ed.). Darmstadt 1964.
Schlink, E.: Der Mensch in der Verkündigung der Kirche. München 1936.
Schmidt, L.: Anthropologische Begriffe im Alten Testament. Evang. Theologie **24**, 374—388 (1964).
Schneider, G.: Puritanismus und Leibesübungen. Phil. Diss. Graz. Schorndorf 1968.
Schoeps, H. J.: Was ist der Mensch? Göttingen 1960.
Schrey, H.-H.: Theologische Aspekte der neueren Anthropologie. Evang. Theologie **27**, 153—167 (1967).
Schroten, E.: Kerker or temple. Rotterdam 1970.
Schweitzer, C. G.: Der Mensch als Leib-Seele-Geist-Einheit. Wege zum Menschen **6**, 201—208 (1959).
Scroogs, R.: The last Adam. A study in pauline anthropology. London 1966.
Sevenster, J. N.: Die Anthropologie des Neuen Testaments. Numen, Suppl. **II**, 166—177 (1955).
Søe, N. H.: Christliche Ethik. 2nd ed., München 1957.
Sport und Kirche — Ein Tagungsbericht. Bad Boll 1965.
Stacey, W. D.: The pauline view of man in relation to its judaic and hellenistic background. London 1956.
Stade, K.: Sport und Christentum — Versuch einer Aufzeichnung des Verhältnisses zwischen Sport und Christentum nach der Jahrhundertwende. Diplom-Arbeit, Sporthochschule Köln 1950.
Stählin, R.: Zur Theologie des Sportes. Zeitwende **29**, 585 sqq. (1958).
Stählin, W.: Vom Sinn des Leibes. Stuttgart 1930.
Thielicke, H.: Theologische Ethik, vol. II, 1, Tübingen 1965, vol. III. Tübingen 1964.
— Welche Rolle spielt der Sport in der menschlichen Existenz? Olympisches Feuer **8**, (1966 a)
— Sport und Humanität. Vortrag auf dem Weltsportärztekongreß 1966. Tübingen 1966 b.
Tillich, P.: Zum Menschenbild. Aufsätze in: Gesammelte Werke, vol. III, 181—217. Stuttgart 1965.
— I. Die Beziehung zwischen Religion und Gesundheit — Geschichtliche Betrachtungen und theoretische Fragen. II. Die Bedeutung der Gesundheit. In: Gesammelte Werke, vol. IX. Stuttgart 1967.
Tödt, H.-E.: Das christliche Verständnis vom Menschen im gegenwärtigen sozialen Umbruch. Z. evang. Ethik **12**, 333—348 (1968).
Trillhaas, W.: Vom Wesen des Menschen. München und Stuttgart 1949.
Trillhas, W.: Ethik. 2nd ed., Berlin 1965.
Vesey, G. N. N.: Body and mind. London 1964.
Wach, J.: Typen religiöser Anthropologie. Tübingen 1932.
Wendland, H. D.: Vom Menschenbild des Neuen Testaments. In: Dienst unter dem Wort, Festschrift H. Schreiner, p. 306—327. Gütersloh 1953.
— Das christliche Menschenbild und die Leibeserziehung. Theol. Z. Basel **24**, 392—402 (1968).

Weber, H. R. (ed.): The wisdom of the body — Report of an interdisciplinary consultation of representatives from the medical sciences and theologians. Bossey 1970.

— (ed.): Sports in a Christian perspective — Reports and papers from an ecumenical consultation, Bossey 1970.

Weber, O.: Das biblisch-theologische Menschenbild und seine Bedeutung für die Erziehung. In: Bollnow, O. F., Lichtenstein, E., Weber, O. (ed.): Der Mensch in Theologie und Pädagogik, 1957.

Whitefield, G.: God and man in the old testament, 1949.

Wildt, K. C.: Leibesübungen im deutschen Mittelalter. Versuch einer kultursoziologischen Deutung. Frankfurt 1957.

Wischmann, B.: Über die Einflüsse des modernen Sports auf das moralische Verhalten des Menschen. Philosophische Dissertation, Mainz 1953.

Zeiss, C.: Christ und Sport. Gladbeck 1962.

Zimmerli, W.: Das Menschenbild des Alten Testaments. München 1949.

Sport and Non-Christian Religions

Aigner, H.: Mythologische und kultische Gebräuche bei den Fußballern. Leibesübungen und Leibeserziehung **9**, (1955).

Aihiko Sata: Neue Reform und moderne Entwicklung des japanischen Unterrichtswesens. Über das Sportwesen des alten und neuen Japan. Freiburg 1928.

Altrock-Karger: Schule und Leibeserziehung, vols. I-IV, Frankfurt 1956—1958.

Baaren, Th. P., van: Selbst die Götter tanzen. Sinn und Formen des Tanzes in Kultur und Religion. Gütersloh 1964.

Backman, E.: Religious dances. London 1952.

Beaumont, C. W.: A Bibliography of Dancing. London 1963.

Bengtson, H.: Die Olympischen Spiele in der Antike. Zürich-Stuttgart 1971.

Bergsträsser, G.: Grundzüge des islamischen Rechts. 1935.

Brandenstein, W.: Der Ursprung des Fußballspiels. In: Leibeserziehung in der Kultur. Graz 1954.

Brinkmann, H.: Zum Ursprung des liturgischen Spiels. Bonn 1929.

Burland, C.: Mythologie der Indianer Nordamerikas. Wiesbaden 1970.

Czaplicka, M. A.: Aboriginal Sibiria. Oxford 1914.

Castle, E. B.: Die Erziehung in der Antike und ihre Wirkung in der Gegenwart. Stuttgart 1965.

Cavaignac, E.: Calendriers et fêtes religieuses. RHR **69**, 8sqq. (1925).

Coomaraswamy, A. K.: The symbolism of archery. Ars Islamica **10** (1943).

Culin, S.: Korean games. Philadelphia 1895.

Cusinier, J.: La danse sacrée en Indochine et Indonésie. Paris 1951.

Damm, H.: Das Tika-Spiel der Polynesier. Berlin 1936.

Danzel, Th. W.: Kultur und Religion des primitiven Menschen. Stuttgart 1924.

Davies, N. G., de: The King as Sportsman. Bull. of the Metrop. Mus. of Art **30** (1934/35).

Delbrück, H.: Geschichte der Kriegskunst im Rahmen der politischen Geschichte, vols. I-IV. Berlin 1962—1966.

Deubner, L.: Kult und Spiel im alten Olympia. Leipzig 1936.

Devi, R.: Dances of India. Calcutta 1954.

Diem, C.: Körperkultur im alten Ägypten. Olymp. Rundschau 1931.

— Das trojanische Reiterspiel. Berlin 1942.

— Weltgeschichte des Sports und der Leibeserziehung. Stuttgart 1960.

Dostal, W.: Über Jagdbrauchtum in Vorderasien. Paideuma **8** (1962).

Drees, L.: Der Ursprung der Olympischen Spiele. Schorndorf 1962.

Dumezil: Temps et myth. Recherches philosophiques 235—251 (1935).

Dürr, L.: Zum altorientalischen Gedankenkreis „Der König als Meister im Bogenschießen, von Gottheit unterrichtet". Orient. Literaturzeitung **34**, (1931).

Eberle, O.: Cenalora. Leben, Glaube, Tanz und Theater der Urvölker. Freiburg 1954.

Eder, M.: Spielgeräte und Spiele im chinesischen Neujahrsbrauchtum. Folklore Studies **6** (1947).

Eheloff, H.: Wettkampf und szenisches Spiel im hethitischen Ritual. Berlin 1925.
Ehrenreich, P.: Die allgemeine Mythologie und ihre ethnologischen Grundlagen. Leipzig 1910.
Eichhorn, A.: Sport unter den Eingeborenen Ozeaniens. Berlin 1930.
Eliade, M.: Kosmos und Geschichte. Düsseldorf 1953a.
— Traite d'histoire des Religions. Paris 1953b.
— Schamanismus und Ekstasetechnik. Zürich 1957.
— Das Mysterium der Wiedergeburt. Zürich 1961.
Evans-Pritchard, E.: Theorien über primitive Religionen. Frankfurt 1968.
Filla, M.: Grundlagen und Wesen der altjapanischen Sportkünste. Diss. Würzburg 1939.
Findeisen, H.: Schamanentum. Stuttgart 1957.
— Zur Geschichte der Bärenzeremonie. Archiv für Religionswissenschaft **37** (1941/42).
Fink, E.: Spiel als Weltsymbol. Stuttgart 1960.
Frazer, J. G.: The Golden Bough, vols. I-XII. 3rd ed., London 1911—1927.
Friedrich, A.: Die Forschung über das frühzeitliche Jägertum. Paideuma **2** (1941).
Frobenius, L.: Kulturgeschichte Afrikas. Zürich 1933.
Gaster, Th.: Thespis. Ritual, myth, and drama in the ancient Near East. New York 1950.
Graziosi, P.: L'arte dell' antica età della pietra. Firence 1967.
Grönbech, W.: Essay on ritual drama. London 1931.
Grunebaum, G. v.: Medieval Islam. Chicago 1946.
— Muhammadan Festivals. New York 1951.
Hauer, J. W.: Der Yoga, ein indischer Weg zum Selbst. 2nd ed., Stuttgart 1958.
Heiler, F.: Erscheinungsformen und Wesen der Religion. Stuttgart 1961.
Henderson, R. W.: Ball, bat, and bishop. The origin of ball games. New York 1947.
Herriegel, E.: Zen in der Kunst des Bogenschießens. München 1968.
Herter, H.: Vom dionysischen Tanz zum kosmischen Spiel. Iserlohn 1947.
Hirn, A.: Ursprung und Wesen des Sports. Berlin 1936.
Holube, U.: Jagdriten der nördlichen Völker Asiens und Europas. Jour. de la Soc. Finno-Ougrien **41**, 1—53 (1926).
Hooke, S. H.: Myth and Ritual. Oxford 1933.
Hörrmann, M.: Religion der Athleten. Stuttgart/Berlin 1968.
Hornung, E.: Geschichte als Fest. Darmstadt 1966.
Huber, K.: Theorie der gymnastischen Erziehung der Römer. Langensalza 1934.
Hue-Kerkdal, K. J.: Tanz im alten China. Archiv f. Völkerk. **16** (1961).
Huizinga, J.: Homo ludens. Dt: 6th ed., Hamburg 1963.
Jensen, A. E.: Spiel und Ergriffenheit. Paideuma **2**, 124—139 (1941).
— Mythus und Kult bei den Naturvölkern. Religionswissenschaftliche Betrachtungen. Wiesbaden 1951.
Kaiten Nukariga: The Religion of the Samurai. London 1913.
Kiang, L. K.: Die Leibesübungen im alten China. Würzburg 1969.
Klauser, Th.: Reallexikon für Antike und Christentum, vol. VII, 747—766 (1969).
Kool, J.: Tänze der Naturvölker. Ein Deutungsversuch primitiver Tanzkulte und Kultgebräuche. Berlin 1921.
Kreichgauer, D.: Das Symbol für den „Kampf" im alten Mexiko. Anthropos **9** (1914).
Krickeberg, W.: Das mittelamerikanische Ballspiel und seine religiöse Bedeutung. Paideuma **3** (1948).
Kuvalayandana, S.: Pranayama. Bombay 1935.
Lanczkowski, G.: art. „Spiel". In: RGG, 3rd ed., 1962.
Leeuw, G., van der: In dem Himmel ist ein Tanz. München 1930.
— Phänomenologie der Religion. 2nd ed., Tübingen 1956.
Leniger, H.: Der moderne Sport — ein religiöser Ersatz. ASM München **25** (1954).
Leroi A.-Gourhan: Prähistorische Kunst. Freiburg 1971.
Lesky, A.: Ein ritueller Scheinkampf bei den Hethitern. Archiv für Religionswissenschaft **24** (1926).
Levy, L.: Das Steinewerfen in Koheleth, in der Deukalion-Sage und im Hermeskult. Monatsschr. f. d. Wiss. d. Juden **55** (1911).
Levi-Strauss, C.: Das Ende des Totemismus. Frankfurt (1965).

Lindner, K.: Die Jagd der Vorzeit. Berlin 1937.
Löffler, L.: Das zeremonielle Ballspiel im Raum Hinterindiens. Paideuma **6**, 86—91 (1955).
Lommel, A.: Die Welt der früheren Jäger. München 1965.
Lot-Falck, E.: Les rites des classes chez les peuples siborieux. Paris 1953.
Macfarlan, A. A.: Book of American Indian Games. New York 1958.
Mack, R.: Deutsche Sportbibliographie. Leipzig 1956—1969.
Malinowski, B.: Argonauts of the Western Pocificio. London 1922.
Marett, R. R.: The Threshold of Religion. 2nd ed., London 1914.
Marrou, H. I.: Geschichte der Erziehung im klassischen Altertum. Freiburg 1957.
Mathys, F. K.: Kultischer Fußball in Japan. Olympisches Feuer **4** (1956).
— Kultische Ursprünge des Sports. Olympisches Feuer **7/8** (1957/58).
Mehl, E.: Baseball in the stage age. Western Folklore **7**, 145sqq. (1948).
— Stammen die modernen Ballspiele von einem altägyptischen Fruchtbarkeitsbrauch ab? Die Leibeserziehung **6** (1953).
Mendner, S.: Das Ballspiel im Leben der Völker. München 1956.
Menges, K.: Jägerglaube und -gebräuche bei altajischen Türken. Le Muséon **45**, 85—90 (1932).
Mowinckel, S.: Religion und Kultus. Göttingen 1953.
Müller, F. M.: Essay on comparative mythology. Oxford 1856.
Murray, X.: Ancient and modern ritual dances in the Near East. Fl. **66** (1955)
Narr, K. J.: Bärenzeremoniell und Schamanismus in der älteren Steinzeit Europas. Saeculum **10** (1959).
Nicholson, I.: Mexikanische Mythologie. Wiesbaden 1967.
Niggemeyer, H.: Ritualjagd und Fruchtbarkeitsvorstellungen. Ethnologica N.F. **2** (1960).
Ohlemutz, E.: Die Kulte und Heiligtümer der Götter in Pergamon. Diss. Gießen 1940.
Ostrogorsky, G.: Geschichte des byzantinischen Staates. Spiele in Byzanz. München 1963.
Otto, W. F.: Menschengestalt und Tanz. München 1965.
Pahnke, W.: Geschichte der Körperkultur. Eine Auswahlbibliographie deutschsprachiger Veröffentlichungen. Leipzig 1967.
Pilsudski, B.: Der Schamanismus bei den Ainu-Stämmen von Sachalin. Globus **96** (1909).
Piña Chan, R.: Spiele und Sport im alten Mexiko. Leipzig 1968.
Poignant, R.: Ozeanische Mythologie. Wiesbaden o.J.
Popplow, U.: Totenkult und Wagenrennen in Alt-Mykene. Die Leibeserziehung **7** (1958).
Preuss, K. Th.: Sport unter den Eingeborenen Amerikas. Berlin 1930.
Reallexikon der Vorgeschichte, art. „Fest", vol. III, 1925.
Recla, J.: Religion und Leibesübungen. 3rd ed., Graz 1965.
— Wissenschaftliche Arbeiten über Leibesübungen. Graz 1958.
Reuter, H.: Die Zeit. Eine religionswissenschaftliche Untersuchung. Diss. Bonn 1941.
Reutler, K.: Über die Leibesübungen der Primitiven. Diss. Rostock 1940.
Rose, H. J.: A suggest explanation of ritual combat. Folk-Lore **36** (1925).
Rudolph, W., Olympischer Kampfsport in der Antike. Berlin 1965.
Saurbier, B.: Geschichte der Leibesübungen. Frankfurt 1969.
Schaumberg, A.: Bogen und Bogenschützen bei den Griechen. Nürnberg 1910.
Schmidt, H.: Frieden. Stuttgart/Berlin 1969.
Schmidt, W.: Spiele, Feste, Festspiele. Paideuma **4**, 11—22 (1950).
Schmithausen, L.: Ich und Erlösung im Buddhismus. Zeitschr. f. Miss.- u. Religionswiss. **53**, (1969).
Schmitz, C. A.: Religionsethnologie. Frankfurt 1964.
Schröder, B.: Der Sport im Altertum. Berlin 1927.
Schweitzer, B.: Herakles. Tübingen 1922.
Simon, E.: Die Götter der Griechen. München 1969.
Spoerri, W.: Späthellenistische Berichte über Welt, Kultur und Götter. Basel 1959.
Swami Sivananda: Japan Yoga. Rikhikesch 1939.
Touny, A. D., Wenig, S.: Der Sport im Alten Ägypten. Leipzig 1969.
Toynbee, A. J.: Der Gang der Weltgeschichte. München 1970.
Tsu M. Y.: Die chinesische Körpererziehung. Idee und Gestalt (1936).
Tylor, E. B.: Primitive culture. 2nd ed., London 1871.

Überhorst, H.: Totenkult und Agone der Griechen. Leibesübungen — Sportarzt — Erziehung **1** (1950).
Wach, J.: Vergleichende Religionsforschung. Stuttgart 1962.
Wehrhan, K.: Der Aberglaube im Sport. Wort und Brauch **24** (1936).
Weule, K.: Ethnographie des Sports. In: Bogeng, G. A., Geschichte des Sports aller Völker und Zeiten. Leipzig 1926.
Weyer, E. M.: The Eskimos. New Haven 1932.
Widengren, G.: Religionsphänomenologie. Berlin 1969.
Wiesner, J.: Fahren und Reiten in Alteuropa und im Alten Orient. Alter Orient **38** (1939).
— Fahrende und reisende Götter. Archiv für Religionswissenschaft **37**, (1941).
Willetts, R. F.: Cretan cults and festivals. London 1962.
Wilsdorf, H.: Ringkampf im alten Ägypten. Diss. Würzburg 1939.
Yesidian S. Raja, Haich, E.: Yoga in den zwei Welten. Thielle 1951.
— — Sport und Yoga. 4th ed. Thielle 1953.
Zeiss, K.: art. „Sport". In: RGG. 3rd ed., Tübingen 1962.
Zierer, O.: Kultur und Sittenspiegel. vols. I-IV, Stuttgart 1969—1971.

On Sociology of Sport — General Orientation and Its Trends in the Literature

The Problem of Definition

Sport is a non-representative, competitive activity in interaction with other persons. It is primarily based on physical skill. It carries with it intrinsic and extrinsic rewards. The amount of extrinsic rewards (material and/or social) determines where, on a continuum between play and work, a specific sport activity is located.

As competitive game it is institutionalized in practically all societies, thus denoting its universal character. As an integrated part of society, it organizes itself in different ways. In the so-called primitive societies sport appears as part of other institutions such as religion, family (kinship). In modern societies the institution of sport is clearly identifiable as one of its own, although certain relations (e.g. religion) as in primitive society may still prevail. It appears: 1. As *formal sport*, highly organized, regulated ludus (Caillois, 1958), in formal organizations such as sport clubs, athletic associations. 2. As *informal sport;* loosely organized, spontaneous paidia (Caillois, 1958) in recreational forms or in the competitive play of children. 3. As *sport within other institutions* and organizations such as schools, factories, military, where it is strongly influenced by the value orientation of these other systems. Thus, sport may be organized for increasing the production, training better soldiers or training mind and body.

Sport is not limited to its core, i.e., the sport contest and the activities displayed with and before this contest. Sport extends into other institutions. It appears to an ever greater extent in the mass media and has definite significance for such institutions as politics, education, religion, economy. Sport has at times not been defined on the basis of its institutional character and thus suffered undue restrictions for sociological analysis. Sport defined as physical activity overlooks forms such as chess and card play which are organized on the same basis as other sports, and the concept as such refers to a non-sociological category. The latter criticism holds also for defining the field of study as movement or movement science (kinesiology) where obviously the Anglosaxon pragmatic concept of science is the stimulus to develop a field easily accessible to experimental research. Much effort has gone into categorical definitions on the basis of theories of play, notably that of Huizinga (1938), where sport would then be defined as an end in itself. But a categorical approach does not suffice for the reality of sport and rather has had the effect on the basis of a priori commitment of lining it up either with play (C. Diem, 1955a) or work (Habermas, 1958). A defini-

The author acknowledges with much appreciation the assistance of friends and colleagues in the collection of the bibliographical material. Graduate students of the University of Illinois have also given valuable assistance. Furthermore, members of the International Committee for Sociology of Sport had in earlier years supplied important source materials. Only a fraction of the collected material could finally be included in this report for reasons of format. A fully classified bibliography may be obtained by writing to the address of the author: Dpt. Sociology, University of Illinois: Urbana, Ill. (USA).

tion of sport activity on the basis of a continuum (Lüschen, 1967) overcomes the problem of being forced by the concepts introduced to be either unduly defensive or aggressive toward an area which in its differentiation and variety is not easy to approach categorically.

Methodological Approaches in Sociology of Sport

There is every evidence that the theoretical diffuseness which prevailed for a long time in the sociology of sport in recent years tends to be overcome by a more conscious methodology in approaching specific problems. This is somewhat surprising in view of the fact that sociology in general in the last decade has not only made little progress in its theoretical sophistication but has also become entangled in the discussion for and against the problem of the social relevance of sociological research and knowledge. No question, the criticism of the New Left is apparent also in the sociology of sport (J. Scott, 1961; Vinnai, 1970), and the position of "pure" theorists versus applied sociologists is being recognized (cf. Groll and Strohmeyer, 1970). But conflicting positions have not had to any large degree the effect of alienation or theoretical confusion as at times can be observed in sociology at large, but have rather had the function of more clearly recognizing the specific methodological approaches in use.

In general there is little argument on the demand that sociology should be empirical. However, the definition and application of the empirical attitude can differ to a great degree. In the idealistic tradition the method of "Verstehen" still prevails and dialectics have experienced a marked revival in recent years. Both methods are definitely accepted in sociology but the dominant opinion as backed by epistemology will account for "Verstehen" and dialectics only in the location of a problem and in the statement of hypotheses while rigid social research by means of survey, content, and experimental group analysis dominates the research process (cf. Kenyon and Loy, 1965 a). One may add that "Verstehen" and dialectics are again acceptable and needed in the final stage of the interpretation of data.

A dogmatic insistence on either one of these positions in the scientific approach to the social reality of sport is not defendable in the light of the institution of science and what scientific truth can mean. Any claim for a single position either has to recur to metaphysical and religious thought or to naive empiricism. There is, however, no question that a dialectically based critique and rather low-level generalizations may be used for social practice in sport. Results obtained on the level of marketing research can be useful for organizational purposes, and social critique may provide insights for policy decisions. There are no objections against such approaches with the only provision that one should know on what level and with what theoretical relevance one is working. Many studies in the sociology of sport as reported hereafter do lack this consciousness, and studies on a higher level of abstraction and with ultimate concern for scientific truth are in the minority.

The orientation of a sociology of sport should, in view of the foregoing argument, go toward sociological theory and thought. Only with the common critical mind of the sociologist and in the light of proper sociological concepts and models, the social reality of sport can be approached. In the light of this argument the first responsibility is toward sociological theory which is applied, and also developed in the area of sport. The latter claim should not be taken lightly since the theoretical potentialities of sport for sociology in general are far-reaching (Allardt, 1970; Linde and Heinemann, 1971; Lüschen, 1970c; Schulz, 1961). The second responsibility is toward the theory of sport (physical education) which should thoroughly be enriched through the sociological approach, given the fact that the system of sport is ultimately controlled by socio-cultural facts and not by those of physiology (cf. Olsen, 1971). In a sense physical education is a social science. The third responsibility is toward the practice of sport where sociology can provide important insights for policy makers in sport, for the teacher and for the coach, and in the light of Marxian thought for practice in the totality of society (Erbach, 1966; Rigauer, 1971; Wohl, 1965).

Institutions and Disciplines Engaged in the Sociology of Sport

Aspects of the sociology of sport can be traced in at least 5 different scientific disciplines: first of all and with an ever higher interest in sport science (physical education) in the realm of which the greater portion of publications have been produced. Secondly, in the field of sociology itself which has dealt with sport even through such classical figures as Spencer, M. Weber, Simmel, Scheler, G. H. Mead, Piaget or Znaniecki. Today the interest of sociologists is notably increasing in many countries all over the world. Thirdly, in the field of social psychology where the studies of sport rank among the classics of that field (Moede, 1920; Tripplett, 1898). Often sport groups or competitive sport skills have figured prominently in experimental research for reasons of their clear definition and outcome. Fourthly, the sociology of sport is followed in the field of cultural (social) anthropology. Here the early interest was in games and cultural diffusion (Tylor, 1896) notably in primitive societies, and one of the classics, R. Firth (1930) wrote about the "Sociology of primitive Sports". In recent decades the interest of anthropologists has decreased despite some efforts of individuals (e.g. Brewster, 1954, 1956). Yet there is every indication that anthropology will again make use of sport and games for the purpose of cross-cultural research (cf. Lüschen, 1970a). Fifthly, the field of philosophy has provided valuable assistance for conceptual discussions (Caillois, 1955). This report draws from sources in all of these disciplines.

Since the foundation of a specific International Committee for Sociology of Sport within ICSPE and the International Sociological Association (ISA) it has become evident that this field is establishing itself as a proper discipline of its own. The International Committee and its scientific associations at large (ICSPE and ISA) figure rather prominently in this endeavor. On a regular basis international workshops and symposia have been organized by the Committee on such topics as "Small Groups in Sport" (Lüschen, 1966a), "Sport and Youth" (Groll and Strohmeyer, 1970), "Sport in Cross-Cultural perspective" (Lüschen, 1970a), "Sociology of Sport—Theoretical and Methodological Foundations" (Albonico and Pfister-Binz, 1971), "Sport and Socialization" (Kenyon, forthcoming). Furthermore an international comparative study on "Careers of Athletes" has been organized by that Committee (cf. Hammerich, 1970), and it publishes the International Review of Sport Sociology in Warsaw. The International Committee has its equivalence in very active National Committees and Associations such as in Austria, Bulgaria, Canada, CDR, Japan, USSR.

On the level of universities and other institutions of higher learning, courses on the sociology of sport become more and more established and research by graduate students and faculty is carried out, although there is no question that the funds for research are still limited at this time. It should also be noted that because of the rather young age of this discipline not all the material available appears or has appeared in publications. As a consequence, a number of important papers from scientific meetings were included in the bibliography if they had a distribution of at least 100 copies.

Organization at the Material and Theoretical Levels

The material cited in this bibliographical report, apart from programmatic, methodological, and general publications in the first category, will be discussed under four main headlines which may be useful for a systematization of this field. *Sport and the Socio-Cultural System* includes publications that deal with the interdependence of sport and a much larger system. Here are problems of how sport is structured in primitive and modern culture and society, in political systems and communities and what function sport has as a part of these systems. The function of socialization had been singled out separately. The *Social Structure of Sport as a Sub-System* is dependent on the overall socio-cultural system. Thus references are made to social functions of sport. However, in the publications mentioned in this section sport is mainly treated as a system 'sui generis'. This includes discussions of principles as well as of norms and values. Here the horizontal and vertical differentiation of sport is discussed, as is the group structure of sport with reference to small sport groups and formal organization. This area includes problems of professionalization, careers, spectatorship and a section on social psychological variables. Finally a section on single sport disciplines is included. The third systematic part, *Sport and Institutions* discusses sport in relation to or as a part of other institutions that, although not primarily devoted to sport, do influence the sport activity or sub-system to some extent. Publications on sport and family, education, religion, economy, and the mass media are included here. *Sport and Social Problems* mentions those publications which deal with sport under aspects of leisure, work, delinquency, minorities, and other problems. Finally, there are miscellaneous publications which cannot be covered by the systematization applied and are partly included as sources for further analysis.

This bibliographical report draws in its references only on a fraction of some 2,000 publications which could internationally be located in this field. Yet not all of the publications cited are sociological in the sense that they imply sociological concepts and are at least descriptive. Often descriptions are merely concerned with the subject area. A clear application of a conceptional frame of reference agreed upon by everyone in view of the variety of methodological procedures, would anyway be questionable in an international report and bibliography. Publications dealing with the level of the organic system could easily be omitted while an analysis on the level of the personality system, extended to the social and cultural systems, often includes important notions for these systems.

The level of abstraction achieved in the publications does not generally go beyond the formulation of ad hoc theories. A decision whether to exclude a publication or not because of methodological weakness was finally based on the criterion of data included in such a publication. Though this bibliography focuses on the publications that appeared since 1950, the more important ones of the earlier period have been included as well.

Programmatic, Theoretical, and Methodological Discussions

Statements and discussions about a sociological analysis of sport cumulate in recent years indicating the rising interest in an understanding of the sociology of sport. This is seen also in those countries where the efforts in the research and the theory of a sociology of sport have been limited.

While there is common agreement on its empirical character there are two main arguments about the purpose of a sociology of sport. One stresses the need for developing a theory, the other the analysis of sport for application to social practice or educational method and theory. While the argument of the applicability of results was stressed quite often in the early development (Cowell, 1937), it is now more and more implied that social practice needs the development of theory as well. Erbach (1965, 1966) makes this quite explicit. Kenyon (1966) even cautions that a direct application of results to physical education may not always be advisable. Yet it is quite obvious that the majority of statements do not deny that sociological theory and research may play an important role for the social practice, education, and even methodology of teaching in sport. Wohl (1965, 1966b) though emphasizing the sociology of sport as an empirical discipline sees its final purpose as a science "which shapes the vision of a new and different sport".

The emphasis on developing theories focuses on ad hoc theories. Yet Lüschen (1970c) and Schulz (1961) have made it clear that the sociology of sport is just another sociology. It should always refer and contribute to general sociological theory, as also suggested by Linde and Heinemann (1971) in the light of alternative theoretical approaches.

Dumazedier (1964) hopes that in this way the general theory of sport will improve and abolish its speculative and ideological character. Schulz (1961, 1971) makes reference to complex theories of society and advocates Marxian theory as the guiding line for empirical research in sport.

In research techniques cross-national and cross-cultural comparative research as done by Allardt (1970), Lüschen (1970a), survey research, content analysis, research conducted with the methods of small group research are outlined, as well as the application of computer simulation, path analysis (Kenyon, 1971) or graph theory (Lenk, 1971). In the methodological procedure it is not always clearly stated what approach should be followed. Wohl (1964a, 1966b) sees a need for empirical studies but also states the validity of the historical and philosophical methods, Stone (1955, 1966) focuses on the approach of symbolic interactionism with reference to social-historical methods. Artemov (1963) makes a strong point of institutionalizing research which basically should follow the dialectical method.

Sport and the Socio-Cultural System

Sport and Games in Primitive and Advanced Societies

This section deals merely with a minority of publications mainly coming from cultural anthropology. Since cultural diffusion has become a less important focus, the study of games in primitive culture and society has decreased considerably. The orientation toward mere curiosity which guided research and reports for a long time is definitely gone. On the other hand few authors have applied structural analysis to games and sports. Studies by Roberts (1970) and Sutton-Smith (1963) on the appearance of games in different cultures and their relation to socialization, the role of sexes, and different age-groups should be cited here, as should Hye-Kerkdal's study (1956) of the Timbira and the study by Seagoe (1962). The majority of studies are concerned with special types of games and sports, their description and sometimes function within a society. Culin's voluminous study of the games of the North American Indians (1907) is a significant example and so are Mendner's book (1956) and the studies of Brewster (1954, 1956). Some studies refer to the religious functions of games in primitive societies (Gini, 1939); others stress the contribution of games to culture (Krickeberg, 1948) while others—for instance those by Stumpf, Cozens (1947, 1949) and Dunlap (1951)—stress the universalistic function of games. Thus, Damm (1960) argues whether these games of "primitives" should be referred to as being sport while Woody (1949) sees obvious similarities between games in primitive and modern societies. The study by Glassford (1970) about games of the Eskimo starts with a game-theoretical approach. Clignet (1970) analyzes the role of soccer, introduced in colonial times, in the modernization of Cameroun society. The decline of interest in sports and games since Tylor (1896) and his followers wrote on diffusion may well be reversed in the future, though White's encouragement (1965) of studying such topics as the structure of baseball has not received much attention in cultural anthropology.

Sport in Modern Societies

Vierkandt (1931), Plessner (1952), and v. Krockow (1962) find the structural relationship of sport and modern society in the consistency between the main orientations of both systems, and so do Zurcher and Meadow (1970) between sport and institutions or Rigauer (1969) in comparing the work orientation in society and in sport. Loy (1969a), in matching Merton's paradigm of the individual's adjustment to the social structure and the problem of anomy with Caillois' types of games finds that agonistic competitive sport is related to conformity and to the upper middle class while mimicry in spectator sport is related to ritualism and the lower middle class. Lüschen (1962, 1967), in discussing data confirming Weber's hypothesis on Protestantism and capitalism as it applies to the culture of sport concludes that achievement-orientation in individual sports, collectivity-orientation in team sports and generally power-orientation of individuals and systems are the underlying factors of modern sport. Seppänen (1970) confirms this result. Novikov (1970) investigates the relation of sport and socio-economic development. Riesman and Denney (1954) describe how the American culture and individual universities changed rugby into American football. Stone (1969) discusses the ambivalence in sport and society.

The concept of change is handled in a rather non-systematic way. And it may well be stated that social change and dynamic aspects have overall been neglected despite the fact that sufficient data seem to be available in this area. The fruitfulness of dealing with change in sport is obvious in the publications included (Heinilä, 1963; McIntosh, 1963; Miermans, 1956). The meaning and function of sport in modern society is related to the needs of social systems as by Wohl (1970) in reference to the Socialist countries. Other publications as well pay special attention to the needs of social sub-system like youth (Coleman, 1961). Bouet (1966) and Lersch (1960), like many others, refer in their approach to the needs of individuals in society. Ritualistic functions are discussed by Rosseau (1958) and Cohen (1946). The tasks and further development of sport in society are stressed by C. Diem (1955b) and Wohl (1954). Quite a number of publications listed under "Miscellaneous" make reference to sport in its functions for society, for the development of individual personality, and for culture. The term function is not only used rather loosely but also rather frequently and thus appears in this report rather often.

Political Systems

Though the influence of the political system on sport or the dependency of sport on it, according to Meynaud (1966), is more obvious, the problem of how sport influences politics or what function it has within a political system has met with strong interest (Eagen, 1954; Ortega, 1954).

The common belief that sport helps international understanding (Frenkin, 1963; Tunis, 1941) is criticized by Heinilä (1966a) and McIntosh (1963). Heinilä points to numerous examples where conflict is built up by sport and states that the specific situations should be analyzed. Although McIntosh considers the foundation of international sport organizations as a great achievement, contest participants nevertheless identify themselves with their own political systems and share the same (sometimes "corrupt") political ideas. This is indicated by the report on the Asian games (Hanna, 1962) as well.

The dependency of the organization of sport on specific political systems is dealt with in several publications on Soviet sport (Morton, 1963), sport in East Germany (Geyer, 1955), the feudalistic system (Wohl, 1964b), the bourgeois system (Frenkin, 1965), the Socialist societies (Mateev, 1949) and Nazi-Germany (Bernett, 1966; Mandeu, 1971). In several publications, Frenkin (1962, 1965), referring to Ortega y Gasset and other critical intellectuals, maintains that "bourgeois" sociology contributes to the hostile spirit of sport in Western countries. Ziemilski (1964b) analyzes statements of representatives of Western sport and their ideological basis.

Community

Sport is an integrated part of community life (Frankenberg, 1957), it is often the main focus of identification (Kato and Ebashi, 1953), and is generally the main area of leisure and recreation in communities (Lynd, 1937; Petrak, 1966), either unorganized or organized by communities themselves or in voluntary clubs (M. Komarovsky, 1946). Though sport generally finds more attention and participation in urban communities, the problem of sport in small towns and rural communities has been treated with much more interest. This is done not only in order to analyze the chances of further development (Tyszka, 1963; Wohl, 1966a) of sport in rural areas, often under the assumption that the values of sport can be used to effect progress. The limited size of such a unit as a rural village also facilitates thorough studies of social change within communities. Sport as such and its clubs as they relate to social change specifically in rural areas have been studied in Poland (Tyszka, 1964) as well as in the United States (Vidich, 1960). Special attention is given to agricultural communities where sport seems to be least developed (Krawczyk, 1962;

Planck and Lüschen, 1956). Extensive studies of time budgets in the metropolitan community of Warsaw and of mass entertainment in urban areas have been done by Skorzynski (1965). Frankenberg's case study of a Welsh community (1957) shows the integrative function of sport for a community, yet the strong identification can also become the source of an open conflict with another community.

Socialization

Over and above all it has been claimed that sport is important for socialization. While on the level of primitive societies the emphasis is on teaching skills through sport and recreational activities that will be used in later adult life (Moncrieff, 1966), sport in modern societies is said to function as an agent for socializing the individual personality, with an emphasis on adjustment to and integration into society, and especially on citizenship and participation in the political system. However, Hammerich (1971) points to many inconsistencies in view of modern concepts of socialization.

Piaget, Helanko, and Stone give insight into the process of socialization through sport and games. Piaget (1965) in his study of the game of marbles finds how the child gets more and more involved in this game and its structure and thus learns not only to understand the game, to respond to other members of the play group involved but also gains an insight and understanding of social norms in responding to the rules and their reciprocity. His findings that the game of marbles owes its rules to the children themselves is consistent with Helanko's results (1957, 1966) obtained in boys' gangs—that sport as the main gang activity has its origin in the gang and in the specific age-group of 9 to 16. Sport is not only important in its integrative function during the gang-age but also in the period following this stage when young people aggregate and their involvement in sport becomes a basis for the foundation of sport clubs. The ever growing involvement, the "expansion of socialization" from pairs before the gang-age to aggregates which lead to secondary types of groups with sport as the main activity shows a "rythm of socialization".

The contributions of sport to socialization, the product of which is the well adjusted social personality (Cowell, 1960), the democratic citizen (C. Diem, 1963), the patriotic representative of socialism (Kolokova, 1962), are hardly based on empirical findings but hypothesize this function of sport. Oetinger (1956) interprets the situation of two competing sport teams on the playing ground as a true model of politics and expects sport to promote the socialization toward partnership as a mode of better political understanding.

Lindemann (1941) and Stone (1962) stress the special structure of the sport group and of games and interpret their meaning for learning social roles. Winterbottom (1953) investigates the conditions of achievement motivation and points to competitive sport as an important factor in the development of this motivation. Yet the socialization through sport is not only directed toward general cultural value orientations, but also to those values that are bound to social subsystems like social class or community (Lüschen, 1962, 1963b).

Sport as a Sub-System and Its Structure

More and more the rather general approaches toward sport in dealing with its position and function within society are replaced by studies that focus on the analysis of sport itself, treating it as a system of its own though references to its functions within a system at large are made as well. Yet, the emphasis is definitely on sport itself, sometimes on the process of research and theoretical reasoning developed to the level of theories that meet Merton's demand for those of the middle range. As far as the methodology is concerned, the focus in the publications of this section is mainly on empirical research with the exception of the first theoretical and general discussion.

General Discussion and Analysis

Play theory has often provided the basic concepts with which sport has been approached. The idea of sport as play became more prominent after Huizinga published his *Homo Ludens* (1938) which treats sport as an agonistic form of play. His basic hypothesis that the origin of culture was to be found in play, served as a means of justification for sport in its function for higher culture. C. Diem (1955b, 1957, 1960) defined sport in this way, and so did Maheu (1962) in discussing the future role of sport within culture. However, not only did Huizinga himself deny the play element in modern sport and its function for culture and society but his basic hypothesis of the origin of culture in play has been challenged by Jensen through findings of cultural anthropology in primitive cultures. The denial of the play element in sport or its social function seems to be based on an analytical approach often using the dichotomy of "Kultur" and "Zivilisation" as a frame of reference. Yet, Plessner (1952) and Stone (1955) have made it quite explicit that sport as an integrated part of society displays the "anomalies" of society itself.

Huizinga's work led to untenable value judgements and, further, did not have a clear conception of play or a classification of games. This gap has been filled by Caillois' theoretical outline on the structure and classification of games (1955 to 1963) which he has discussed rather extensively in the meantime. His horizontal classification includes 4 types (agon, alea, mimicry, ilinx) while the vertical classification from *paidia* to *ludus* goes from rather low forms of regulation to highly organized forms like sport in the category of agon. Sport though a form of agon and not of alea shows traits of ilinx as well. McIntosh (1963) has pointed out that not all forms of sport fit neatly into Caillois' theory.

Sutton-Smith et al. (1959, 1963) use a different classification by the categories of chance, strategy and skill. Their cross-cultural analysis on the basis of data out of Murdock's Human Relations Area Files indicates that games of skill are preferred by higher-status groups and men, while lower-status groups and women prefer games of chance (1963). Some preliminary attempts show potentialities to apply game theory to the study of sport (Mazur, 1971).

Other publications in this section discuss different demographic variables (Kenyon, 1966; Takenoshita, 1961a) or categories like work, family, classes (Kaplan, 1960) as they relate to sport and those people participating. The meaning of sport and play in the past and present is discussed by Sumner and analyzed by Stone (1957), including data on sport in conversation, interest of different social strata with reference to the family and to professional sport. The specific mode of social relations to be found in sport is outlined according to team and individual sports (Horkheimer, 1964), as well as in regard to the concept of "Gemeinschaft-Gesellschaft" (Risse, 1921).

Ziemilski (1963) applies structural-functional analysis and role-theory to his discussion of sport, while Miermans analyzes social change within the formal organization of sport (1959).

Norms, Values

Achievement and competition are often regarded as the basic values of sport. Sport is sometimes criticized for this very reason (Christenson, 1958), since these values are said to destroy cultural meaning (Peters, 1927) or to lead to serious struggle (Marshall, 1958). Obviously there has been little analysis of the structural relationship between achievement and other value orientations. In her study of primitive peoples, however, M. Mead (1937) found no society that was exclusively co-operative or competitive, although correlation between individual, co-operative and competitive orientations was not found to be significant. Lüschen (1963b, 1967) argues that on a higher cultural level as in highly differentiated sport once social control is functioning competition and co-operation, achievement and affiliation may indeed be related. Later on he referred to contests as systems of relative equilibrium in which relations are based on association between opponents (1970b, 1971). The value of fairness as an outflow of association has been discussed more or less on the basis of moral categories, not of structural-functional analysis (Keating, 1964).

Special attention has been given to the Olympics both on legal questions (Eckert, 1955) and on the general system of values, norms, beliefs, and goals. Mainly on the basis of secondary and contentanalysis Lenk (1964a) has gathered and analyzed voluminous data, probably the best source for references concerning modern Olympics. He finds 28 values and analyzes them as to what function or disfunction these values have for the Olympic system.

Athletic achievement as the main value-orientation of adolescents attending American high schools, and its supporting structure within and outside of the schoolsystem were the topics of Coleman's study (1960, 1961), carried out in 10 different schools, the main purpose of which was the investigation of the influence of the adolescent culture on education. Others like Schafer (1970) have followed this approach. Kenyon (1968) has studied values attached to physical activity in different countries.

Age, Age-Ranges

Coleman's study (1961) shows the superb role that sport holds among adolescents in the USA, supported not only by educational institutions but by the family as well (Elkin and Westley, 1955). This holds obviously for any society, though in industralized society youth seems to be engaged more than any other age-group (Rijsdorp, 1960). Surveys confirm the strong interest of youth in sport and sport groups (Allardt, 1958; Nettleton, 1967; Olsen, 1955). Only sex seems to be an equally important demographic variable in determining interest and participation in sport.

While the sport and games of adults and the aged are rarely discussed the meaning of the games and sports of children and their structure have excited more interest and they have been methodologically approached by case studies of attitudes. The studies of Roberts and Sutton-Smith (1962) based on wide-ranging material show the relation of different types of games to modes of socialization in childhood. The structure of children's games has found its students. Yet, it is also obvious that this area needs still more thorough research despite the efforts of Piaget (1945, 1965) and others (Foster, 1930; Fuxloch, 1930; Stone, 1965).

Sex

It is difficult to understand why the question of the two sexes and their roles as they relate to sports has found comparatively slight interest. Moreover, only a few studies go beyond an essayistic approach. Though changes in the structure and type of girls' games indicate the changing role of the women (Rosenberg and Sutton-Smith, 1960), their participation in sport, especially in competitive sport, is low (Cofey, 1956). Girls and women seem to perceive competitive sport and games differently from boys and men, and we may suppose that the function of girls' games is more display than socialization (Rosenberg and Sutton-Smith, 1959). Since on the level of less advanced societies the sexes are often strictly kept apart in games (Krieger 1955; Patel and Brewster, 1957), it is an open question whether in modern societies, despite the fact that women are more interested in games of strategy and chance and men in games of skill (Rosenberg and Sutton-Smith, 1960), the interests of men and women may overlap more and more.

Social Stratification, Social Mobility

Many times the claim has been made that sport like other "mass" leisure activities is not related to social class; but most of the studies cited show that sport is organized along social-class lines, and this may even indicate that there are hardly any leisure activities that are not structured this way.

It is no question that sport in Western societies is no longer a privilege of the leisure class, for whom it was one of their main activities according to Veblen (1899). Investigations of children's preferences in games and sport show only slight non-significant differences as to social class (Beue, 1959; Boynton and Wang, 1944). However, findings of this kind are not consistent in all studies available. Stendler's community study (1949) shows that there are differences at an early age. MacDonald's (1949) and Hollingshead's (1949) studies of Elmtown's Youth show similar results. Oppenheim's study of the deferred gratification pattern (1955) finds that middle class boys are oriented toward to study, while engagement in sport is seen as a consumption pattern preferred by lower class boys. This and Zetterberg's (1959) are the only results, obviously due to limited factor controls, which do not show that relatively more members of middle class background participate in sport than lower class members, although Lüschen (1963a) in his analysis shows that the "middle mass" has a comparatively high rate of participation. Participation in sport versus watching sport increases generally in proportion to higher social status. There is also a highly differentiated organization within different types of sport. Although there are activities like baseball in the USA (Stone, 1957) or soccer and swimming that are engaged in by almost all classes the majority of sport disciplines show a very distinct class structure which in Germany may be reinforced by the club-system (Lüschen, 1963a). Results from countries that deny the existence of social classes show preferences of sport disciplines vertically by occupational groups. Landtman (1938) states that games of physical skill have been a mode of social differentiation even in primitive societies.

It should be noted that the change from sport as a pastime of the upper class to a leisure activity for all (Pudenz, 1960) has not led to the complete levelling of the class structure but merely to the effect that sport as a generally "open" system, as an area to meet with other classes (James, 1963), has become an important channel for social mobility (Loy, 1969d; Schafer, 1968). This should not be mistaken only as the chance for a lower-class member to start a professional career (Blalock, 1962), because sport obviously provides also a way of getting socialized to and integrated in middle and upper classes, which is particularly true for the very coherent rowing clubs in Germany (Lüschen, 1963a). And according to Eggleston (1965) it should be noted that sport is not that open to everyone, as the restricted recruitment for Oxford and Cambridge top athletes indicates.

The discussion of sport and social class is not only concerned with sport itself. Kunz and Lüschen (1966) state that "changes to be observed in the strong sport engagement of the skilled workers of the upper lower class in Germany may be indicative of an approaching change in the class system". Blalock (1962) goes beyond his analysis of the role of the professional baseball player to an analysis of criteria that must be met in occupations, in order to give minority members like the Negroes in the USA the best chance for upward mobility.

Professionalization, Careers

As do other leisure activities so does sport show tendencies towards professionalization. This, in the light of its orientation towards excellence, seems to be unavoidable and should be a question directed to any career in sport (athlete, teacher, executive). In regard to the athlete's career, the strong control exerted by the amateur sport federations and the Olympic Committee has been a definite barrier toward formal professionalization in many sport disciplines and for many athletes. As a result of this and because of the limited understanding of the public for the values of sport as a subculture the problem of amateurism versus professionalism has got high publicity and a strong interest in publications. This is true not only for recent years but, since the beginning of this century. Professionalism occurred even in ancient Greece (Woody, 1938). Lenk (1964b) discusses the function of the amateur-rule in the Olympics and so do others in analyzing the pro and con (Bernath, 1909/10; Saito, 1960).

Despite the fact that professional sports, such as baseball in America, provide a good opportunity to study organizations and their effectiveness, as Grusky (1963b) states, very little has been done. Grusky's study of the organization of baseball and the postion of the manager is one of the few examples, which led to an interesting rejoinder on the role of the manager and coach who adds little to the effectiveness of a team but functions as a scapegoat in case of failure (Gamson and Scott, 1964). The special culture of certain types of professional sports is analyzed in boxing and in a study of the hustler. Polsky (1967), analyzing the unique role of the hustler, who is to be found particularly in pool, finds that in pretending to possess lower skill this professional is able to keep his audience and contenders, and thus his income. Weinberg and Arond investigate the recruitment process of boxers who come from the lower class and underprivileged ethnic groups. The special culture of boxing is determined by a high degree of insecurity, suspicion, the belief in chance, a short career, a pattern of conspicuous consumption and a hierarchy of power from the trainer over the manager to the promoter whose interest is in money and entertainment but not in the boxer as a person.

Several studies [e.g. Krawczyk (1965a), Kenyon (1962)] have been obtained on roles and attitudes of prospective and present physical education teachers and the way they are socialized to their profession. Heinilä's study (1964c) finds a rather strong dissatisfaction among Finnish physical education teachers because their own value orientation shows a discrepancy from the role expectation of society. Ideologies and values of sport officials were studied in Finland (Heinilä and Kiviaho 1970) and other countries.

Formal Organization, Administration, Planning

Hoyle (1971) has outlined the prospects of approaching sport with organization theory. However, descriptive studies of administration and formal organization of national and international sport prevail in this section. The sport organization and the composition of disciplines and membership in Denmark (Andersen, 1957), W. Germany (Tröger, 1965), the United States (Betts, 1951) Bulgaria (Genov, 1955), Hungary (Holló 1939—40), Japan and Asia (Miyahata, 1962), Finland (Kiviaho, 1970b) and Sweden (Halldén 1966) are described. The most thorough analysis to date is that provided by von Euler (1953), who draws on differential material within the Swedish Sports Federation. Special attention is devoted to the organization and function of sports clubs in Germany (Wurzbacher, 1963; Seehase, 1967; Lenk, 1967) and in Japan as part of educational institutions (Niwa, 1965, 1968). Clubs have also been analyzed in Austria (Hrandek, 1958), in England (Shead and Dunning, 1970) and in Hungary (Holló, 1939/40). Furthermore the organization of worker's sport and the Olympics as well as the sport bureaucracy have received attention (Latten, 1933/34). More recently sociologists address themselves also to problems of planning in sport (Prosenc, 1971; Seppänen, 1967a).

Groups in Sport

The fact that there is a whole variety of small groups in sport, that voluntary groups very often engage in sport as their main activity (Helanko, 1953, 1966) has led to an ever growing number of studies done with the different techniques of small-group research. Moreover, the clearly defined structure of sport groups, winning or losing as a definite outcome of group achievement, make conditions possible that otherwise would have to be created in laboratory situations. Factors like these can easily be controlled in a natural setting (Schafer, 1966). As a result of all this the small group in sport has been thoroughly studied on a level that adds profoundly to the theory of the small group. On the other hand it is obvious that the focus of study is often on the level of the personality system, that the individual personality is investigated and the structure of the group neglected (Stone, 1966; Lüschen, 1969).

As in small-group research in general, achievement of groups, and that of individuals in group situations as determined by group structure, have found the strongest interest even in this research. While it is generally stated that positive interpersonal relations (McGraw, 1953; Niwa, 1966), the absence of strain, democratic leadership-style, are the conditions for high achievement, Lenk (1965, 1966) in a study of rowing teams disproves this general statement when he shows that a highly successful team showed strong personal conflicts. Other studies also show that the general hypothesis of high achievement and success in harmonious groups needs more thorough study than it has been given. Klein and Christiansen (1966) in their study of basketball teams find this hypothesis generally true but dependent on the level of competition. Also, a distinction between co-operation and coaction in sport groups may be in order to explain conflicting outcomes.

Problems of interpersonal relations and adjustment as related to success and performance have been studied by McGrath (1962) and Myers (1962). Start (1966) analyzes the competition between groups of different capability as this competition influences the performance of individuals in groups. One of the most differentiated studies on the structural conditions of achievement is Emerson's longitudinal case-study on communication-feedback and sustained goal-achievement (1966a, b), obtained during the American Mount Everest Expedition. The general hypothesis that uncertainty of outcome results in higher motivation of team members or that a mechanism of balance works within the group in achieving the goal was confirmed by the results of this study. Yet, it seems that the actual possibility of reaching the goal is a precondition for such a result.

Achievement as an independent variable and its effects on group structure were investigated with the result that changes occur in physical-education classes on the line of a moving equilibrium between external and internal system and the different structural levels (Lüschen, 1966a), while general change is dependent on the amount of structural differentiation (Hammerich, 1966). A later replication did only in part bear out these results.

The dynamics of sport groups with two opposing soccer teams as the empirical case, are discussed by Elias and Dunning (1966a, b). "Configuration" makes for the channelling of conflict on the sports field. The theory of conflict needs a general redefinition where a sociology of configuration could give new insights.

Structural properties of groups in sport and playing groups have particularly been studied by Japanese scientists, mainly under Asai (1967) and Niwa (1964, 1968). Problems of cohesiveness (Ikuta, 1960; Niwa, 1966a), team morale (Kobayashi and Ikuta, 1961), the relationship of personality structure and the sport group are among the topics investigated (Niwa, 1964b; Takeuchi, 1963) as well as clubs and small groups (Niwa, 1968).

Fiedler's studies of leadership in basketball teams (1960) led to the conclusion that the psychological distance of a leader is a condition for team effectiveness, yet later results show that there are more classifications for leadership on the basis of Fiedler's 3-variable-classification system referring to leader-member-relations, power of position, and task-structure (Myers and Fiedler, 1966).

A compilation of articles based on reports presented at an International Seminar at the University of Cologne is published in a supplement to Kölner Zeitschrift für Soziologie und Sozialpsychologie. This volume also contains a bibliography listing special publications on the small group in sport and related problems (Lüschen, 1966).

Attitude, Motivation, and other Social Psychological Variables

With substantial numbers of sociologists deriving final cause theories of social behaviour and the structure of institutions from psychological propositions, it is not surprising that psychological variables figure prominently also in the sociology of sport. Moreover the trend of social psychology toward experiments with small scale social units also accounts for many of the studies listed in this section (cf. Martens, 1970; G. Roberts, 1969). It is also quite obvious that psychological variables very often discriminate better than sociological ones although this says nothing about any difference of validity between the two (cf. Lüschen, 1971; G. Roberts, 1969).

The problem of achievement and the study of attitudes to sport have evoked highest interest. The study by Aronson and Carlsmith (1962) on performance expectancy and actual performances and Moede's early studies on achievement (1920) may be mentioned, and so should McClelland's study of the achieving society (1961) which adds to the understanding of achievement in sport as well. Attitudes have particularly been studied by Kenyon (1965b), McIntosh (1966), and Röblitz (1964a).

Among the remaining publications dealing with social psychological categories that are related to a sociological analysis of sport, some should be given special attention. Pickford's discussion on the psychology of sport and games (1941) analyzes aggression and the meaning of games for the individual. Yet it is also an early outline of some actual problems of a sociology of sport; ecological variables, value orientations, professionalization, class and sex preference are mentioned. Myers (1970) experiments with individuals and their behaviour in different competitive situations. Japanese authors deal in their personality studies with the problem of behavioural transfer (Niwa, 1964; Suetoshi, 1968).

Spectatorship, Collective Behaviour

While for years the early discussion on the social psychology of the spectator by Howard (1912) was the only treatment of collective behaviour, more recently sociologists have discovered the sport audience as a particularly fruitful unit to study collective behaviour in the form of riots (Lang, 1970; Taylor, 1971), fandom (Spinrad, 1970) or aggressiveness (Kingsmore, 1970).

The ex-post-facto case study by Hastorf and Cantril (1954) explains many behavioural patterns of spectators in the light of distortion of reality through commitment. In general, this field should become particularly fruitful for insights into social conflict, and crowd behaviour in general.

The Structure of Single Sport Disciplines and Games

In many publications the focus is on a sport or recreational discipline and its structure in primitive, advanced, as well as in modern societies (Barthel, 1961). Among the modern sports studied are baseball, football (Tunis, 1928; Cohen, 1946; Andreano, 1965; Voigt, 1971), and wrestling (Stone, 1967). The focus is more on a description of the structure of these disciplines than on general theoretical insight, with a few exceptions like Mierman's study on soccer in the Netherlands (1955), Buytendijk's account of soccer (1952), and Scott's interactionists approach to horse racing (1968) which has wide ranging implications. Aronson's study of the bicycle (1952) is one of the few dealing with social change.

Sport and Institutions

In this section we are using the term institution rather loosely. Studies of sport as part of or as it relates to institutions have been neglected, quite obviously. However, problems selected or samples drawn were often in the realm of specific institutions and their related associations such as the school, youth organizations or industrial establishments. It was often implied that sport would not be affected by institutions. Thus also most of the publications emphasize more the function of sport for these institutions than vice versa its determination by such institutions as the family, the school, the church, the economy or the media of mass communication.

Family

The few publications available stress sport as a recreational activity (Choate, 1957; Wolanska, 1963) where the family can appear as a whole unit. The family places a high value on sport in its function for socialization (Cousins, 1960). This function in German sport-clubs is due not only to the activity but also to the specific organization of the club. Landers (1970) has investigated such structural problems of the family as sibling-sex status and its effect on recruitment for and interest in women's sports.

Education and School

It is certainly surprising that only few publications — with the notable exception of Finnish studies (Heinilä, 1964d; Telama, 1970/71) and a few that might have been listed under socialization (e.g. Takenoshita, 1961b; Ahper, 1951) — deal with the special organization and function of physical education though schools place a major emphasis on this subject in its broadest sense. And when this topic is treated in publications, the discussion is seldom based on empirical findings or on the application of sociological concepts.

Thus, many publications concerned with sport in schools deal with the organization and function of competitive sport (athletics) or with some forms of recreational sport within universities. Waller (1932) analyzed the structure and meaning of high school athletics. He saw it as an important factor in building up identification with an educational institution, a result that was also obtained for a sport-orientated American university where the specific norms of that culture were learned very fast by sport and football as the main discipline (Brookover et al., 1956). Sport at European universities may have a completely different function. Results from Switzerland show that sport rather serves purposes of recreation and integration into small peer groups (Jaeggi et al., 1963). Though the general interest of European adolescents in sport may be as high as that of their American peers (Heinilä, 1964b), there is no question that the different organization of sport within schools as part of the school programme is a main basis for the high attention that competitive sport receives in American high schools (Coleman, 1961; Philipps and Schafer, 1971). This overemphasis on competition may lead to disfunction in sport (Weinberg, 1965), but despite the high attention that the athlete and athletics get in this adolescent sub-culture, Coleman (1961) found that schools with that kind of orientation show also a comparatively strong scholastic orientation. Since the athlete represents his peers and the "selfish" scholar does not, athletics rank higher in the value-system of schools.

Fichter (1958) shows that parochial schools sometimes do not regard athletics as having educational value, yet the Catholic parents and the wider community exert strong pressure, which results in the organization of sports in parochial schools also. Schools in Japan meet the interest of their students through organization of special school clubs for sport (Niwa, 1968). Special attention has been given to sport activities in school as they relate to other activities (Solley, 1961) or to academic achievement (Schafer and Armer, 1968). This in part apologetic discussion of the role of physical education and sports in schools has led, according to studies by Linde and Heinemann (1968), to interesting questions as to personality type and socialization in view of a general conclusion that "athletes are not inferior students" (Schafer and Armer, 1968). The single study going beyond the function of physical education for socialization or Spencer's concern with its biological function (1896), is that of Heinilä (1964 d) on physical education in Finnish schools. Moreover, this study, based on a national sample, organizes its material and states its hypotheses in reference to Parsons' social system. Thus it includes in its analysis the functional problems of the school system which as they are faced by physical education. Two ideal types of relation patterns between students and teachers explain a dominance of the authoritarian model.

The discipline of physical education has otherwise been studied by Adam (1966) as an ideology, in regard to values and attitudes (Kiviaho, 1970), with reference to its organization in specific countries (Nduka, 1964; Johnson, 1966 to 1971; Telama, 1967) and increasingly with reference to structure and organizational problems of school classes (Jung, 1956; Bookhout, 1967; Bakonyi, 1970; Niwa et al., 1972).

Religion and Church

Despite the fact that the recreational activities of their members outside and within the community of the Church have interested the religious institutions, such as the Catholic church which at the beginning of modern times organized special shooting clubs to keep the interest of its male members, there are hardly any sociological analyses. But there is no question that there are obvious relations between value orientations of sport and religion (Ebashi, 1968; Swanson, 1968), not only on the level of primitive people, also that sport may have ritualistic, religious, and magical functions or qualities (Wrigley, 1970); yet, this area needs further investigation in the future.

Economy

Sport and its relationship to economy, with the extension of leisure and the display of goods and equipment, get more and more attention from economists. Danielsson's study on the economic role and organization of sport in Sweden (1953), Model's study on sport in Switzerland (1955) are based on statistical material. Traditionally sport and recreation have been important factors in the economy of the United States (Reeve, 1910), though this importance has been increasing greatly in the last decades (Neale, 1969). Gregory (1956) provides an intensive economic study on professional baseball, and English sport has in recent years been equally well analyzed as to its economic problems.

Mass Communications

Neither sociologists nor specialists in mass communications research have paid much attention to sport, although sport not only sells the newspaper (Woodward, 1949) but also occupies a large number of television and radio programmes (Reuther, 1960). Bogart (1956) mentions the effect of television on the popularization of professional wrestling. Jordan (1951) provides extensive data on the effects of television on participation and attendance in sport.

Different attempts towards content analysis show strong national tendencies in reports (Schmidt, 1965), the role of sport heroes in the press (Tyszka, 1966) and discussions on value aspects (Kümpfel, 1949). Tannenbaum and Noah (1959) analyze reports on high school games and consider their investigation, which focuses on word selection, a rare occurrence in communications research because of the relatively unambiguous nature of the findings. First, they investigate the use of verbs and their classification as to proper usage or slang. They find, second, despite inconsistencies with literary language, that sport verbs have high communication efficiency. Third, they disprove the hypothesis that number and diversity of verbs will grow with the importance and frequency of an event in the culture.

Sport and Social Problems

This is a main area where the interest in descriptive research has been strong due to the expectation that sport would fulfill an important function in dealing with social problems, and where descriptive research might provide guidelines for policy decisions. This is the reason why this whole area has been approached by physical educationalists or those sociologists who had an interest in the immediate application of their results in social practice. In recent years a certain exception has been the field of leisure with a number of theoretically meaningful approaches.

Sport and Leisure

Although sport may not be the leisure activity which occupies the highest amount of time, it is certainly that leisure activity which, along with one or two others, gets the highest attention in industrialized societies because of participation and spectatorship or involvement by means of the mass media—at least among the male population. Blücher (1956) finds sport together with reading of books the "hardest" leisure activity based on participation and consciousness of this activity. Buggel (1963), Burch (1965), Ziemilski (1958), and many others focus on the interest in sport and recreation during vacation time. Artemov (1966) interprets sport as leisure activity and its effect on absenteeism and the health of workers as investigated in Leningrad and Nowosibirsk. Ponomarev (1966) referring to Karl Marx's statement on leisure as the time for human development, discusses data on the free time of manual workers and office workers and the amount of organized and recreational sport they engage in. Hanhart (1963) investigates workers as they spend their free time on sport and other leisure activities, and how these activities relate to types of work. Gerstl (1961) through his results also gives insight into sport as it relates to types of occupation. Rosenmayr (1963) studies the leisure patterns of working class youth in three metropolitan urban and rural communities and shows how much they are controlled and affected by family organization. Röblitz (1962, 1964b, 1965) discusses similar studies obtained in East Germany. Robinson (1970) refers to the international time-budget study and describes the engagement of the male and female population in sport across different countries.

The problem of social change and leisure as it affects sport, is dealt with in Asada's (1965) article and most extensively in the report of the American Outdoor Recreation Resources Review Commission (1962). Heinilä (1959), in a sample of males in a Finnish town, describes leisure and sport activities on the basis of six categories (work, pastimes, amusements, physical exercise, other sports, hobbies, and social activities). He finds physical exercise in third rank, determined by the following variables: single marital status, younger age, long residence, long schooling, working class, and long leisure time. Other sports are more engaged in by the middle class. Generally, the population shows a favourable attitude towards sport and involvement is cumulative. Another study on leisure made in six villages all across Europe by Dumazedier (1963) confirms the differentiation of sport by such factors as social class. It also adds evidence to other studies, which do not support the idea that the type of sport compensates for the type of work. Schaginger (1960) also states that the function of sport cannot be seen in relation to work. So does Gross (1961) in relation to play. He outlines leisure and play in relation to pattern maintenance, adaptation, goal attainment, and integration. Röblitz (1962, 1965) discusses the functions of sport as a leisure activity with reference to the Socialistic society.

In general, Sessoms' statement (1963) that leisure analysis lacks theory and data seems to be confirmed by quite a few of the publications, indicating in the area of sport as a leisure activity either the lack of data or that of theory. However, one should not overemphasize this point since the area of sport within the whole area of a sociology of leisure seems to develop on a theoretical level that will go beyond the vast number of descriptive studies of other leisure activities. More recent discussions by Elias and Dunning (1971), Hammerich (1972), Meyersohn (1970), and the community studies by Dumazedier (1963) also provide potentialities for the sociology of sport and its theory, with emphasis on the field of leisure.

Sport and Work

The effects of sport on work, production, occupational and social adjustment at the working-place have been mainly studied in East European countries, in France, and Japan, in part due to the fact that in these countries there are formal sport organizations inside or in close relation to industrial firms. Problems that have been singled out refer to active recreation in the work pause (Takenoshita, 1964) and sport of young workers (Grössing, 1970).

Minorities

As is entertainment so is sport a channel for minorities for professional careers and for attaining social prestige. Thus minority groups have extended their performance in sport beyond their actual position within a society. This holds for the Negro in track (Meade, 1952), in boxing (Weinberg and Arond, 1952), in baseball (Blalock, 1962; Rosenblatt, 1967), sports in which there is the possibility of objective evaluation of results, individual performance and no exercise of power over others. Despite the general acceptance of the Negro in sport, not only South Africa still discriminates against this "minority" (Draper, 1963). Discrimination was also found in a case study of athletics at an American University where Negro groups, Negro athletes and the administration settled the racial problem partly in favour of the original discriminators (Simon and Carey, 1965). And reflections of social discrimination within sport have in recent years not only received wide publicity (Edwards, 1971) but also evidence in empirical studies (Loy and McElvogue, 1970).

Delinquency

Engagement in sport does not neccessarily imply a barrier to the delinquent sub-culture. Both may indeed be very close as in professional boxing (Weinberg and Arond, 1952) or in the culture of gangs, although Short et al. (1963) find team and individual sport more closely related to stable "corner activities". Generally, the norms and values of sport belong to the culture of the middle class; barriers set up by the bourgeoisie may indeed be one cause of delinquency of lower class boys (Cohen, 1955). This area needs further study, particularly since social welfare agencies or penal institutions often see sport as a way to stimulate the interest of delinquents and improve their resocialization.

Other Social Problems

It certainly is a question for the sociology of knowledge why sportsmen and those who promote this activity have shown so little interest in applying sport to such problems as retarded children, the handicapped or the aged. Studies which have sociological relevance are accidental in this area.

Miscellaneous

Publications listed in this section are mainly included as reference sources or for secondary analysis. Several conference reports could be mentioned here, such as those on the conference at Helsinki (Jokl et al., 1956), International Conference on sport, work and culture in Finland (1960); reports of the Japanese Department of Sociology within the Society of Physical Education (1962 to 1965); Warszaw Seminar on Philosophical and Sociological Problems of Sport (1964). There are also a number of popular collections of articles which in part deal with sociology. Furthermore, related historical studies should be mentioned (e.g. C. Diem, 1960; Henderson, 1947; Körbs, 1960; McIntosh et al., 1957) and other studies on sport as mass entertainment (Denney, 1957; Knebel, 1960), sport and the masses (Siebel, 1955) or sport and social change (Kukushkin, 1966). Loy's theoretical discussion on innovation and technological change in sport (1966) deserves special attention. From a paradigma of adoption of an innovation by individuals within a social system 14 hypotheses were derived, which should be exposed to empirical test.

Summary and Conclusion

The sociology of sport, which after some early publications around the beginning of this century has developed mainly since the 1950s, has in the last decade shown a definite tendency to become a proper discipline of general sociology. More and more even those who see the purpose of a sociology of sport in social practice, agree that this discipline should make every effort to orient itself to theories. It is common understanding that social research is needed in this field and should develop theories of the middle range or into general theories. This advanced theoretical level has not yet been accomplished in many publications. Most publications are descriptive, a number arrive at merely ad hoc theories.

As far as the different areas are concerned, studies of games and sports and their underlying social structure (Hye-Kerkdal, 1956, Allardt, 1970, Roberts and Sutton-Smith, 1962, Kenyon, 1966), of the political meaning of sport (Meynaud, 1966), community studies (Pudelkiewicz, 1970) and those on the function of sport in socialization (Helanko, 1957; Stone, 1965) meet the requirements of advanced theory. Discussions on the structure and meaning of sport and games (Caillois, 1955; Dunning, 1971b) should be mentioned as well as should studies on the value structure of sport as it affects the culture of schools and adolescents (Coleman, 1961). Two areas seem to contribute particularly to general sociology: social stratification (Lüschen, 1963a; Loy, 1969d) and the study of the group in sport. In the latter area publications on conflict (Lüschen, 1970b; Elias and Dunning, 1966), on structural properties of sport groups (Niwa, 1972), structure and process as related to achievement (McGrath, 1962; Lenk, 1965, 1966; Emerson, 1966), and on problems of leadership in sport groups (Myers and Fiedler, 1966) go in their discussion far beyond the actual situation in sport. The study of professional sport and organizational effectiveness (Grusky, 1963b) also contributes to the sociology of formal organization and occupations. Structural-functional theory has been applied and interpreted extensively in studies of physical education in the schoolsystem (Heinilä, 1964d) as well as in the analysis of leisure and sport (Heinilä, 1959). Overall the discussion of sport and its functions within society or other systems does not achieve the same level. Moreover, function often refers to the needs of individuals, not to those of social systems.

There are certain areas that have been omitted or have been dealt with on a rather inadequate level. One would expect that problems of sport and policy, sport as it relates to sex roles, would have found higher interest as it appears now. This may as well be stated for the analysis of formal organizations, for the study of sport in its relation to social institutions and to social problems. With the exception of athletics in schools and descriptive studies on sport and leisure, such areas as economy, mass media, work, and delinquency need more research than they have been given. In general, one may also state that the present-day situation and often its static aspects have been focused on, while the problem of social change, with the notable exception of Loy's study on innovation (1969c), has been of lesser importance to sport sociologists.

However, the high interest shown in this field by sociologists, social psychologists, and physical educationists in many countries, and the rising awareness of sociological concepts and methodology will certainly lead to a scientific discipline that in its leading publications will meet the high expectations of its supporters and the demands of general sociology as a theory-oriented empirical science of human behaviour and social institutions. It is on this background that also the area of sport is served best. Theories at large will contribute to the understanding of the values of this system. And studies of its organization will provide better insights for policy measures and its orientation in general. Even on the level of descriptive studies such investigations as small groups in sport will already now be useful for the sport practice of the coach and teacher. Yet, sociology is primarily not oriented in this direction and, beyond the development of a general theory, frequently understands itself as a critical science that addresses itself to the change and improvement of the existing system and its order.

Bibliography

Adam, H.: Leibeserziehung als Ideologie. Argument **40**, 398—407 (1966).

Albonico, R., Pfister-Binz, K.: Soziologie des Sports. Theoretische und methodische Grundlagen. 10. Magglinger Symposium. Basel (1971).

Allardt, E.: Nuorison harrastusket ja yhteisön rakenne (Activities and hobbies of youth and the structure of society). Helsinki (1958).

— Basic approaches in comparative sociological research and the study of sport. In: Lüschen, G., 14—30 (1970a).

Anger, H.: Kleingruppenforschung heute. In: Lüschen, G., 5—35 (1966).

Andersen, H.: Sport and games in Denmark in the light of sociology. Acta sociologica **2**, 1—28 (1957).

Andreano, R.: No joy in Mudville. Cambridge, Mass. (1965).

Aronson, S. H.: The sociology of the bicycle. Social Forces **30**, 305—312 (1952).

Aronson, E., Carlsmith, J. M.: Performance expectancy as a determinant of actual performance. J. Abnorm. Soc. Psychol. **65**, 178—182 (1962).

Artemov, V. A.: Ob izučenii sociologičeskogo aspekta fizičeskoj kultury (On investigation of the sociological aspects of physical culture). Teorija i praktika fizičeskoj kul'tury **26**, 58—60 (1963).

— Physical education and leisure. Intern. Rev. Sport Soc. **1**, 75—84 (1966).

Asada, T.: Yoka kaiso no shorai yosoku ni kansuru kenkuy (A study on the estimation of leisure in the future). J. Hlth Phys. Educ. (Tokyo) **15**, 505—512 (1965).

Asai, A.: Undo yugi shudan no kozo to kino (The structure and function of physical play groups). Osaka (1967).

Bakonyi, F.: A teśtnevelés es sport hatasa a 10—14 éves tanulók társas kapcsolataira és osztalyközösségeik alaknlására (Effects of physical education and sport on collective relations of pupils 10—14 and on the development of class collectives). Tudományos Közlemények (Budapest) **1**, 218—252 (1970).

Barthel, S.: Spiele der Ostinsulaner. In: Drost, W., König, W.: Beiträge zur Völkerforschung. Berlin, 27—42 (1961).

Beisser, A. R.: Psychodynamic observations of a sport. Psychoanalysis and Psychoanalytic Review **48**, 69—76 (1961).

Bernáth, J.: Amatör és professzionista (Amateur and professional). Tornaügy **27**, 263—266 (1909/1910).

Bernett, H.: Nationalsozialistische Leibeserziehung. Schorndorf (1966).

Betts, J. R.: Organized sport in industrial America. Diss., University of Michigan (1951).

Beue, E.: Some differences between middle-class and working-class grammar school boys in their attitudes towards education. Brit. J. Soc. **10**, 148—152 (1959).

Bishop, D. W.: Stability of the factor structure of leisure behavior: analysis of four communities. J. Leisure Res. **2**, 160—170 (1970).

Blalock, H. M.: Occupational discrimination: some theoretical propositions. Social Problems **9**, 240—247 (1962).

Blücher, V.: Freizeit in der industriellen Gesellschaft. Stuttgart (1956).

Bogart, L.: The age of television. New York (1956).

Bouet, M.: The function of sport in human relations. Intern. Rev. Sport Soc. **1**, 137—140 (1966).

— Signification du sport. Paris (1968).

Bookhout, E. C.: Teaching behavior in relation to the social-emotional climate of physical education classes. Res. Quart. Amer. Ass. Hlth Phys. Educ. **38**, 336—347 (1967).

Boynton, P. L., Wang, J. D.: Relation of the play interests of children to their economic status. J. Gen. Psychol. **64**, 119—138 (1944).
Bratton, R. D.: Consensus of the relative importance of association goals and personal motives among executive members of two Canadian sports associations. Diss., University of Illinois (1970).
— Some games of Czechoslovakia. Southern Folklore Quart. **21**, 165—174 (1957).
Brewster, P. G.: Some Nigerian games with their parallels and analogues. J. Soc. African. **24**, 25—48 (1954).
— The importance of the collecting and study of games. East. Anthropologist (Lucknow) **10**, 5—12 (1956).
Brookover, W. B., Smith, J., Conrad, D.: Student athletic activities at Michigan State University. East Lansing, Mich. (1956).
Brown, R. C., Cratty, B. J.: New perspectives of man in action. Englewood Cliffs, N. J. (1969).
Buggel, E.: Sport und Touristik im Urlaubsverhalten Jugendlicher und Erwachsener. Theor. u. Prax. Körperkultur **12**, 360—371, 700—708 (1963).
— Research on leisure pursuits in the form of sport activity regarding groups of holiday-makers. Intern. Rev. Sport Soc. **2**, 55—66 (1967).
Burridge, K. O.: A Tangu game. Man **57**, 88—89 (1967).
Burch, W. R.: The play world of camping: research into the social meaning of outdoor recreation. Amer. J. Soc. **70**, 604—612 (1965).
Buytendijk, F. J. J.: Het voetballen. Een psychologische studie (The game of soccer. A psychological study). Utrecht-Antwerpen (1952).
Caillois, R.: Structure et classification des jeux. Diogène **12**, 62—75 (1955).
— Les jeux et les hommes. Paris (1958).
— Die Spiele und die Menschen. München (1963).
Catlin, G.: Letters and notes on the manners, customs, and conditions of the North American Indians. Minneapolis, Minn. (1965).
Choate, J. E.: Recreational boating: the nation's family sport. Ann. Amer. Acad. Polit. Soc. Sci. **313**, 109—112 (1957).
Christenson, A.: The verdict of the scorebord. New York (1958).
Ciupak, Z.: Aspiracje wszasowiczow w zakresie kultury wypoczynku (Aspiration of vacationers for culture bound leisure activity). Kultura Fiszyczna **23**, 414—417 (1969).
— The importance of sport to juvenile education. Phys. Educ. Today (Manila), 15—19 (1963).
Clignet, R.: Modernization and the game of soccer in Cameroun. Paper at 7th World Congress of Sociology. Varna (1970).
Coffey, M. A.: The sportswoman — then and now. J. Hlth Phys. Educ. **27**, 38—41 (1956).
Cohen, A. K.: Delinquent boys. Glencoe, Ill. (1955).
Cohen, M. R.: The faith of a liberal. New York (1946).
Coleman, J. S.: The adolescent subculture and academic achievement. Amer. J. Soc. **65**, 337—347 (1960).
— The adolescent society. Glencoe, Ill. (1961).
Cousins, A. N.: The failure of solidarity. In: Bell, N., Vogel, E.: The family. Glencoe, Ill. 412 (1960).
Cowell, Ch. C.: Physical education as applied social science. Educ. Res. Bull. **16**, 147—155 (1937).
— The contribution of physical activity to social development. Res. Amer. Ass. Hlth Phys. Educ. **31**, 286—306 (1960).
Culin, S.: Games of the North American Indians. Washington, D.C. (1907).
Damm, H.: Die gymnastischen Spiele der Indonesier und Südseevölker. Leipzig (1922).
— Vom Wesen sogenannter Leibesübungen bei Naturvölkern. Studium Generale **13**, 3—10 (1960).
Danielsson, K. F., Hausson, S.: Idrotten-En Samhällsekonomisk Faktor (Sport, a socio-economic factor), Svensk Idrott 1903—1953. Malmö, 301—356 (1953).
Denney, R.: The astonished muse. Chicago, Ill. (1957).
Deutsch, J.: Sport und Politik. Berlin (1928).

Diem, C., Engelhardt, G.: „Sport." In: Bernsdorf, W., Bùlow, F.: Wörterbuch der Soziologie, Stuttgart, 513—515 (1955a).
— Der Sport im heutigen Leben — Gefahren und Aufgaben. Universitas **5**, 485—493 (1955b).
— Die Aufgaben des Sports und die moderne Kultur. In: Erziehung zur Menschlichkeit. Festschrift für Eduard Spranger. Heidelberg, 493—503 (1957).
— German sport movement. Köln (1957).
— The importance of sport to juvenile education. Physical Education Today (Manila. March—June, 15—19 (1963).
— Weltgeschichte des Sports. Stuttgart (1960).
Draper, M.: Sport and race in South-Adrica. Johannesburg (1963).
Dumazedier, J.: Contenu culturel du loisir ouvrier dans six villes d'Europe. Rev. franç. Soc. **4**, 12—21 (1963).
— Education physique, sport et sociologie. Education physique et sport **15**, 7—10 (1964).
— Some remarks on sociological problems in relation to physical education and sports. Intern. Rev. Sport Soc. **3**, 5—16 (1968).
Dunlap, H. L.: Games, sports, dancing, and other vigorous recreational activities and their function in Samoan culture. Res. Quart. Amer. Ass. Hlth Phys. Educ. **22**, 298—311 (1951).
Dunning, E.: The sociology of sport. London (1971a).
— The development of modern football. In: Dunning, E., 133—151 (1971b).
— Some conceptual dilemmas in the sociology of sport. In: Albonico und Pfister-Binz, 34—47 (1971c).
Eagen, P. P. F.: Athletics — Medium for international good will. J. Educ. Soc. **28**, 266—267 (1954—55).
Ebashi, S.: Sport, shyukyo, shakai (Sport, religion and society). Res. Phys. Education, Kyushyu University **4**, 62—67 (1968).
Eckert, G.: Das I.O.C. und das Völkerrecht. Dissertation. University Bonn (1955).
Edwards, H.: The revolt of the black athlete. New York (1971).
Eggleston, J.: Secondary schools and oxbridge blues. Brit. J. Soc. **16**, 232—242 (1965).
Elias, N., Dunning, E.: Dynamics of group sports with special reference to football. Brit. J. Soc. **17**, 388—402 (1966a).
— — Zur Dynamik von Sportgruppen. In: Lüschen, G., 118—134 (1966b).
— — Leisure in the spartime spectrum. In: Albonico und Pfister-Binz, 34—47 (1971).
Elkin, F., Westley, W. A.: The myth of adolescent culture. Amer. Soc. Rev. **20**, 680—684 (1955).
Emerson, R. M.: Mount Everest: A case study of communication feedback and sustained group goal-striving. Sociometry **29**, 213—227 (1966a).
— Mount Everest. In: Lüschen, G., 135—176 (1966b).
Erbach, G.: Sportwissenschaft und Sportsoziologie. Wiss. Z. DHfK (Leipzig) **7**, 35—50 (1965).
— The science of sport and sport sociology. Intern. Rev. Sport Soc. **1**, 97—126 (1966).
Euler, R. von: Idrottsörelsen av Idag (Sport of today). Svensk Idrott 1903—1953. Malmö, 147—278 (1953).
Fichter, J. S.: Parochial school: A sociological study. South Bend, Ind. (1958).
Fiedler, F. E.: The leader's psychological distance and group effectiveness. In: Cartwright, D., Zander, A.: Group dynamics. Evanston, 526—606, (1960).
— Leadership — a new model. Discovery **26**, 12—17 (1965).
Firth, R.: A dart match in Tikopia. A study in the sociology of primitive sport. Oceania **1**, 64—96 (1930).
Foster, J. C.: Play activities of children in the first six grades. Child Develop. **1**, 248—254 (1930).
Frankenberg, R.: Village on the border. London (1957).
Frenkin, A.: Bŭržuaznaja sociologija a roli sporta v obščestve (The bourgeois sociology about the role of sport in society). Teorija i praktika fizičeskoj kul'tury **25**, 16—22 (1962).
— Sport i politika (Sport and politics). Sport za rubežom **4**, 2—6 (1963).
— The bourgeois sport sociology and its reactionary role. Teorija i praktika fizičeskoj kul'tury **28**, 5—9 (1965).

Fuxloch, K.: Das Soziologische im Spiel des Kindes. Leipzig (1930).
Gamson, W. A., Scott, N. A.: Scapegoating in baseball. Amer. J. Soc. **70**, 69—76 (1964) (with a reply by Grusky, O.).
Genov, F. et al.: Organizacija na fizičeskata kultura i sporta v NR Bálgarija (Organization of physical culture and sport in the peoples republic of Bulgaria). Sofia (1955).
Gerst, J. E.: Leisure, taste, and occupational milieu. Social Problems **9**, 56—68 (1961).
Geyer, H.: Der Massensport und seine politische Funktionalisierung im Herrschaftssystem der sowjetischen Besatzungszone Deutschlands. Dissertation, Freie Universität Berlin (1955).
Gini, C.: Rural ritual games in Lybia. Rural Soc. **4**, 283—299 (1939).
Glassford, R. G.: Organization of games and adaptive strategies of the Canadian Eskimo. In: Lüschen, G., 70—84 (1970).
Gregory, F. M.: The baseball player: an economic study. Washington (1956).
Grössing, St.: Sportliche Betätigung und Sportinteressen bei berufstätigen Jugendlichen. In: Groll und Strohmeyer, 103—110 (1970).
Groll, H., Strohmeyer, H.: Jugend und Sport. II. Internationales Seminar für Soziologie des Sports 1968. Wien 1970.
Gross, E.: A functional approach to leisure analysis. Soc. Probl. **9**, 2—8 (1961).
Grusky, O.: The effects of formal structure on managerial recruitment. A study of baseball organization. Sociometry **26**, 345—353 (1963a).
— Managerial succession and organizational effectiveness. Amer. J. Soc. **69**, 21—31 (1963b).
Habermas, J.: Soziologische Notizen zum Verhältnis von Arbeit und Freizeit. In: Konkrekte Vernunft. Festschrift für Erich Rothacker. Bonn, 219—231 (1958).
Halldén, O.: Ungdomens förenings- och fritidsliv. Organisationer och medlemmar (Youth associations and leisure activities. Organizations and membership). Statens offentliga utredningar 47. Stockholm (1966).
— Idrotten i det svenska samhället. En kortfattad analys av problemen kring system, tävling och fostran. (Sport in Swedish society. A short analysis of problems of system, competition and education). Stockholm (1970).
Hammerich, K.: Leistungsforcierung im Sportunterricht und ihr Einfluß auf die Struktur von Schulklassen. In: Lüschen, G., 224—236 (1966).
— Occupational career patterns of top-athletes. Paper at 7th World Congress of Sociology. Varna (1970).
— Bemerkungen zu Thesen über eine Sozialisationsfunktion von Spiel und Sport. In: Albonico und Pfister-Binz, 127—137 (1971).
— Freizeit. In: Die moderne Gesellschaft. Freiburg-Basel-Wien, 302—315 (1972).
Hanhart, D.: Arbeiter in der Freizeit. Bern-Wien-Stuttgart (1963).
Hanna, W. A.: The politics of sport. American Universities Field Staff (Southeast Asia Series, 10). Washington (1962).
Hastorf, A. H., Cantril, H.: They saw the same game: A case study. J. Abnorm. Soc. Psychol. **44**, 129—134 (1954).
Heinilä, K.: Vapaa-aika ja urheilu (Leisure and sports), Helsinki (1959).
— Urheilu rationallistuvassa maailmassa (Sport in the rationalistic world). Stadion **1**, 13—17 (1963).
Heinilä, K.: Ideologinen ja instrumentaalisnen malli urheilupolitisessa päätoksenteossa (Ideological and instrumental models of political decisions in sport). University of Helsinki, Institute of Sociology (Publication 43). Helsingfors (1964a).
— The preference of physical activities in Finnish high schools. In: Jokl, E., Simon, E.: International research in sport and physical education. Springfield, Mass., 123—151 (1964b).
— Tyytyväiset ja tyytymättömät voimistelunopettajat (The professional dissatisfaction of the teachers in physical education). Stadion **1—2**, 3—17 (1964c).
— Voimistelunopettajat ja liikuntakasvatus oppikonlon sosiaalisessa jarjestelmässä (Physical education and its teachers in high schools). University of Helsinki, Institute of Sociology (Publication 39). Helsinki (1964d).
— Notes on the inter-group conflicts in international sport. Intern. Rev. Sport Soc. **1**, 30—40 (1966a).
— Istuva ja liikkuva ylioppilas (Sedentary and mobile students). Stadion **4**, 4—34 (1966b).

Heinilä, K., Kiviaho, P.: Urheilujohtajien urheiluaatteet (Sport leaders' sport ideology). University of Jyväskylä. Institute for Educational Research. Report No. 55 Jyväskylä (1970).
Helanko, R.: Sports and socialization. Acta sociologica **2**, 229—240 (1957).
— Theoretical aspects of play and socialization. University of Turku (Annales 70). Turku (1958).
— Sport und Sozialisierung in Banden und Aggregaten. In: Lüschen, G., 254—258 (1966).
— The yard community and its play activities. Intern. Rev. Sport Soc. **4**, 177—187 (1969).
Henderson, R. W.: Ball, Bat, and Bishop. New York (1947).
— Early American sport. New York (1953).
Hessen, R.: Der Sport. Frankfurt (1908).
Hollingshead, A. B.: Elmtown's Youth. New York (1949).
Holló, Z.: Társadalmi sportszövetségek és egyesuletek ügyvitele (Administration of sport associations and clubs). Testnevelés **12—13**, 856—877, 964—985, 39—70, 138—149 (1939/40).
Horkheimer, M.: New patterns in social relations. In: Jokl, E., Simon, E.: International Research in sport and physical education, Mass., 173—185 (1964).
Hoyle, E.: Organization theory and the sociology of sport. In: Albonico und Pfister-Binz, 82—93 (1971).
Howard, G. E.: Social psychology of the spectator. Amer. J. Soc. **18**, 23—50 (1912).
Hrandek, R. A.: Beiträge zur Kenntnis des Wiener Vereinslebens. Österr. Z. Volksk. **61**, 205—219 (1958).
Huizinga, J.: Homo Ludens. Wien-Köln-Brüssel (1938).
Hye-Kerkdal, K.: Wettkampfspiel und Dualorganisation bei den Timbira Brasiliens. In: Haekel, J., Die Wiener Schule der Völkerkunde, 504—533. Wien (1956).
Ikuta, K.: Team games ni okeru team no gyoschusei no yoin ga teamseiseki ni oyobosu koka (The effect of cohesiveness of the team on the team games). Res. J. Phys. Education **5**, 43 (1960).
Institut Fiziceskoj Kul'tury: Učenye zapiski (Scientific contributions). Leningrad (1966).
International Conference on Sport, Work, Culture: Reports. Helsinki (1960).
Jaeggi, U., Bosshard, R., Siegenthaler, J.: Sport und Student. Bern-Stuttgart (1963).
James, C. L. R.: Cricket in West Indian culture. New Society **36**, 8—9 (1963).
Japanese Society of Physical Education. Sociology Department: Taiiku-shakaigaku senmonbunkakai hokokusho (Report of assembly of sociology department). Tokyo (1962 to 1965).
Jensen, A. E.: Spiel und Ergriffenheit. Paideuma **1**, 38—48 (1948).
Johnson, W.: Physical education around the world. Indianapolis (1966—71).
Jokl, E. et al.: Sports in the cultural pattern of the world. Helsinki (1956).
— Medical sociology and cultural anthropology of sports and physical education. Springfield (1964).
Jordan, J. M.: The long range effect of television and other factors on sports attendance. Washington, D. C. (1951).
Jung, A.: De la désaffection de l'éducation physique dans les grandes classes. Éduc. phys. **48**, 31—35 (1956).
Kaplan, M.: Leisure in America. New York (1960).
Kato, K., Ebashi, S.: Iwayuru 'sports mura' no shakaitekisekatsu (The sociological study on the influence of sports for rural communities). Res. J. Phys. Education **1**, 203—208, 245—250 (1952); **1**, 353—357 (1953).
Keating, J. W.: Sportsmanship as a moral category. Ethics **75**, 25—35 (1964).
Kenyon, G. S. Loy, J. W.: Toward a sociology of sport. J. Hlth Phys. Educ. **36**, 24—25, 68—69 (1965).
— Certain psychosocial and cultural characteristics unique to prospective teachers of physical education. Res. Quart. Amer. Ass. Hlth Phys. Educ. **36**, 105—112 (1965b).
— Assessing attitudes toward sport and physical activity. Paper at 1st International Congress of Psychology of Sport. Roma (1965b).
— The significance of physical activity as a function of age, sex, education, and socio-economic status of Northern United States adults. Intern. Rev. Sport Soc. **1**, 41—57 (1966).

Kenyon, G. S.: Values held for physical activity by secondary school students in Canada, Australia, England, and the U.S. Madison, Wis. (1968).
— Aspects of contemporary sport sociology. CIC Symposium 1968. Chicago (1969).
— The use of path analysis in sport sociology with special reference to involvement socialization. In: Albonico und Pfister-Binz, 151—163 (1971).
Kingsmore, J. M.: The effect of a professional wrestling and basketball contest upon the aggressive tendencies of spectators. In: Kenyon, G. S.: Contemporary psychology of sport. Chicago, 311—316 (1970).
Kiviaho, P.: Urheilipolitiikkaa vai poliittista urheilna (Sport politics or political sports). In: Pirinen. Terve urheilun maa. Helsinki, 9—28 (1968).
— Liikuntakasvatus ja kasvatusasenteet (Physical education and educational attitudes). Stadion **2**, 80—84 (1970a).
— Urheilujär jestöjen kannatuksen alueellinen Levinneisyys Suomessa vuonna 1965 (Regional distribution of sports association membership in Finland in 1965). University of Jyväskylä. Institute for Educational Research (Report No. 74). Jyväskylä (1970b).
— Urheilupoliittinen aluejako Suomessa (Sports political division in territories in Finland). Stadion **3**, 90—108 (1971).
Klein, M., Christiansen, G.: Gruppenkomposition, Gruppenstruktur und Effektivität von Basketballmannschaften. In: Lüschen, G., 180—191 (1966).
Klümpfel, H.: Die Idee des Sports im Spiegelbild der deutschen Presse. Dissertation. University München (1949).
Knebel, H. J.: Soziologische Strukturwandlungen in modernem Tourismus. Stuttgart (1960).
Kobayashi, A., Ikuta, S.: Aite-team no rikiryo ni taisury yosoku to ninchi ga team ni oyobosu koka (The effects of anticipation and perception about opponent's power on team morale). Res. J. Phys. Education **5**, 15—20 (1961).
König, R.: Die Gruppe im Sport und die Kleingruppenforschung. In: Lüschen, G., 5—10 (1966).
Körbs, W.: Kultische Wurzel und frühe Entwicklung des Sports. Studium Generale **13**, 11—21 (1960).
Kolokova, V. M.: Sport kak odno iz sredstv vospitanija novogo čeloveka-aktivnogo borca za kommunism. Teorija i praktika fiziceskoj kul'tury **25**, 8—15 (1962).
Komarovsky, M.: The voluntary associations of urban dwellers. Amer. Soc. Rev. **11**, 686—698 (1946).
Krawczyk, B.: O specyfice spolecznej wiejskiego (On social specificity of rural sports). Roczn. Nauk. Akad. Wychowania Fizycznego **1**, 277—293 (1962).
— Stocunek do zawodu kandykatow na studia i studentow AWF (The attitude toward their profession of candidates for studies and students of the academy of physical education. Roczn. Nauk. Akad. Wychowania Fizycznego **4**, 279—301 (1964).
— Spoleczne czynniki woboru studiow wychowania fizycznego (The social factors of selection of physical education studies). Warszawa (1965).
Krawczyk, B.: Przebieg procesow selekcji kandyato w na studia AWF (Process of selecting candidates for studies at Academy of Physical Culture). Roczniki Naukowe AWF **4**, 267—284 (1965).
— Natura Kultura Sport (Nature, culture, sport). Warszawa (1970).
Krickeberg, W.: Das mittelamerikanische Ballspiel und seine religiöse Symbolik. Paideuma **3**, 118—190 (1948).
Krieger, K.: Knabenspiele der Hausa. Baessler Arch. **28**, 225—232 (1955).
Krockow, Ch. von: Der Wetteifer in der industriellen Gesellschaft und im Sport. Neue Sammlung **2**, 297—308 (1962).
Kühn, F.: Die Arbeitersportbewegung. Dissertation. University Rostock (1921).
Kukuškin, G. I.: Sport i social'nyj progress. (Sport and social progress). Teorija i praktika fizičeskoj kul'tury **29**, 5—11 (1966).
Kunz, G., Lüschen, G.: Leisure and social stratification. Paper at the 6th World Congress of Sociology. Evian (1966).
Landers, D. M.: Sibling-sex-status and ordinal position effects on females' sport participation and interests. J. Soc. Psychol. **80**, 247—248 (1970).

Landtman, G.: The origin of the inequality of the social classes. Chicago, Ill. (1938).
Lang, G.: Riotous outbursts at sports events. Paper at 7th World Congress of Sociology. Varna (1970).
Latten, W.: Bürokratisierung im Sport. Kölner Vjh. Soziol. **12**, 297—304 (1933—34).
Lehman, H. C.: Chronological age vs. proficiency in physical skills. J. Gen. Psychol. **64**, 185—194 (1951).
Lenk, H.: Die Funktion des Sports in der modernen Gesellschaft. Die Leibeserziehung **12**, 383 to 387 (1963b).
— Werte, Ziele, Wirklichkeit der modernen Olympischen Spiele. Schorndorf (1964a).
— Die olympische Amateurregel. Jahrbuch des Sports. Frankfurt, 24—66 (1964b).
— Konflikt und Leistung in Spitzensportmannschaften. Soz. Welt **16**, 307—347 (1965).
— Maximale Leistung trotz inneren Konflikten. In: Lüschen, G., 168—172 (1966).
— Zur Soziologie des Sportvereins. In: Seehase, G., 253—314 (1967).
— Die Aufgabe von Wertbindungen bei westdeutschen Hochleistungsruderern unter soziodramatisch fingiertem Stress. Soz. Welt **19**, 66—73 (1969).
— Bäume, Turniere und soziometrische Graphen. Zur Anwendbarkeit der mathematischen Graphentheorie in der Sportsoziologie. In: Albonico und Pfister-Binz, 163—183 (1971).
Lersch, Ph.: Der Sport als Aufgabe unserer Zeit. Jahrbuch des Sports. Frankfurt, 7—16 (1960).
Linde, H.: Zur Soziologie des Sports. In: Plessner, H., 103—120 (1967).
— Heinemann, K.: Leistungsengagement und Sportinteresse. Schorndorf (1968).
— — Das Verhältnis einer Soziologie des Sports zu alternativen soziologischen Theorieansätzen. In: Albonico und Pfister-Binz, 47—51 (1971).
Lindeman, E. C.: Recreation and morale. Amer. J. Soc. **47**, 394—405 (1941).
Loy, J. W.: A paradigm of technological change in the sports situation. Intern. Rev. Sport Soc. **1**, 177—194 (1966).
— Game forms, social structure, and anomie. In: Brown and Cratty, 181—199 (1969a).
— Kenyon, G. S.: Sport, culture, and society. London (1969b).
— Social psychological characteristics of innovators. Amer. Soc. Rev. **34**, 73—82 (1969c).
— The study of sport and social mobility. In: Kenyon, G. S., 101—134 (1969d).
— McElvogue, J. F.: Racial segregation in American Sport. Intern. Rev. Sport Soc. **5**, 5—24 (1970).
Lüschen, G.: Prolegomena zu einer Soziologie des Sports. Kölner Z. Soziol. Sozialpsychol. **12**, 505—515 (1960).
— Der Leistungssport in seiner Abhängigkeit vom soziokulturellen System. Zbl. Arbeitswiss. **16**, 186—190 (1962).
— Soziale Schichtung und soziale Mobilität bei jungen Sportlern. Kölner Z. Soziol. Sozialpsychol. **15**, 74—93 (1963).
— Sport e populazione rurale. Traguardi **9**, 3—11 (1965).
— Kleingruppenforschung und Gruppe im Sport. Köln-Opladen (1966a).
— Leistungsorientierung und ihr Einfluß auf das soziale und personale System. In: Lüschen, G., 219—233 (1966b).
— The interdependence of sport and culture. Intern. Rev. Sport Soc. **2**, 127—141 (1967).
— The sociology of sport. A trend-report and bibliography. Paris, the Hague (1968).
— Small group research and the group in sport. In: Kenyon, G. S., 57—75 (1969).
— The cross-cultural analysis of sport and games. Champaign, Ill. (1970a).
— Cooperation, association, and contest. J. Conflict Resolution **14**, 21—34 (1970b).
— Soziologie des Sports. In: Groll und Strohmeyer, 158—168 (1970c).
— Kooperation und Assoziierung. Zwei Formen sozialer Beziehungen im sportlichen Wettkampf als sozialer Konflikt. In: Albonico und Pfister-Binz, 137—143 (1971).
Lynd, R. S., Lynd, H. M.: Middletown in transition. New York (1937).
Magnane, G.: Sociologie du sport. Paris (1964).
Maheu, R.: Sport and culture. Intern. J. Adult Youth Educ. **14**, 169—172 (1962).
Mandell, R. D.: The Nazi Olympics. New York (1971).
Marshall, O.: Epic motifs in modern football. Tennessee Folklore Soc. Bull. **24**, 123—128 (1958).

Martens, R.: Effect of an audience on learning and performance of a complex motor skill. J. Pers. Soc. Psychol. **12**, 252—260 (1969).
— A social psychology of physical activity. Quest **14**, 8—17 (1970).
Mateev, D.: Fizičeskaja Kultura v svetlinata ne Marksizma-Leninizma (Physical culture under the aspect of Marxism-Leninism). Sofia (1949).
Mazur, A.: Game theory and Pathan segmentary opposition. Man **2**, 465—466 (1971).
McClelland, D. C.: The achieving society. New York (1961).
McClintock, C. G., Nuttin, J. M.: Development of competitive game behavior in children across two cultures. J. Exp. Soc. Psychol. **5**, 203—218 (1969).
MacDonald, M., McGuire, G., Havighurst, R. J.: Leisure activities and the socio-economic status of children. Amer. J. Soc. **54**, 505—519 (1949).
McGrath, J. E.: The influence of positive interpersonal relations on adjustment effectiveness in rifle teams. J. Abnorm. Soc. Psychol. **65**, 365—375 (1962).
McGraw, L. W., Tolbert, J. W.: Sociometric status and athletic ability of junior high school boys. Res. Quart. Amer. Ass. Hlth. Phys. Educ. **24**, 72—80 (1953).
McIntosh et al.: Landmarks in the history of physical education. London (1957).
— Sport in society. London (1963).
— Twentieth century attitudes to sport in Britain. Intern. Rev. Sport Soc. **1**, 19—30 (1966).
McKelvey, G. M.: Achievement orientation and its influence on the system of the school class. Diss., University of Illinois (1969).
Mead, G. H.: Mind, self, and society. Chicago, Ill. (1934).
Mead, M.: Co-operation and competition among primitive peoples. New York (1937).
Meade, G. P.: The Negro in track athletics. Sci. Month. **75**, 366—371 (1952).
Mendner, S.: Das Ballspiel im Leben der Völker. Münster (1956).
Meyersohn, R.: The charismatic and the playful in outdoor recreation. Ann. Amer. Acad. Polit. Soc. Sci. **389**, 33—45 (1970).
Meynaud, J.: Sport et politique. Paris (1966).
Miermans, C. G. M.: Voetbal in Nederland (Soccer in the Netherlands). Assen (1955).
— De waardering van de sport in onze samenleving (Evaluation of sport in our society). Mens en Maatschappij **31**, 329—343 (1956).
— Sport in een veranderende wereld (Sport in a changing world). Utrecht (1959).
— Het verschijnsel sport in organisatorisch perspectief (Sport under organizational aspect). Sportcahiers **1**, 52—66 (1966).
Miyahata, T.: General organization of physical education in Japan, with annotations regarding other countries in Asia. Bull. Féd. Intern. Educ. Phys. **3—4**, 14—28 (1962).
Mistry, D. K.: The Indian child and his play. Soc. Bull. **7**, 137—147 (1958).
Mitscherlich, A.: Sport — kein pures Privatvergnügen. In: Plessner, H., 58—66 (1967).
Model, O.: Funktionen und Bedeutung des Sports in ökonomischer und soziologischer Sicht. Winterthur (1955).
Moede, W.: Experimentelle Massenpsychologie. Leipzig (1920).
Moncrieff, J.: Physical games and amusements of the Australian Aboriginal. Austr. J. Phys. Educ. **36**, 5—11 (1966).
Morton, H. W.: Soviet sport. New York—London (1963).
Myers, A. E.: Team competition, success, and the adjustment of group members. J. Abnorm. Soc. Psychol. **65**, 325 — 332 (1962).
— Fiedler, F. E.: Theorie und Probleme der Führung. In: Lüschen, G., 92—106 (1966).
— Psychological advantages in a competitive game. Intern. Rev. Sport Soc. **5**, 163—174 (1970).
Natan, A.: Sport and society. London (1958).
Nduka, O.: Western education and the Nigerian cultural background. Ibadan (1964).
Neale, W. C.: The peculiar economics of professional sports. In: Loy und Kenyon, 211—222 (1969).
Nettleton, B.: Sport and social values. Phys. Educ. **177**, 35—41 (1967).
Niwa, T.: Factorial study of personality traits in the intercollegiate athletics. In: Res. J. Phys. Education **7**, 21—37 (1964a).

— Takemura, A.: A longitudinal study on the effects of sports groups upon personality, with particular reference to the relationship between group structure and member's attitudes. In: Kato, K.: Proceedings of the international congress of sport sciences. Tokyo (1964b).
— Undo shudan no kozo to kino (A Study on the structure and function of sport groups). Ann. Rep. Stud. Hum. Soc. Sci. Nara Women's University **9**, 93—115 (1965).
— Undobu no gyoshusei ni tsuite (A study of the cohesiveness of sport groups). Res. J. Phys. Education **10**, 58—59 (1966a).
— Sports shudan to ningenkankei (Sport group and human relations). In: Matsuda, I., Kiyohara, K.: Psychology of sport. Tokyo, 78—83 (1966b).
— Undöbuin no seiinseikensa no sakusei (An attempt to construct a group membership test of the athletic club member). Res. J. Phys. Education **13**, 13—20 (1968).
— Odan, K., Takeuchi, K.: Taiiku shyudan no kenkyu (The studies of the group for physical education). Osaka (1972).
Nowikow, A. D., Maksimenko, A. M.: Vlija nekotorych social'noekonomičeskich faktorov na uroven' sportivnych dostizenij stran (The influence of socio-economic factors on the level of sport achievement of countries). Soviet Soc. Ass., 3—19 (1970).
Oetinger, F.: Partnerschaft. Stuttgart (1956).
Olsen, A. M.: Aktiv ungdom. (Active Youth). Oslo (1955).
— Sociology of sport in relation to physical education and sport theory. In: Albonico und Pfister-Binz, 13—21 (1971).
Oppenheim, A. N.: Social status and clique formation among grammar school boys. Brit. J. Soc. **6**, 228—245 (1955).
Ortega, y G.: Der sportliche Ursprung des Staates. In: Ortega, y G.: Gesammelte Werke, I. Stuttgart, 428—449 (1954).
Outdoor Recreation Resources Review Commission (ORRRC): Outdoor recreation resources. Washington, D. C. (Reports 1—30.) (1962).
Patel, J. S., Brewster, R. G.: The Indian game of Sagargote. Ethnologie **82**, 186—190 (1957).
Perleberg, H.: Über die soziale Schichtung der Sporttreibenden in den einzelnen Sportarten. Dissertation, University Greifswald (1957).
Peters, A.: Psychologie des Sports. Leipzig (1927).
Petrak, B.: Sport activity in the life of the population of the Czecho-Moravian plateau. Intern. Rev. Sport Soc. **1**, 241—266 (1966).
— Sociologie a tělesná kultura (Sociology of physical culture). Praha (1967).
Phillips, J. C., Schafer, W. E.: Subcultures in sport — a conceptual and methodological approach. In: Albonico und Pfister-Binz, 66—74 (1971).
Piaget, J.: La formation du symbole chez l'enfant; imitation, jeu et rêve, image et représentation. Neuchâtel (1945).
— The moral judgment of the child. New York (1965).
Pickford, R. W.: Aspects of the psychology of games and sports. Brit. J. Psychol. **31**, 270—293 (1941).
Planck, U., Lüschen, G.: Landjugend und Sport. In: Planck, U.: Die Lebenslage der westdeutschen Landjugend. München, 264—292 (1956).
Plessner, H.: Soziologie des Sports. Deutsche Universitätszeitung **7**, 9—11, 12—14, 22—23 (1952).
— Bock, H.-E., Grupe, O.: Sport und Leibeserziehung. München (1967).
Polsky, N.: Hustlers, beats, and others. Garden City, N.Y. (1967).
Ponomarev, N. I.: Free time and physical education. Intern. Rev. Sport Soc. **1**, 167—175 (1966).
Preston, J.: Sports for sale. New Society **464**, 327—330 (1971).
Prokop, U.: Soziologie der Olympischen Spiele. München (1971).
Prosenc, M.: Methodische Probleme der Beeinflussung und Planung. In: Albonico und Pfister-Binz, 147—150 (1971).
Pudelkiewicz, E.: Sociological problems of sports in housing estates. Intern. Rev. Sport Soc. **5**, 73—104 (1970).
Pudenz, H.: Vom Zeitvertreib der Oberschicht zum Sport für alle. Zur Geschichte des Sports in England von 1850—1950. Diss. University Kiel (1960).

Raymond, H.: Recherches sur un village de vacances. Rev. franç. Soc. **1**, 323—333 (1960).
Reeve, A. B.: What America spends for sport. Outing **57**, 300—308 (1910).
Rehberg, R. A., Schafer, W. E.: Participation in interscholastic athletics and college expectations. Amer. J. Soc. **73**, 732—740 (1968).
Reuther, H.: Umfang und Wertung des Sports in der modernen Publizistik. Jahrbuch des Sports. Frankfurt, 92—100 (1960).
Riesman, D., Denney, R.: Football in America. In: Riesman, D.: Individualism reconsidered. Glencoe, Ill., 242—252 (1954).
Rigauer, B.: Sport und Arbeit. Frankfurt (1969).
— Inhaltliche und methodologische Bestimmungen einer kritischen Soziologie des Sports im Rahmen der Sportwissenschaften. Die Leibeserziehung **20**, 9—14 (1971).
Risse, H.: Soziologie des Sports. Berlin (1921).
Rijsdorp, K.: Sport als jong-menselijke activiteit (Sport as activity of youth). Groningen (1960).
Röblitz, G.: Freizeit und Körperkultur der Menschen im Sozialismus-Kommunismus (Leisure and physical culture of men in socialism-communism). Wiss. Z. DHfK (Leipzig) **4**, 121—127 (1962).
— Das Verhältnis zum Sport und die Beweggründe für die sportliche Betätigung bei Jugendlichen als Ausgangswerte für ein regelmäßiges Sporttreiben. Theor. u. Prax. Körperkultur **13**, 601—612 (1964a).
— Die sportliche Betätigung im Freizeitverhalten von Jugendlichen zwischen 17 und 18 Jahren. Theor. u. Prax. Körperkultur **13**, 498—510 (1964b).
— Zu den Funktionen der Freizeitbetätigungen und speziell des sportlichen Tuns im Lebensvollzug der Menschen der sozialistischen Gesellschaft. Wiss. Z. DHfK (Leipzig) **7**, 51—60 (1965).
Roberts, G. C.: The effect of risk taking disposition, presence of others, and co-operation and competition on risk taking and performance. Diss., University of Illinois (1969).
Roberts, J. M., Arth, M. J., Bush, R. R.: Games in culture. Amer. Anthropolog. **61**, 579—605 (1959).
— Sutton-Smith, B.: Child training and game involvement. Ethnology **1**, 166—185 (1962).
Robinson, J. P.: Daily participation in sport across twelve countries. In: Lüschen, G., 156—173 (1970).
Rosenberg, B. C., Sutton-Smith, B.: The measurement of masculinity and feminity in children. Child Develop. **30**, 373—380 (1959).
— — A revised conception of masculine-feminine differences in play activities. J. Gen. Psychol. **96**, 165—170 (1960).
Rosenblatt, A.: Negroes in baseball: The failure of success. Trans-action **5**, 51—53 (1967).
Rosenmayr, L.: Familienbeziehungen und Freizeitgewohnheiten jugendlicher Arbeiter. Wien (1963).
Rosseau, E. L.: Great American ritual: watching games. Nation **187**, 188—191 (1958).
Saito, N.: Sports ni okeru amateurism no kosatsu (A study of amateurism in sports). Bull. Tokyo Teachers Coll. **5**, 9—22 (1960).
Savage, H.: American College athletics. New York (1929).
Schafer, W. E.: Die soziale Struktur von Sportgruppen. In: Lüschen, G., 107—117 (1966).
— Athletic success and social mobility. Paper at Meeting of the American Association of Health, Physical Education, and Recreation. St. Louis, Miss. (1968).
— Armer, J. M.: Athletes are not inferior students. Trans-action **6**, 21—26, 61—62 (1968).
— Social sources and consequences of interscholastic athletics. The case of participation and delinquency. In: Kenyon, G. S., 29—56 (1969).
— Sport and subculture in American secondary schools. Paper at the 7th World Congress of Sociology. Varna (1970).
Schaginger, E. M.: Arbeit und Freizeit. Psychol. u. Prax. **4**, 18—26 (1960).
Schmidt, H. D.: Versuch einer Inhaltsanalyse nationaler Tendenzen in Sportreportagen. Psychol. Rundschau **16**, 43—51 (1965).
Schultz, W.: Das große Spiel. Aspekte des Sports in unserer Zeit. Frankfurt (1965).

Schulz, R.: Über Wesen und Methoden wissenschaftlicher Soziologie. Theor. u. Prax. Körperkultur **10**, 108—114 (1961).
— Über theoretische Grundlagen einer marxistisch-leninistischen Soziologie des Sports. In: Albonico und Pfister-Binz, 23—27 (1971).
Scott, J.: The athletic revolution. New York (1971).
Scott, M. B.: The racing game. Chicago (1968).
Seagoe, M. V.: Children's play as an indicator of cross cultural and intracultural differences. J. Educ. Soc. **35**, 6 (1962).
Seehase, G.: Der Verein. Standort-Aufgabe-Funktion in Sport und Gesellschaft. Schorndorf (1967).
Seppänen, P.: Liikunnan suunnittelun sosiaaliset edellytykset (The social conditions of sport planning). University of Helsinki. Institute of Sociology. (Report No. 82.) Helsinki (1967a).
— Huippu-urheilun sosiaalisista edellytyksistä ja funktioista (On the social conditions and functions of top athletes). Stadion **1**, 4—17 (1967b).
— Sport success and the type of culture. University of Helsinki. Institute of Sociology. (Report No. 151.) Helsinki (1968).
— The role of competitive sports in different societies. Paper at the 7th World Congress of Sociology. Varna (1970).
Sessoms, H. D.: An analysis of selected variables affecting outdoor recreation patterns. Soc. Forces **42**, 112—115 (1963).
Shead, J., Dunning, E.: Rugby football as a male preserve. Paper at the 7th World Congress of Sociology, Varna (1970).
Short, J. F., Tennyson E. H., Howard, K. S.: Behavior dimensions of gang delinquency, Amer. Soc. Rev. **28**, 411—428 (1963).
— et al.: Group process and gang delinquency. Chicago (1965).
Siebel, W.: Vermassung und Spiel. Dissertation, University Münster (1955).
Simon, R. J., Carey, J. W.: The phantom racist. Transaction **4**, 5—11 (1966).
Simri, U.: The religious and magical functions of ball games in various cultures. Diss., University of West Virginia (1966).
Skorzynski, Z.: Miedzy praca a Wypoczynkiem. "Czaszajety" i "czas wolny" mieszkancow miast w swietle badan empirrycznych (Between work and leisure, town dwellers "busy" time and "free" time). Warszawa (1965).
Solley, W. H.: Relationship between participation in inter-school sports and extraclass play. Activities in college. Res. Quart. Amer. Ass. Hlth Phys. Educ. **32**, 93—108 (1961).
Spencer, H.: Physical education. In: Spencer, H.: Education. New York, 219—283 (1896).
Spinrad, W.: The functions of spectator sport. Paper at the 7th World Congress of Sociology, Varna (1970).
Start, K. B.: Wettbewerb und Geschicklichkeit im Sport. In: Lüschen, G., 203—208 (1966).
Stendler, C. B.: Children of Brasstown. Urbana, Ill. (1949).
Stone, G. P.: American sports: play and display. Chicago Rev. **9**, 83—100 (1955).
— Some meanings of American Sport. 60th Annual Meeting of College Physical Education Association. Columbus, Ohio, 6—29 (1957).
— Appearance and the self. In: Rose, A. M.: Human behavior and social processes: an interactionist approach. Boston, 86—118 (1962).
— The play of little children. Quest **8**, 23—31 (1965).
— Begriffliche Probleme in der Kleingruppenforschung. In: Lüschen, G., 44—62 (1966).
— Oldenburg, R. A.: Wrestling. In: Slovenko, R., Knight, J. A.: Motivations in play, games, and sports. Springfield, 503—532 (1967).
— Some meanings of American sport. In: Kenyon, G. S., 5—28 (1969).
Stone, L. C.: English sport and recreation. Ithaca, N. Y. (1964).
Stumpf, F., Cozens, F. W.: Some aspects of the role of games, sports, and recreational activities in the culture of modern primitive peoples. Res. Quart. Amer. Ass. Hlth Phys. Educ. **18**, 198—218 (1947).
— — Some aspects of the role of games, sports and recreational activities in the culture of modern primitive peoples: the Fijians. Res. Quart. Amer. Ass. Hlth Phys. Educ. **20**, 2—30 (1949).

Suetoshi, H., Hayakawa, M.: Kagai katsudo ga personality keisei ni ataeru eikyo ni tsuite no tsuisekitcki kenkyu 1 (Longitudiual study about the influence of sport activities on the personality of school boys and girls who take part in sport). Bull. Kyoto Univ. Educ. B, **33**, 21—43 (1968).

Sumner, W. G.: Folkways. Boston, Mass. (1940).

Sutton-Smith, B.: A formal analysis of game meaning. West. Folklore **18**, 13—24 (1959).

— Roberts, J. M., Kozelka, R.: Game involvement in adults. J. Soc. Psychol. **60**, 15—30 (1963).

— — The cross-cultural and psychological study of games. In: Lüschen, G., 100—108 (1970).

Swanson, R. A.: The acceptance and influence of play in American protestantism. Quest **11**, 58—70 (1968).

Swingter, N.: The business of cricket. New Society **311**, 527—528 (1968).

Takenoshita, K.: Nippon ni okeru sports jinko no kozo to sono hendo ni tsuite no kenkyu (The social structure of the sport population and its change in Japan). J. Hlth Phys. Educ. (Tokyo) **11**, 547—550 (1961a).

— Taiiku ni okeru Shakaisei (Socialization through physical education). J. Hlth Phys. Educ. (Tokyo) **11**, 219—222 (1961b).

— Shokuba no recreation to ningenkandei (Recreation and human relations in place of work). J. Sci. Lab. **19**, 26—30 (1964).

— Iscmura, E.: Sports no shakaigaku (Sociology of sport). Tokyo (1965).

Takeuchi, K.: Teamwork no hattatsu ni tsuite (The development of teamwork). Res. J. Phys. Education **8**, 253 (1963).

Tannenbaum, P. H., Noah, J. E.: Sportugese: a study of sports page communication. J. Quart. **36**, 163—170 (1959).

Taylor, I.: "Football mad": A speculative sociology of football hooliganism. In: Dunning, E., 352—377 (1971).

Taves, M. J., Hansen, G. D.: Exploration in personal adjustment after age 65. Geriatrics **17**, 309—316 (1962).

Telama, R.: Liikuntakasvatuksesta suomalaisessa yhteiskunnassa (Physical education in Finnish society). Stadion **4B** (1967).

— Oppikoululaisten fyysinen aktiivisuus ja liikuntaharrastukset. I Kuvaileva osa; II Liikuntaharrastusten faktorirakenne; III Ikä ja Liikuntaharrastukset (Secondary school pupils, physical activity, and sports activities. I descriptive part; II factor structure and sports activities; III age and sports activities). University of Jyväskylä. Institute for Educational Research [Report No. 75. Jyväskylä (1970/71)].

Thompson, R.: Race discrimination in sport. A New Zealand controversy. National Council of Churches in New Zealand (1969).

Tripplett, N.: The dynamogenic factors in pacemaking and competition. Amer. J. Psychol. **9**, 507—533 (1898).

Tröger, W.: Die Organisation des deutschen Sports. In: Schultz, U., 44—59 (1965).

Tunis, J. R.: The great god football. Harper's Magazine **157**, 742—752 (1928).

— Democracy and sport. New York (1941).

Tylor, E. B.: On American lot-games, as evidence of Adiatic intercourse before the time of Columbus. Intern. Arch. Ethnograph. (Leiden) Suppl. **9**, 55—67 (1896).

Tyszka, A.: Socjologiczne aspekty atanu kultury fizycznej i jej rozqoju w Plocku wobec zagadnien intensywnego uprzemyskowienia miasta (Sociological aspects of physical education and its development in Plock under conditions of intensive industrialization of that town). Kultura Fizyczna **16**, 229—232 (1963).

— Einige soziale Probleme der Körperkultur in Plock. Theor. u. Prax. Körperkultur **3**, 187—209 (1964).

— Sportowcy jako bohaterowie wspolczesni analiza tresci prasowych (The sport heroe in the press). Studia Socjologiczne **21**, 253—276 (1966).

Veblen, T.: Theory of the leisure class. New York—London (1899).
Vidich, A. J., Bensman J.: Small town in mass society. Garden City, N.Y. (1960).
Vierkandt, A.: Kultur des neunzehnten Jahrhunderts und der Gegenwart. In: Handwörterbuch der Soziologie. Stuttgart, 149—150 (1931).
Vinnai, G.: Fußballsport als Ideologie. Frankfurt (1970).
Voigt, D. Q.: American baseball: from gentlemen's sport to the comissioner system. Norman (1966).
— American baseball: from the commissioners to continental expansion. Norman (1971).

Waller, W.: The sociology of teaching. New York (1932).
Warszaw Seminar 1963: Über philosophische und soziologische Probleme der Körperkultur. Theor. u. Prax. Körperkultur **13**, Supplement (1966).
Weinberg, C.: The price of competition. In: Teachers College Rec. **67**, 106—114 (1965).
Weinberg, S. K., Arond, H.: The occupational culture of the boxer. Amer. J. Soc. **57**, 460—469 (1952).
Weiss, P.: Sport. A philosophical inquiry. London-Amsterdam (1969).
Werner, J.: Das Spiel der Kinder. Kölner Vjh. Soziol. **5**, 411—444 (1926).
Weule, K.: Ethnologie des Sports. In: Bogeng, G. A. E., Geschichte des Sports aller Völker und Zeiten. Leipzig, 1—116 (1926).
White, L. A.: Anthropology 1964: Retrospect and prospect. Amer. Anthropolog. **67**, 629—637 (1965).
Whyte, W. F.: Street corner society. Chicago, Ill. (1943).
Winterbottom, M. R.: The relation of childhood training in interdependence to achievement motivation. Diss., University of Michigan (1953).
Wohl, A.: Zagadnienia rozwoju kultury fizycznej w ustrojo socjalistycznum (The problems of development of physical culture in socialistic system). Kultura Fizyczna **7**, 325—332 (1954).
— Philosophische und soziologische Probleme im wissenschaftlichen Bereich der Körperkultur. Theor. u. Prax. Körperkultur **13**, (Suppl.) 3—9 (1964a).
Wohl, A.: Die gesellschaftlich-historischen Grundlagen des bürgerlichen Sports. Wiss. Z. der DHfK (Leipzig) **6**, 1—93 (1964b).
— Pojecie i zakres socjologii sportu (The concept and scope of sport sociology). Kultura Fizyczna **18**, 135—142 (1965).
— Social aspects of the development of rural sport in Poland. Intern. Rev. Sport Soc. **1**, 109—135 (1966a).
— Conception and range of sport sociology. Intern. Rev. Sport Soc. **1**, 5—18 (1966b).
— Engagement in sports activity on the part of workers of large industrial establishment in people's Poland. Intern. Rev. Sport Soc. **4**, 83—128 (1969).
— Competitive sports and its social functions. Intern. Rev. Sport Soc. **5**, 117—130 (1970).
Wolanska, T.: Sport w rodzinie wazny element sportu rekreacyjnego (Sport in the family, an important element of sport for recreation). Kultura Fizyczna **16**, 575—578 (1963).
Woodward, St.: Sports page. New York (1949).
Woody, T.: Professionalism and the decay of Greek athletics. School and Society **47**, 521—528 (1938).
— Life and education in early societies. New York (1949).
Wrigley, J.: Magic and sports. Paper at the 7th World Congress of Sociology. Varna (1970).
Wurzbacher, G.: Der Verein in der freien Gesellschaft. In: Deutscher Sportbund: Der Verein als Träger der deutschen Turn- und Sportbewegung. Dortmund, 5—14 (1963).
Zetterberg, H.: Voluntary organizations and organized power in Sweden. New York, Columbia University, Bureau of Applied Social Research (mimeo) (1959).

Ziemilski, A.: Uwagi o problemie socjologii turystyki (Remarks on the problem of sociology of tourism). Wychowanie Fizyczne i Sport **3**, 487—495 (1958).
— Sport jako rola spoleczna — proba analizy strukturalnej (Social role-sets in sport, an attempt of structural analysis). Wychowanie fizyczne i Sport **7**, 361—372 (1963).
— Sport stadionow a rzeczywistow spoleczna hipotezy i watpligosci (Stadium sport and social reality: hypotheses and doubts). Kultura i Spoleczenstwo **8**, 136—146 (1964a).
— In der zweiten Hälfte des ‚Jahrhunderts des Sports'. Eine soziologische Skizze über den bürgerlichen Skeptizismus im Sport. Theor. u. Prax. Körperkultur **13**, (Suppl.) 170—178 (1964b).
Zurcher, L. A., Meadow, A.: On bullfights and baseball: An example of interaction of social institutions. In: Lüschen, G., 109—131 (1970).

This report has been prepared on the basis of Günther Lüschen's summary review "The Sociology of Sport — A Trend Report and Bibliography" (1968) and has been updated by incorporating the latest publications in this field.

Sport from the Educational and Psychological Points of View

Introduction

A large proportion of the numerous publications about sports and physical training in most countries concerns the educational aspects of the subject. It may even be the major part, if publications about methods and teaching practices are included. This is not surprising in view of the importance attached by specialized teachers, and partly also by teachers of general subjects, to sports, physical culture, physical and kinetic training for the education and development of children and adolescents. Each country has its own traditions in this field and also its own outstanding personages to whom it is due that games and athletics have been accepted and are practised in schools in the youth activities of clubs, associations, and organizations, and in special education for mentally and socially handicapped children.

The theoretical discussions about and the investigations of the educational value of sports activities and the arguments in favour of them are not always of the same high level. There are highly sophisticated contributions and also, as is to be expected, others which are characterized chiefly by the interest and enthusiasm shown for a certain kind of sport that is particularly favoured by the respective author, although no empirical evidence or convincing arguments are brought forward in support of any of the hopes expressed. Here is an important task for sports education, viz, not solely to define and represent the point of view of the educators and the claims of sports, but on the basis of solid research to present arguments that will justify these claims (and, if necessary, adjust them realistically).

This will not only require faith in the educational value of sport but also a precise evaluation of the potentialities for learning and development that are associated with it.

One important prerequisite already exists: the relationship between sports and education, previously rather tense and hampered by misunderstandings, is now changing to one of unprejudiced co-operation. What is called "academic studies" is no longer contrasted with sports; each discipline has to fulfill its particular task within the framework of the individual and social education of the child and the adolescent. An important duty of research in sports education is to describe these tasks exactly, to define them in detail, to test them in teaching and learning situations, and to determine their long-term effects beyond actual schooling and the momentary satisfaction of the interests and desires of the pupils. This implies fundamental considerations of the individual needs of the pupils. It further implies that the problems of sports for physically handicapped children and adolescents or for those who are disturbed in behaviour or development should be included, as well as the question of the therapeutic role of sport, and of its usefulness within the framework of social-pedagogical establishments.

Sport psychology plays an important part in this connection; many important questions cannot be answered without the help of sport psychology and the methods and procedures developed by it. So far, however, sport psychology has focussed its interest more on problems of individual and social psychology than on educationally orientated problems. Sport psychology is a relatively young discipline, and it has benefited from the well qualified methodical armoury of general psychology, the application of which to specific areas of sports had to be tailored to the special conditions of these fields. This application has produced considerable information regarding the personality of athletes, especially top-ranking athletes, the intra-individual conditions of attitudes, interests, and motives, the development of performance, and behaviour in competitive sports. Further important knowledge has been obtained from learning-psychology regarding problems of sensory-motor learning, and general aspects of learning theory were thus modified. The problems of sport psychology range from the preparation of top-ranking athletes for competitive sports to sports as a therapeutical educational measure. These problems are not focussed on individuals alone, but equally on groups and teams.

However well founded and convincing the current results of sport psychology are—and in the report that follows some of this is shown—there are still important tasks facing it. Methodological problems will loom high in future, and the empirical investigations will have to embrace many fields of sport systematically. Longitudinal investigations will deal with problems of socialization, of learning, and of development. Finally, there is as yet a lack of theories of general applicability.

Many of the problems and unanswered questions that confront researchers dealing with sport education and sport psychology are described in the reviews that follow. Much of what has been achieved and the concrete results available will become apparent. The reports certainly lack unity of thought, are often incomplete, and in part unsystematic. But this reflects the present state of research and thought in sport education and sport psychology and further indicates the need for solid and systematic research in these fields on the one hand (this is certainly generally agreed) and, on the other, not only the need for co-operation between disciplines in the sense of interdisciplinary research, but also for the co-operation of scientists across national frontiers.

The Pedagogics of Sport in West European Countries

In West European countries there is a long tradition of physical education which differs in detail from country to country. About the time of the transition from the 18th to the 19th century fundamental instructional and training concepts were developed which have continued to determine theory and practice in these countries until recent times. Two systems achieved special importance; on the one hand Swedish gymnastics according to Ling, and on the other the German form of gymnastics (Turnen) taught by Guts Muths, Jahn, Spiess, and others.

Thus, the Scandinavian countries, for instance, and Belgium, Spain, and Portugal as well as to a large extent England, adopted Swedish gymnastics, justifying this fact with reference to its anatomical and physiological effect, its importance for the posture and even development of the body, and at the same time with reference to its military value. By contrast, in e.g. Austria, Switzerland, and Germany it was primarily educative intentions that were pursued in the practice of gymnastics and sport. A comprehensive literature served to justify these objectives and to incorporate physical education into existing national education systems.

It is only in very recent times that research of a more strictly scientific nature has set in and has investigated physical exercise from the pedagogical aspect. Originally research in this field in the Romance language countries and in Scandinavia was made from the medical angle, or else occupied itself with questions of methodology, principles of instruction, and teaching methods. This trend was reflected in the way the subject was allotted to a particular institution and also in the organization of the training of sports teachers: in Belgium and Italy, for example, it led to the subordination of the University institutes for physical education to the medical departments, and to the predominence of physiological and biomechanical content in the training.

Physical education could not be integrated into the universities in all countries. The result was that institutes were created to carry out teaching and research independently of the universities. Full academic recognition, however, was denied them, i.e. the award of higher academic degrees such as the doctorate or the "habilitation" was not allowed. Furthermore, graduates of these institutes came into a lower category and were less well paid than those with other subjects of study. Such institutions, which had the status of sports colleges, still exist e.g. in Germany, England, France, Italy, Norway, Portugal, and Spain.

At present there is a tendency to raise the status of these institutes by making them scientific training centres. In recent years professorships have been created in the field of physical education in these places, as also in numerous university institutes (Western Germany since 1966, Holland 1969, Norway 1969, Sweden 1970). Here, together with professorial chairs stressing medical, physiological, biomechanical and—recently—sociological aspects of the subject, an increasing number of pedagogically oriented professorships is to be noted (Western Germany, England, Holland, Austria) which are authorized to confer doctorates and "habilitation".

Thus, important prerequisites for serious educational research in the field of physical education have at last come into existence.

In keeping with the different historical development of the individual countries there has not yet been any internationally recognized name for the new scientific discipline. There are two main reasons for this.

In the first place the very description of the subject is in dispute. The old terms "Leibesübung"/"physical education" which were used to designate forms of physical exercise, selected from the pedagocial standpoint, have become obsolete mainly on account of the out-of-date anthropological ideas which they are based on (cf. p. 157/8). The countries that adopted the Swedish system use the term "gymnastics" to indicate the effects of the exercise on bodily carriage and movements. In a similar sense but free of the predominantly medical connotations, the concept "education through movement" has recently been proposed. Whereas "gymnastics" and "education through movement" suggest that the core of the instruction consists of fundamental training in movement and posture, the terms "sport" and "sports education" are preferred by those who desire to place more emphasis upon an introduction to various types of sport. A designation that remains neutral toward this still unsettled question is lacking. Therefore the concept "physical exercise", despite its shortcomings, will in most cases be retained in this report.

In the second place agreement has not yet been reached as to whether it is possible or reasonable to extract one single pedagogically oriented discipline from the complex of branches of learning devoted to physical education, education through movement, gymnastics or sport; or whether this complex as a whole should not rather be pedagogically oriented (as e.g. in Burger and Groll, 1971; Paschen, 1970). Only those who hold the first of these two possible positions will seek to find, in addition to a name for the entire complex (terms suggested include: theory of physical education, kinesiology, gymnology [Rijsdorp, 1971] and science of sport), a further designation for the pedagogical branch of the discipline. The approach in the present study is from this first position, and accordingly the term "sports pedagogics" is selected as a provisional designation for the sub-field which is emerging —an expression which has been used in France by Coubertin and Vivès, though often with limited reference to methodology, and which is gradually gaining currency in Germany, too.

Up to the present, discussion on the method and the place of this discipline in scientific theory has not proceeded any further. The extremes may be characterized by the following standpoints: according to the one and more traditional trend it is the task of sports pedagogics to provide instructions for practical application, i.e. it should set norms. Its methods should therefore preferably be those of philosophically orientated pedagogics. According to the other trend, the whole science of sport, inclusive of sports pedagogics, must be conceived as an empirical and analytical science in Popper's sense, if it is to be acknowledged as a science at all; this would entail employing the methods of descriptive natural science free of value judgements (Thomas, 1970; Willimczik, 1968). In addition there have recently been new approaches—such as in Germany the cybernetically oriented "motor sensory" concept

(Ungerer, in: Grupe, 1970). A thorough discussion of these initiatives in scientific theory has not yet taken place.

This uncertainty also finds its expression in recent literature on sports pedagogics. In the great majority of publications results are arrived at by generalizing from subjective experience or by reflection; the empirical scientific basis of the statements is slight. Thus, detailed observations made during teaching (e.g. Hedberg, 1970) or scientific investigations accompanying school experiments (e.g. Jörgensen, 1969; Wintzel, 1968) are still exceptional. It is striking that the object of the studies hitherto has been almost exclusively physical education in schools. From the point of view of pedagogics, sport in clubs, youth groups or leisure organizations, sport with the handicapped, with older people or with persons victimized by environment, has scarcely formed the subject of enquiry. It is only in very recent times that the great significance of physical education as a means of enlarging the world of experience for children of pre-school age has slowly been recognized and more carefully investigated.

First Steps toward a New Motivation of Physical Education

Large numbers of people, especially within particular strata of society in Europe, perhaps with the exception of England, are today still prejudiced and negative in their attitude to physical education and sport. In terms of the history of thought, we see here the aftereffects of Greek philosophy which was often misunderstood, and of Christian doctrine which, according to certain trends, was interpreted as hostile to the body. These effects have continued to be felt right into modern times, and primarily through idealistic systems of philosophy. It was a special task of sports pedagogics to counter these deep-seated prejudices and lay new foundations for physical education without going to extremes, such as, in particular, the one represented by the biologism of the National Socialists.

Important contributions in this sense have recently been made by a number of anthropologically oriented scholars, among whom Bouet in France, Rijsdorp (1971) in Holland, and Grupe (1969) in Germany are to be named. They have adopted patterns of thoughts and results from comparative behavioural studies (Buytendijk, Portmann), from psychiatry and medical anthropology (Christian, v. Grebsattel, Plügge), but also from the phenomenology of the body (Marcel, Merleau-Ponty, Sartre), and from philosophical anthropology (Scheler, Plessner and Gehlen); from these they derived two conclusions which they have applied to physical education.

The first concerns the corporality of man and his capacity for movement. It consists in a correction of the traditional dualistic picture of man. The body is not to be understood as part of man, as an instrument of the soul or indeed as its shroud, but as an aspect of the whole personality or as the medium through which the latter has contact with the world. Human movement, by contrast with animal movement, is not inherited and fixed, but has to be learnt and, within wide limits, is malleable and mentally determined. The quality of body and movement is not a matter of indifference to the individual, since these convey and modify what he experiences and what he has to communicate. Thus it is that physical education is not properly understood by someone who regards it merely as education of the body, as, so to speak, the care of an instrument; it must be understood and accepted as a unique way of significantly educating the personality: in coming to terms with the potentialities and limitations of his body, with success and failure, with a sense of ease and of unease, man can experience himself, can develop and achieve a more realistic assessment of his powers.

The second conclusion concerns the essential nature of play and derives from the first. If body and movement do not constitute an isolated part or stratum of the human being, then it is not possible to uphold the theory that play belongs to this lower, i.e. inferior, stratum and is therefore no really human problem. It follows that not only children but adults, too, must play i.e. must do something, surrender themselves to the joy of the moment without giving thought to aims that lie outside the action itself. It is restrictive to regard human play merely as a compensation for the serious things of life or as a relaxation from work; in the last instance it is an irreducible phenomenon which has its meaning in itself (Château, Huizinga, Rahner). If sport is in essence play, then this interpretation applies to sport as well: its value depends not on what is achieved through it, but primarily on the fulfillment it provides for the individual.

The Question of Teaching Contents—Didactics of Sport

In all countries in Western Europe, to a greater or lesser degree, the content of physical education in schools has, especially in recent times, been gaining momentum. In this process, to express it simply, two developments can be distinguished. In most countries the first is already practically completed; it was characterized by the surrender in the schools in the Scandinavian and Romance countries and in England of the dominating position of the traditional systems of physical education, especially the systems of gymnastics inherited from Ling. In the German speaking area, following the same process, traditional gymnastics have taken an increasingly defensive position. Their place in determining the curriculum is everywhere taken by such types of sport as track and field, swimming, and games; it is assumed because of their popularity that they provide a more direct motivation for the pupils than do the more traditional exercises, chosen for their medical and educative effects.

In addition, especially in recent times, sport disciplines such as skiing, the trampoline, canoeing, which are especially widespread as leisure-time activities and as adult sports, are finding their way into the curriculum. This multitude of possible subjects results in the problem of selection which presents itself at two levels.

Firstly: what relationship should the introduction into types of sport in the school have to the fundamental education in movement (gymnastics) which is not bound to particular types of sport? Is sport, as the problem was formulated in France, a means of physical education or is it merely the aim or sphere of application of real, fundamental physical education, of gymnastics (Decker, 1969; Viala, 1970)? In some countries the problem is not discussed.

Secondly: the question arises as to which of the possible types of sport should be introduced into schools. Should an obligatory rule be established or are the disciplines interchangeable within a wide framework?

The following exposition is oriented toward this problem of selection. It outlines four approaches to a solution:

1) A first contribution was made as a corollary to recent theoretical conceptions of general didactics. The essential selection and reduction of curriculum content cannot be achieved by a "material" education theory based on the idea that

formative values are immanent in particular objects or indeed identical with them. Yet, this theory still finds an echo in physical education in the way that it is taken for granted that a pupil should acquire a technique for the high jump simply because the high jump belongs to the accepted order of sport disciplines. But equally the opposite, a "formal" theory according to which all content serves only as a means of developing functions or abilities in the student (e.g. a dive from a 10 m. board as a means of acquiring courage), turns out, particularly for physical education, to be dangerously one-sided. It seems, however, to be more correct for physical education to be directed in the choice of content by a theory which attempts to synthetize the subjective and objective sides of the educational process, and to reduce the possible contents to the "exemplary", the "categorical", the "elementary", i.e. to that which is subjectively and objectively significant (Randall, 1967; Schmitz, 1967). True, a research on this basis which is not purely theoretical and seeks guiding principles for the choice of the content of the sports curriculum does not appear to have got under way at the moment.

2) Frequently, in connection with the theoretical assumptions already outlined, attempts are made to analyze individual types of sport or the totality of physical exercise offered in the curriculum. As an example of the didactic analysis of the individual types of sport, one could name e.g. the German debates on gymnastics (Turnen), and besides these, French investigations into track and field, which were more concerned with the process of instruction (Cercle d'études de l'Enseps), and games (Marsenach, Mérand, Viala). Such an attempt is conservative in tendency; it begins with the traditional content and analyzes this with the aim of extracting its educational value. The practical consequence shows that it is necessary to leave this content in the curriculum. The same tendency is at work in the English attempts to ward off attacks against cricket although as a rule it is not considered to have any educative value but is only upheld by a considerable body of tradition.

A similar judgement could be done on a variant of this attempt which has become important in Western Germany. Here a structural analysis of the whole field of physical exercise (Paschen, 1970), in part supported by anthropological (Hanebuth, Mester, 1969; Schmitz, 1970) or historical (Bernett, 1965) considerations, leads to "basic forms" or "methods of action" such as formation, performance, competition, and play. The conclusions drawn with respect to the choice of curriculum content are that the fundamental aspects of physical exercise must appear in a wellbalanced relationship to each other in the teaching programme. It is true that this model alone cannot do more than provide a framework for the choice of content, and even this must remain problematic.

3) Therefore, it is supplemented by another consideration, which among many theoreticians appears also in isolation, that is, the attempt to formulate the general educational objectives of physical education and their contribution to education as a whole, and to use these as a criteria for the selection of curriculum content. This initiative has been pursued consistently in Groll's Austrian system (Burger and Groll, 1971) and in England e.g. by P. Arnold (1968) and Andrews (in: The Association, 1970). Groll subordinates the objects of instruction to the educational intentions of the teacher, and the time-table and yearly programme are adjusted accordingly.

Problematic in such attempts are the methods employed to establish these educational intentions or objectives. Three principal procedures may be distinguished which are applied both separately and together.

The first has already been mentioned: it attempts through a structural analysis of the object, i.e. physical exercise, to determine its educational content and to formulate the most important aspects of this as teaching aims. This procedure leads among its protagonists to such objectives as the capacity for play, the capacity for creating movement, the expression of pleasure in movement and in performance, the capacity to fight, and to adopt other behavioural patterns which are assumed to be immanent in the content of the instruction. This process, however, in addition to the conservative tendency already indicated, entails a further methodological problem. Immanent in this content, i.e. innate and capable of being realized, are such behavioural dispositions as stubbornness, as the overestimation of performance in sports, as taking play seriously etc. Which of all these possible objectives are to be regarded as an educational content? This question cannot be answered in the way described.

Among the supplementary procedures is the already mentioned anthropologically oriented trend (p. 157). Its ability to make statements on the objectives of physical education lies in three largely connected fields. Firstly connections can be noted e.g. between lack of movement and neurotic ailments which would render possible contributions to a change in any undesirable condition. Secondly, the objectives of physical education can be described and understood more precisely than before: thus, as a result of knowledge gained in the study of physical education, health e.g. is not seen as something purely physical, but as a disposition of the human being which always has a personal and a social side as well. Thirdly, the anthropological approaches already mentioned are necessary as criteria for testing the anthropological assumptions which are present in every attempt to determine learning objectives. Again a single example: the taxonomies of learning objectives by Bloom and his colleagues with their division into cognitive, affective, and psychomotor objectives, can be criticized from this point of view as a regression to the body-soul (mind) dualism which had supposedly been overcome, and should, therefore, be considered of merley relative value in their application, especially with regard to physical education.

Thus, the anthropological approaches can reveal the possibilities, connections, conditions, and limitations of human educability, but cannot show, any more than other approaches, in an intersubjectively testable way to what end this educability should be used, i.e. to what the human being is destined in essence. Here lies the danger: they tempt people to confuse the results of the descriptive behavioural science of man with the concepts of interpretative and normative philosophical anthropologies, so that they appear to derive educational objectives in a strictly scientific manner.

Apart from the attempts to determine the objectives of physical education by using the subject of instruction or man as primary points of departure, a third procedure has come into prominence in recent times. In this the demands made on school graduates either by their present or future life or by society are the point of departure. The approach is not completely new. It is always applied in cases when physical education as practised in schools is conceived in relation to work, leisure or pre-military training. Le Boulch (1968) in France, for example, advocates a system in which this point of view is generally respected. In English and Swedish curriculum theory this procedure, especially when applied to science, has undergone a systematization which gives it, in comparison with other approaches, the advantage of being easily controlled. Furthermore, it appears more likely than the others to initiate and justify real changes in the curriculum. How far it can be applied to physical education with similar success, however, remains to be seen. For it is particularly susceptible to critical limitation which is levelled against all attempts to plan physical education with a view to the attainment of objectives which transcend the boundaries of this field: physical exercise, it is objected from the view point of the theory of play (cf. p. 58), is in essence free of purpose, its meaning would be lost if it were used as a means to social ends.

Apart from these procedures, two general tendencies mentioned should be in determining educational objectives which are of increasing importance today. The first concerns the degree of abstraction of the objectives. The formulations of objectives in the curricula and in pertinent literature have been up to now so general that they can only serve as empty formulae and can give no guidance as to the choice of content and the form of instruction (Dietrich, 1972). This shortcoming becomes particularly evident from the point of view of programmed instruction. Hence the widespread efforts to define objectives with precision and if possible even to formulate them as operational plans (Hecker, 1972).

It has become clear that neither of the procedures hitherto attempted for setting up learning objectives is adequate in itself — nor is indeed any conceivable combination of these adequate—to produce convincing results. An answer to the question of objectives always contains normative assumptions, and cannot therefore be proved conclusively, but in the last instance must be regarded as a process of decision making. What can at best be achieved in this question is agreement among the groups concerned and the competent branches of science. On the basis of this conviction greater importance must be attached to these attempts to develop models within the context of the general curriculum theory and to see how such decisions can be democratically reached and clarified (Dietrich, 1972).

4. In this state of uncertainty a further predominantly pragmatic approach has been gaining importance and is advocated in France, for instance, by Frézot and Listello, (cl. Viala, 1970) and in England, with a stronger bias towards the significance of sport for leisure time, e.g. by Calvert and Jelfs (both in: The Association, 1970). The emphasis in this approach is not upon objectives to be attained through physical education but primarily upon a programme for making sport the concern of everybody. From this point of view experience with the previous curriculum content of physical education in schools must receive a negative judgement, since it has obviously merely confirmed a disinclination for movement and sport of any kind in a great number of pupils. Thus, the necessity arises of organizing physical exercise in schools in such a way that the pupils retain their pleasure in movement and are given opportunity and incentive for sporting activity outside and after their time at school (Brodtmann, Trebus, in: Adl, 1971). The advantage of this approach lies in its clear practical implications: the main emphasis of physical education in the school is on the introduction of and preparation for types of sport which are relevant to leisure time; there are no longer obligatory rules, instead, there is a large

extent of freedom of choice according to the pupil's inclination. (Grupe, in: Adl, 1971). The disadvantage is that the connection between physical education and the rest of school education cannot be established in this way: physical education becomes an extra-curricular area, a vacant area within the educational system.

Reference should also be made in this connection to a theoretical approach which is related to sociology, since it is becoming increasingly important in matters relating to the aims and the content of physical education, especially in France and the Federal Republic of Germany. Against the background of an analysis and criticism of capitalistic society, based on Marx, competitive sport is primarily interpreted as a phenomenon reflecting the deficiencies of the social order and reinforces them by offering a safetyvalve for accumulated aggression. In a second step this critical view is directed towards mass sports and school sport, to which the same stabilizing function is attributed in principle. Here two particular aspects are quoted: firstly its onesided emphasis on performance is criticized on the one hand as helping to strengthen the structures of a society characterized by the competitive principle, and on the other hand as being degraded to the status of a hatchery for competitive sport. Secondly, the usual claims regarding the objectives of physical education in the curricular and in the specialized literature come under attack: it is said that in confining themselves to the supposed positive effects upon the isolated individual, they conceal the actual social functions of sport, which are largely negative. (Böhme et al., 1971). Although up to the present scarcely any work of quality has been produced by this quarter, nevertheless sports pedagogics will have to ponder the consequences of these partly justified attacks. As far as the choice of content is concerned, the consequences would be that, in contrast to the present dominating trend, the competitive types of sport, in which quantitative measurements and valuations prevail, would abdicate in favour of fundamental training in movement, and in favour of the encouragement of creativity and imaginative movement in manysided forms, especially in forms of play.

The Question of Teaching Procedures — the Methodology of Sports

The question of the ways of teaching physical education has always been a subject of keen discussion in all West European countries; in this respect nothing has been altered. New, however, is the fact that empirical procedures are increasingly introduced to bring about clarification.

If methodology is understood as that part of sports pedagogics which raises questions as to the methods of attaining the objectives of instruction, then one would expect it to discuss methods of attaining all the objectives of physical education. This, however, is not the case. Only the methods of establishing connections with the subjects within the special fields are debated. Thus, the question is asked: how does one effect an introduction to volley-ball, how does one teach swimming, what exercise does one use to improve a ten-year-old's strength? But up to now practically nothing has been done to find out what form of play can educate pupils, for example, to a sense of fairness, what form of instruction can promote attitudes such as courage, perseverance or the willingness to help others, although these are included in practically every statement of the objectives of physical education. Such objectives, affecting several subjects, have one single, usually implicit, corrective function in decisions for or against particular ways of teaching. Thus, for example, a decision is made against a more direct method because it is not compatible with objectives such as the independence of the pupils or with social behaviour, and other procedures are preferred in which the pupils find solutions together, although this may be more time-consuming.

This restriction of methodology to the question of ways to achieve learning objectives within special areas has always been in evidence; recently it has become possible to explain it as the result of the pragmatic approach to didactics described above (p. 161). In this case, its central problem will be to develop in children and juveniles a motivation for the exercise of some sporting activity throughout their lives. With this in view, more consideration is given to the interests of the pupils, in order to preserve their enjoyment of sporting activities. Surveys based on questionnaires or observations during lessons are intended to provide more exact information on the inclinations of the pupils as for example Granström (1970), Artus, and Trebels (in: Adl, 1971). In pursuance of this, experiments have been made in several countries in which children choose their own activities (Jörgensen, 1969: Wintzel, 1968). To what extent the freedom of choice should exist, from what age, whether the choice should be completely free or one between given alternatives, these are questions which are well in the foreground.

In consequence of this differentiation of instruction according to the inclinations and demands of the pupils, more attention is also paid to the problem of less able or retarded children, especially those in the so-called marginal groups. Thus, programmes of sport are developed and tried out for physically and mentally handicapped children or children with limb injuries (Amylong and Thoren, 1969; Heeböll and Nielsen, 1970; Mathiesen, 1966; Morris and Whiting, 1971; Picq and Vayer, 1968; Rieder, 1971). Furthermore, increased attempts have been made to do something for socially endangered children and young people and also to resocialize juvenile delinquents and adults with the help of sport. Admittedly, these initiatives have not yet been extended to the methodology of instruction. In the text-books of methodology the direct way to the achievement of optimum physical condition is still emphasized, rather than the question how the timid, retarded, uninterested or older person can attain some performance appropriate to his powers, if necessary by roundabout ways, but nevertheless affording an experience of success (Kiphard, in: Adl, 1971). It must be the future task of methodology to replace the linear hierarchies of methodological progress hitherto current by differentiated ways of teaching which take into account the individual qualities of the person being taught.

Parallel to these trends towards differentiated instruction more in accordance with the needs of children and young people, runs the abandonment of the usual conceptions of the correct allotment of curriculum content according to age. It may be registered as a provisional result that in harmony with more recent findings in development psychology, the organization of curriculum content by rigid systematization of grades and phases will be discontinued. The question of when something can or should be learnt is not to be answered in the same way for all children but depends on the particular nature of what is being taught, as well as on the interaction between the maturing processes in the child and the influences exercized by his environment (Oerter, Piaget, cf. Retter, 1969). Thus, in many countries attempts are being made to introduce certain types of sport or certain exercises much earlier than hitherto; swimming for babies or advanced gymnastics for six-year-old children are extreme examples. It is characteristic for many of these attempts that certain forms of training appear in the curriculum much earlier than it was formerly the case. This trend, supported by the sports associations, involves a certain danger: the danger that the commitment to promote top-class sport and the commitment to observe the rights of the child cannot be combined without giving rise to problems in the long run.

In the discussion of methods of teaching two different trends may also be noted. In all countries traditional school methods are increasingly called in question; everywhere there is a demand for a "new" type of school more open to and closely related to life. This demand implies in the first instance that instruction in physical education should be appropriate for the child. In German and Austrian physical education principles such as appropriateness to the child or juvenile, or relatedness to life, have become basic ever since the teaching reforms at the beginning of the century. The effect of these principles on the learning of movement skills is that methods of communication which apply to the whole skill and which simplify the initial stages of learning (e.g. the short ski method) are increasingly applied in place of the hitherto accepted methods of building up the skill from partial skills or movements (Dietrich, in: Recla, 1969). At the same time an effort is made to further spontaneity, imagination, and independence in the pupils; that is, to make them learn less through imitation, but rather to let them find their own way (Rieder and Schmidt, in: Grupe, 1970). French "colonies de vacance" and English outdoor activities find their place in the context of these efforts to make instruction less rigid. The teacher image corresponding to these efforts is rather the social integrator than the authoritarian.

Those who wish to make greater use of modern media in sport, including programmed learning, have a different image of the teacher. (In Western Germany Ungerer has already proposed teaching programmes to be presented with the aid of a videorecorder system, cf. Ungerer, in Recla, 1969.) To these people, the teacher is the organizer of learning processes the aims of which can be clearly defined while success or failure can be demonstrated by tests.

The debate between these largely contradictory tendencies in the search for methods and styles of instruction has only just been opened. Perhaps one may dare to prophesy that they will in the very near future be seen in relationship to a fundamental question concerning to the function of the school, which is already under discussion in the general field of education: how far should the present development be allowed to go, whereby new processes of learning are constantly being organized within the school? The provocative challenge "Get rid of the school!" (Illich) may already be heard. Physical education in particular will have to come to terms with this problem.

Franz Begov

Dietrich Kurz

Sport Psychology in West European Countries

After a long period of individual and uncoordinated, rather pre-scientific beginnings, West European sport psychology has during the last 10 to 15 years increasingly developed into an important branch of sports research within sports theory and sports practice that has to be taken seriously.

The most important impetus for this development came from those sports associations, where an effort was made to carry out medical and psychological investigations and supervision of their top athletes. This led at first to a close relationship between sport psychology and sport medicine. Italian sport psychology, for example, was particularly activated when the Italian Olympic Committee in 1955 requested the Italian Association for Sport Medicine to examine a group of top athletes from all important medical and psychological points of view with regard to their selection for the Olympic Games 1956 in Melbourne. As the significance of these studies became obvious, more Italian associations and clubs asked psychologists to look after their athletes. Today, several psychological departments exist in a number of centres of the Italian Association for Sport Medicine (Rome, Turin, Milan, Bologna, Padua, Florence etc.).

A further stimulus for systematic and coordinated scientific work arose out of the formation of sport psychological organizations. In 1956 the First World Congress for Sport Psychology took place in Rome. There the International Society for Sport Psychology (ISSP) was formed. Today it has approximately 1500 members, of which Italy, for example, supplies 300, Spain 200, France 160, USA 140 and Brazil 100.

The activities of this international society led to the formation of a European Society for Sport Psychology (FEPSAC) and of national study groups for sport psychology, e.g. 1967 in Great Britain, 1969 in Switzerland, and 1970 in the Federal Republic of Germany.

The aim of these study groups is the organization of conferences and congresses for the promotion of research and teaching, and the furtherance and coordination of research projects in the field of sport psychology.

Research and methods of sport psychology in West European countries cover chiefly the fields of general, differential, and social psychology, psychopathology/psychotherapy, and educational psychology.

In the field of general psychology, one of the central targets of research is the analysis of motor behaviour, motor development, and acquisition of sensory-motor skills, viewed from the aspects of learning and performance psychology.

Analyses of the development and structure of personality, especially of top athletes, has so far been undertaken chiefly from a differential psychological point of view. Social psychological investigations have been concerned mainly with problems of attitudes, prejudices, and stereotypes in sports and with the structures and dynamics of sports teams. Further fields of study are psychomotor diagnostics as the basis of educational sports therapy for children and adolescents with disturbed behaviour and psychotherapeutic care of top performance athletes. Educational sport psychology tries to utilize the results of psychological research and theories for sports education. The subjects of such investigations have been, for example, motor learning, methods of instruction, and style of leadership in sports.

Aspects of General Psychology

Questions of sensory-motor learning and developmental processes account for a large amount of sport psychological research and its literature.

Holding, Knapp, Start, and Whiting are the most important representatives of sensory-motor research in Great Britain. This serves to provide the theoretical foundation of training methods and is applied to physical exercises in schools and to the preparation and care of athletes. Several authors are concerned with the problem of the relationship between theory and practice and with the importance of fitness programmes, based on learning and development psychology. Holding examines from a general psychological point of view with the principles of learning of (motor) skills (knowledge of results, guidance, transfer, programmed learning etc.), whilst Knapp's main fields of research are sensory-motor skills and their acquisition from the point of view of actual sports practice, within the framework of school, leisure and competitive sports. In her book "Skill in Sport", which appeared in 1963, she discusses, inter alia, psychological learning theories and their application in the area of motor skills in sports. According to her, the association and conditioning theories seem to be more suitable for explaining skills in athletics, swimming and gymnastics, while the field theories represent a better explanatory basis for (ball) games.

Whiting's investigations of problems of training for ball games and of their educational function reflect the latest developments of the theory, methods, and practice of sensory-motoring learning. On the basis of a system-theoretical and cybernetic model of sensory-motor skills and actions input-output characteristics and decision-making behaviour in the acquisition and execution of ball game skills have been analyzed experimentally in laboratory tests, and their applicability to sports practice and education has been checked. Sensory-motor learning is understood in the sense of information theory as a hierarchial process of discrimination of perception (input) and movement coordinating behaviour (output). A number of training methods, e.g. "imitation" and "guidance", form the necessary connecting links with the practice of sports instruction.

Start has prepared a number of studies dealing especially with methods of mental training. There seems to be hardly any doubt that these training methods are efficacious as far as the learning of skills, under certain preconditions, is concerned. Start alternatively uses the concepts "mental rehearsal" and "mental practice". The results of research on the relationship between personality characteristics and the ability to train mentally have, on the other hand, so far been far from uniform.

In the Federal Republic of Germany two research groups have for some years concentrated their interest on the sensory-motor aspects of human activities.

In the German Sport Academy (College), Cologne, (study group Ulich) the investigation of training and strain is the central theme. Efforts are directed at establishing a general concept in the form of a cybernetic model of human action which might serve as a basis for a uniform theory of sport psychology.

Ulich's papers on mental training (Ulich, 1967) form the basis of the studies of the problems of training. Founded on a theory of sensory-motor learning, training methods have been developed which stress the regulation of activity by imagination and thought (Volpert, 1971; Ulich, see above). Such methods have been used for the training programmes of top basketball teams and tested for their efficacy (Hagedorn, Volpert and Schmidt). In the field of strain the accent is on the development of a cybernetically formulated general theory of fatigue and stress, on the investigation of strain reactions specific to the personality, on the conception of corresponding measurements, and finally on the derivation of measures for the prophylaxis of fatigue and restitution, including the field of sports. New scaling procedures have been used to investigate the subjective strain in defined performance situations in sports (Nitsch and Udris).

The research work of the Institute for Physical Training of the Technical University, Berlin (study group Ungerer), is directed towards the structural aspect of sensory-motor skills as a function of development to the verbal and visual processing of information in sensory-motor learning processes, to the simulation of sensory-motor skills on the data indicator of a computer, to the preparation of audiovisual teaching programmes for sports teaching, and to the analysis of the related technological aspects of teaching, for which the methods of cybernetics are utilized. Further projects in the Federal Republic of Germany are concerned with motor development tests (Volkamer) and the theoretical problems of motor tests in sports (Ballreich).

In France the question of rhythmic aptitude has given impetus to the research done by Hiriartbordes in the field of psychomotor functions. When the data from a series of experiments were evaluated, three factors that determine perception and motor processes within rhythmical movements were individually elucidated. Hiriartbordes and his fellow workers also carried out other experimental studies, especially of certain psychological factors that are responsible for behaviour in team games.

The body scheme is the centre of interest in the reflections and investigations of Gantheret, Le Boulch, and others. Azemar used questionnaires and tests to study the problems of "latéralisation" in a group of trained athletes. He discovered certain functional asymmetries of statistical significance and their influence on a variety of disciplines in sports.

Aspects of Personality Psychology

Personality research in sports is characterized by a variety of methodical procedures. In Great Britain the personality models of Cattell and Eysenck are the theoretical basis of these studies. Their personality questionnaires and tests based on factor analysis are the preferred methods of investigation. The work of Kane and Hendry is particularly notable in this respect. These are chiefly group investigations of pupils, university students, and top athletes, dealing with problems of personality structure, the relationship between constitutional and psychical characteristics, the influence of the study of sport and of sports activities on changes of personality structure, and with the question of certain personality structures as variants which, for example, determine the decision to study sports. Lately, the personalities of sports teachers and trainers have also become subjects of increasing interest.

Among the multitude of results, which are fairly uniform in their basic tendency, a positive correlation between the personality factors of extraversion and stability, on the one hand, and sports aptitude and type body build, on the other, is a common finding. Certain statements about the personality profiles of sports students ("male students are more dominant, self-assured, and relaxed than female students") or of footballers touch the old problems of typology (the "footballer type"), but have gained new importance, e.g. with regard to the aspects of the selection and psychological care of athletes, mainly so far as team sports and the social interactions between the teacher/trainer and the pupil/athlete are concerned.

In other countries, too, this typological picture of the athlete based on questionnaire tests has come to the fore. In France, Thill has made efforts to obtain "profiles" from questionnaires, accepting the general assumption of the concordance of sports discipline and personality type. Bouvet's studies of the personalities of top skiers are notable in this regard. In Austria, Seist used the P. I. Test on Viennese top athletes and also found a typical grouping of personality characteristics, e.g. unconcern, straightforwardness, high resistance, sociability, willingness to help, realism.

The characterization of the personality of the athlete as a distinct type has also been established by investigations based on other methods. In the Federal Republic of Germany Neumann has tried to assess systematically the psychical personality structure of the "all-round athlete" by observing ways of expression in games and competitive situations. He distinguishes the athlete from the non-athlete as a "type sui generis", characterized by high vitality, practical skill, pleasure in achievement, and a more positive attitude to life in general. Steinbach has studied 300 male top athletes on the basis of clinical diagnoses by using the Rorschach test and the PMI and came to the conclusion that top athletes differ significantly from non-athletes through neurotic characteristics, such as affective inhibition and repression, sexual complexes and hypochondria. Psychiatric case analyses by other authors (Platzbecker, Schildge) have also indicated the existence of a type of problem athlete.

A different approach to the problems of personality research in sports is offered by the analysis of motivations to specific sports. Bouet in France is particularly known for his exposition of the psychodynamics of the motivations for sport, emphasizing the importance in this respect of self-assurance without subjecting it to a rigid system. Bouet found 11 interrelated determinants of motivation when he evaluated the results of questionnaires distributed to over 1600 athletes and of numerous individual studies (using his "sports personality test").

Bouet established a complex structure of motivations, whilst Corraze has studied the complexity of aggression in competitive sports. This orientation towards single aspects of motivation is increasingly characteristic of several further investigations. On occasion of the ice hockey championship of 1971 in Switzerland a project directed by Schilling, dealing with "aggression in ice hockey", was started. Volkamer in the Federal Republic of Germany, using evaluations of reports on matches, studied the influence of a team's position in the football league tables on the number of fouls committed by team members as expressions of aggressive behaviour.

Other studies in the Federal Republic of Germany (Allmer, Feige, Gabler, Hahn, Hecker et al.) are directed towards the registration of achievement motivation, chiefly by random tests of adolescent and adult top athletes. Practical instructions for training, which would assist in decision making, were formulated for trainers on the basis of models by Atkinson, McClelland, and Heckhausen (Lenk, 1970). But these aids to decision making still require detailed empirical testing. Analyses of the relationship between the dimensions of achievement motivation and the actual performance with the aim of predicting top performances in sports, have encountered the problem of the complexity of the relationship between variables of achievement motivation and objective performance criteria. To avoid this disadvantage, group comparisons of the variables of achievement motivation are made, and the structures of the achievement motivation of athletes in different kinds of sport are examined in the sense of "pilot studies". Efforts have been made to relate these results in longitudinal studies to the development of performance, especially of adolescent athletes. TAT picture series (according to McClelland and Heckhausen), questionnaires, and explorations have been used to obtain data for the study of achievement motivation.

The concept of "psychological stress" has recently been the subject of special research. A study group in Cologne (Nitsch and Udris) has placed emphasis on the development of a general fatigue and stress theory, to be formulated cybernetically, including problems of motivation psychology (Nitsch, 1970), and the investigation of personality-specific reactions to stress.

Newly developed scaling methods based on factor analysis have been used for the detailed study of the subjective strain developed in defined performance situations in sports, which is contrasted with the results of physiological measurements (Nitsch and Udris). The practical aim is to develop scientifically founded measures for the prevention of fatigue, for adaptation to stress, and for planning recovery.

The problems investigated by a study group in Freiburg (Gerschler and Bauer) comprise psychical stress and threatening situations in competitive sport, especially during the stage before the start. The aim of some of these investigations is to clarify the differential aspects of performance behaviour in top athletes during stress situations. The methods range from subjective (e.g. excitement scales, lists of symptoms) to psychophysiological scales (e.g. muscular tension, pulse rate, respiratory rate, resistance of skin) and biochemical variables (adrenaline, noradrenaline, vanillic-almond acid). Initial studies of improving performance by behaviour-therapeutic techniques (desensitization, operant conditioning, assertive training) have been carried out with the aim of reducing susceptibility to stress. Kemmler (Munich) has started similar studies and practically tested them in the care of ski racers.

Aspects of Social Psychology

Further research is being carried out on questions of attitudes to sport or sport instruction, the relationship between achievement in sport and social status, and the structure and dynamics of sports groups. In these fields investigations of the social psychology of sports are contiguous to sports-sociological work.

Among sports-psychological or sports-sociological publications in Great Britain those by Elias and Dunning should be mentioned as examples. The sociological theory of small groups has been adversely criticised and is contrasted with a new model of the group in sports, the empirical evidence of which is based on social psychological studies with the help of such methods as behaviour assessment, sociometry, and interaction analysis. The central concepts of "tension" and "co-operation" characterize the complementary character of group dynamics in a game and also point to future research problems and to those of the psychological care of teams.

Corraze, Nakache, and Bernard in France have carried out numerous studies of group dynamic variables. Chappuis has experimented with the structure of the area of perception in team games. Bouet, whose orientation is also in the direction of social psychology, has currently been concerned with the preconditions of fitness and the effect of sports activities on social behaviour.

In Switzerland, Allemann, Capol (Fribourg), and the Research Institute of the Sports School at Magglingen have conducted a study of "The self-image and the trainer image of track and field athletes". They have investigated the stereotypes of high-jump, long-jump, and triple-jump athletes as well as the relationship of these images to personal data and characteristics and habits with reference to sport. The results have shown statistically significant connections between the individual items.

In the Federal Republic of Germany, Volkamer also found stereotype attitudes in his studies of "self-images" and "other-images" of the sports teacher. Further social-psychological work, particularly concerning the social structure of teams, has been published by Essing (Football), Lenk (rowing), Kohl (basketball), and Veit (handball).

Aspects of Psychopathology and Psychotherapy

In the field of psychopathology, especially of the psychotherapy of sport, a few individual efforts have been made therapeutically to assist children, adolescents, and adults with disturbed social behaviour by sports activities, and also to assist high-performance athletes in overcoming their own problems.

In France, Segal has investigated the difficulties of athletes with a more or less pronounced psychasthenic disposition, with experiences of failures, and of those suffering from neurotic introversion. He has also tried to elucidate psychological problems that arise when athletes retire from competitive sport. In the field of psychiatry he has introduced sports activities as readaptation factors.

In Italy, Ancona and Antonelli have studied clinical problems of sports, Ancona being specifically interested in psychopharmacology and doping, while Antonelli has investigated the applicability of autogeneous training and hypnosis in sports.

In the Federal Republic of German the child with disturbed behaviour is at present in the centre of sports therapy. Through exact tests and observations of behaviour Kiphard and Rieder have tried to obtain a detailed picture of the behaviour repertoire of these children, so as to be able to utilize their susceptibilities and disturbances, as well as any specific aptitudes, for therapeutic purposes. In treatment itself the socializing function of sports is considered to be the essential factor, and types of sports that offer particularly valuable experience, group activities motivating sports, and performance measured against individual aptitudes are the primary elements.

Aspects of Pedagogical Psychology

Research in sport psychology has so far been of little importance in sports teaching. This is due to the close relationship between sports medicine and sports psychology, the strong orientation of the problems of sport psychology toward problems of training and contests in competitive sports, and the slowness with which sports studies have been widened by systematic and well founded theories of sport psychology. There are merely two notable experiments made in France, trying systematically to construct the theory and methods of sports teaching on the basis of modern psychology.

Le Boulch, on the one hand, has created a "psychokinetic" educational method, based on a uniform concept of personality development and using the principle of group dynamics. Parlebas, on the other hand, has for several years studied the field of "psychosociomotor" functions in a number of theoretical papers, starting from genetic and structural concepts, and recently from decision theories.

In the other West European countries the first tentative efforts have been made to study comprehensively the influence of school sports on the changes of interest and attitudes, on the development of personality characteristics, and on the possibility of improving the performances of pupils in sports and in general. Research into motor behaviour (motor learning, motor development) may produce further results in the field of education and teaching.

To conclude and summarize the assessment of sports psychology in West European countries: the number of investigations and publications is increasing in some fields, and there is a growing amount of theoretical and methodical thinking, but an integration of the individual results into a comprehensive system of sport psychology is not yet to be foreseen.

Hartmut Gabler

Sport Psychology in the Socialist Countries of Europe

Sport psychology in the Socialist countries exhibits characteristics which are in sharp contrast to the lines of sport-psychological research pursued in other countries. Sport psychologists in these countries were denied recourse to national traditions because, on account of the fundamental differences between the theoretical-methodological basic conception of Marxian-materialistic psychology and all varieties and schools of bourgeois psychology (Kunath), they were unable to accept either the corresponding scientific and theoretical foundations or the methods employed. The socialist conception of sport and physical culture and the resultant different image of the athlete also created new conditions for a psychological investigation of sport.

More than 3000 publications concerning sport psychology (newspaper articles, books, theses, congress reports, periodicals, etc.), six national congresses in the Soviet Union, a national congress in Romania and another in Bulgaria, two scientific conferences of all Socialist countries and a large number of symposia attest to the efforts which have been made to arrive at a theoretical and practical socialist psychology of sport.

Although, as has been shown, there are certain features which are the same, there exists a difference in the evaluation of sport-psychological research in the Socialist countries. They have one thing in common, however, with regard to the thematic emphasis in sport psychology research: the increasing attention that is being paid to the problem of psychological preparation of the athlete for competition. This tendency is demonstrated by the evolution of sport psychology in Bulgaria. Up to the year 1959 only 20% of the publications concerned with sport psychology dealt with the question of the psychological preparation of athletes. From 1959 to 1970 the material published on this subject rose to 40%; almost every second publication was devoted to the psychological problems connected with the preparation of athletes for competitive sport (Atschkova).

Points of Emphasis of Sport-Psychological Research in Individual Countries

During the past five years *Soviet* sport psychologists have focused their research on the following problems:

1. Forms and methods of the psychological preparation of athletes for competition. Very frequently a distinction is made between a general psychological training and a special form which is entirely directed towards preparing the athlete for participation in contests. Prominence is given to the problem of individualization in the psychological preparation of the athlete, and also to the necessity of modelling his psychic activity under varying conditions in laboratory and field experiments. A number of sport psychologists and doctors have examined problems of psycho-

hygiene and psychoprophylaxis in conjunction with the psychological preparation of the athlete for competition.

2. Psychological analysis of the basic aspects of athletic activity. The object of these studies is to establish a scientific foundation for methods of athletic training, taking into consideration psychological canons and the characteristics of the sport concerned which determine the athletic activity of the individual, especially concentration processes, attention, orientation ability, problems of processing the information imparted during training and in the course of contests, particularities of thinking and emotional processes and states, etc.

3. Psychological aspects of the readiness of the athlete to perform sports in contests. Basic factors of psychic readiness were determined for many branches of sport and methods were developed for assisting the athlete to overcome undesired disturbing factors in carrying out his activities.

4. Questions of the perceptual-motor system and the development of perfected motor skills. The procedures of selecting and processing relevant information and the establishment of an effective connection between this information and the actions to be performed has been in the foreground of scientific interest, together with the mechanisms for the voluntary control of motor action, especially under the extreme conditions of competitive sport. Research has also been carried out into "ideomotor training", to which importance has been attached for many years. The information gained from numerous ingenious experiments has been applied to practical work.

5. Sport and Personality. The importance of sport as a factor in the formation of personality has been demonstrated. Systematic sport is regarded as an educational tool in the production of a Socialist citizen. Psychometric methods have been worked out and tested principally on top-ranking athletes. The individual psychological characteristics of athletes of different ages have been investigated. Scientific investigations of the personality of the trainer have also started.

6. Psychology of small groups in sport. Observations, sociometric examinations, and tests with apparatuses have been made on sport teams. The differences, structures, performance efficiency etc. of various team sports were demonstrated.

7. Psychological problems in training the will power of athletes. As a result of a number of investigations the psychological laws relating to an effort of will, and the character and part played by motives in athletic activity were determined, as well as the significance of subjective and objective difficulties encountered by an athlete in the formation and perfection of his ability to control his efforts of will consciously.

On account of the variety and extent of sport psychology research in the Soviet Union it is not possible in a short review to specify the particular lines of research pursued by individual investigators and research centres in the Soviet Republics. The importance of the problems concerned is variously assessed and considerable differences also exist in the scientific conception of sport psychology problems.

In *Bulgaria* sport psychology research is at present dominated by three main themes: the psychological preparation of the athlete for contests, the problem of the influence of sport on the development of various psychic processes and characteristics of the athlete, and the direct psychological readiness of the athlete for competition. As a result of the emphasis placed on these subjects there has been a considerable decline of research in the field of the psychology of physical education. At the present time about 70% of all publications are devoted to the problems of the psychological preparation for competition and the psychology of sport training.

In *Hungary* the scientific foundations for sport psychology are beginning to be laid. Investigations carried out so far have been concerned in particular with the psychological problems of talent selection and the determination of the optimum age for commencing athletic training with a view to participation in competitive sports. The problem of the diagnosis of emotional conditions (objective and subjective signs of the pre-start emotional state) is being dealt with, and the motives for athletic activity are studied.

Sport psychology research in the *German Democratic Republic* is distinguished by a high scientific level and a critical approach to methods. Particular importance is attached to questions connected with the personality of the athlete. Action and control mechanisms which enable him to adjust to extreme conditions of training and competition are investigated, and principles established for the planned development of those characteristics of the athlete's personality that will contribute towards increasing and stabilising his efficiency. Intensive research is conducted on the following problem complexes: psychological analysis of training and competition conditions in relation to the subjective effect of stresses and their influence on athletic performance; analysis of dispositions and functional peculiarities of the psychic stress resistance; possibilities and methods for the psychological stabilization of the athlete's personality; psychological diagnosis of the athlete's personality (intellectual level and mental abilities, impetus dynamics, and impetus experience, motivation structures).

Sport psychology in the German Democratic Republic is characterized by the fact that it is based on investigations in all fields of athletics and attempts to embrace all kinds of sport. The "class character of Socialistic sport psychology" (Kunath) which is ascribed to scientific sport psychology is responsible for the highest degree of idealization of sport psychology to be found in every Socialist country.

In *Romania* absolute priority is given to sport psychology research in the field of competitive sport; the greatest importance, therefore, is attached—as in the Soviet Union and Bulgaria—to the general and specialized psychological preparation of the athlete. Questions concerning the control of psychic functions are dealt with and pre-start states of mind are thoroughly investigated. The motivation of the athlete, the particularities of the social interactions of top-ranking athletes, and the psychology of small groups are subjected to searching analysis. In recent times Romanian sport psychologists have evinced an increasing interest in the personality of the athlete.

A comprehensive analysis of sport psychology research in *Poland* has recently been made. From this analysis it can be inferred that in recent years research has been concentrated predominantly on the following fields:

1. Psycho-motor studies. Classic measurements of reaction time under various conditions were carried out and certain laws of motor learning established. The comprehensive research which has been conducted into the function of consciousness during the learning of athletic movements must be regarded as a pioneer work.

2. Psychic states during athletic activity. Pre-start states were investigated in particular, together with methods of auto-suggestion and auto-control as means for diminishing tension. The first impetus for the application of "autogenous training" in the field of sports came from Polish researchers. The problem of psychic concentration and stress resistance is supplemented by the study of psychic states during training and contests.

3. Personality structure of top-ranking athletes. The accentuation on methods and themes of investigation varies. Relationships between the personality structure of the athlete and his ascertained pre-start condition are thoroughly analyzed.

4. Sport interests, sport motivation, and psychosocial factors are also subjects of research which interest Polish sport psychologists.

The interest and research of sport psychologists in *Czechoslovakia* is directed particularly towards problems of the personality and the psychodiagnosis of athletes and trainers, motivation, control of emotional states, the possibilities of applying psychotherapeutic techniques, and the psychological guidance of top-ranking athletes. The research work of sport psychologists in Czechoslovakia has been on an advanced scientific and theoretical plane and points the way towards future developments.

From the subject matter of research in the various Socialist countries it can be seen that the greatest theoretical and practical importance is attached to the problem of the psychological preparation of the athlete for contests and the investigation of the psychological basis of athletic activity. The following description of particular problems together with the methods used and the results obtained is therefore confined to these subjects.

Psychological Preparation of Athletes for Contests

In the theory and practice of sport the division of the psychological preparation for competition into a *general* and a *special* stage has been found to be successful (Kozlov; Puni, 1969; Rudik, 1967). It is similar to the division advocated by Vanek (1970a), who makes a distinction between long and short range psychological preparation for contests. The object of this psychological preparation is the creation of both long-term and immediate conditions for an optimum level of the actual psychic state of the athlete, on which the direct outcome of the contest particularly depends (Vanek, 1970a). These objectives assume concrete form in the demand for psychic stability and stress resistance of the athlete and the perfection of his faculty of general adaptation to the natural and social conditions of athletic activity, especially the adaptation of his psychic functions and his entire personality to contest conditions (Vanek, 1970a; Geron, 1970). It has, however, become clear in recent years to most sport psychologists and trainers that the "psychological factor" of success in sport does not alone depend on certain moral and volitive characteristics of the athlete (Grebaus) but represents a considerably more complex process which includes a large number of psychological factors, and that an effective psychological preparation can only be guaranteed if all the psychological and moral aspects of the athlete are taken into consideration (Puni). The modelling of training practices and the control of the athlete's level of activity are looked upon as the main principles of psychological preparation (Vanek, 1970a).

The *general psychological preparation* is directed principally towards developing and perfecting those psychic functions which are indispensable for the athlete (Rudik).

Athletic training makes high and manifold demands on the psyche of an athlete. The improvement of movement technique in a number of different sports therefore requires a high level of intellectual activity. Technical mastership is closely bound up with orientation functions (Gueron, 1970). Extreme physical stress demands not only the corresponding adaptive abilities but also a painstaking preparation of the will and the capability to control emotional states.

The *special, immediate preparation* of the athlete for a contest is concentrated particularly on problems of mobilization of attention and concentration immediately before the start. These phenomena are investigated predominantly in the Soviet Union, Bulgaria, and Poland. Fundamental work in this field has been contributed by Genov, Genova, Gueron, Kozlov, Petrovich, Prvanov, Puni, Starosta, Starostova, Tchernikova, Wasilevski, and others.

In spite of an athlete's relatively short duration of the immediate preparation for the start, it can, according to Puni and Petrovitch—as previously suggested by Prvanov and Popova—be divided into three different stages:

1. Stage of control-orientating activity (e.g. intake of detailed information about the concrete circumstances of start conditions).

2. Stage of concentration. This is subdivided into two phases: Phase A in which the athlete in his imagination distinctly pictures the most important parts of the forthcoming exercise; phase B is the determination of the factor of readiness to carry out the activity in question.

3. Stage of critical examination or assessment. It applies only to those sports in which the same activity is repeated. Assessment is regarded as an indispensable operation in the transition to repeated control-orientating activity.

Extensive investigations of different kinds of sport have resulted in the establishment of certain laws concerning the concentration process prior to engaging in athletic activity, namely, 1. the existence of an optimum period of concentration, 2. the individual stability of the period of concentration, 3. a step-by-step prolongation of the period of concentration with increasing degrees of difficulty of the exercise. Recent investigations have shown, however, that there is no direct dependency of the concentration period on the difficulty of the exercise (Puni et al., 1969) Differences depending on sex were established with respect to the control-orientating stage and also to the length of the concentration period.

Investigations conducted by Genov, Petrov, Puni, and Starosta have shown that, as far as the period of concentration is concerned, athletes can be divided into three groups: those requiring a relatively short, medium, and long period of concentration before engaging in athletic activity. The investigations of Aslanov, Gueron, Livanov, Petrovich, Pisarenko, Puni, Romanin, and others demonstrated that this differentiation is based on the individual and typological characteristics of the athlete. This provides an important orientation point for determining optimum limits for the concentration time that is necessary before the execution of athletic tasks. Every athlete has a "comfort zone" where his motor impulses are most successful.

Results have proved that changes in the individual stability of the concentration period—particularly in the direction of reducing it—have a negative effect on the outcome of the athletic activity concerned. The theoretical approach towards the results obtained varies. Bulgarian sport psychologists, on the one hand, attempt to interpret certain regularities on a purely physiological basis, as, for example, the law of degree of excitement, while Soviet sport psychologists like Puni point out the importance of psychological factors in the interpretation of concentration processes immediately before a contest. The majority of sport psychologists in the Socialist countries, however, are convinced that, according to the results obtained thus far, the temporal dynamics of concentration, together with object-spatial conceptions, are decisively connected with the spatial-temporal dynamics of the bioelectrical activity of the cerebral cortex. During the last 10 years research was centred on individual optimum concentration periods and stability. In the methodics of the immediate preparation of the athlete, however, increasing significance is now attached to the spatial-object orientation of the consciousness and the programming, corrective, and training function of imagined movements. The concept of the "ideomotor harmony" of the athlete before the contest was evolved. (Petrovich, 1970) Special theoretical and practical importance was also given to the temporal dynamics of the concentration process, particularly to the switching of attention required in certain branches of sport. Questionnaires and measurements of concentration periods were used to determine the conditions under which the athlete decides to commence his activity.

Most investigations of concentration processes have been confined to the field of the immediate preparation of the athlete for competition. Now experimental investigations are being made to an increasing extent of the dynamics of concentration processes in training, during a contest (Novarnicyn; Romanin) and also after training and participation in a contest (Gorbunov).

A common basis of research for the problems and results of general psychological preparation and the special immediate preparation prior to the start is given by investigations into the *psychic readiness for competition*. The psychic readiness for competition is one of the most important aspects in the psychological preparation of the athlete for competitive sports (Puni, 1969). The question of the athlete's psychic readiness was first put forward by Lalajan; later it assumed paramount importance in connection with problems which arose in practice (Puni, 1969). Most researchers, such as Lechtmann, Puni, Tchernikov et al., investigated the state of psychic readiness as a pre-start condition; others, such as Gagayeva, Nersesyan et al., as an emotional-volitive condition (Genov, 1970). Basic work for the comprehension of the structures of the psychic readiness for competition was performed in the Leningrad and Moscow schools of sport psychology, in Bulgaria (Genov, Genova, Gueron et al.), in Poland (Gryglevska et al.) and in Czechoslovakia (Hošek, Machač, Vanek). The conclusion was reached that the syndrome of the state of psychic readiness contained a certain total of components which operate according to a dynamic and not a hierarchical system (Puni, 1969). Psychic readiness appears as the result of the activation of the psychic preparedness that exists for the performance of a certain activity (Genov, 1970). The psychic readiness for competition includes three aspects of the psychic activity of an athlete: the perceptual, emotional, and volitive aspects (Genov, 1970). With regard to the concept "psychic readiness", there are differences of opinion in sport psychology as to terminology and content. The Bulgarian and some Russian sport psychologists tend to regard the state of psychic readiness as an adaptation condition for the forthcoming contest and coined the expression "mobilized readiness" of the athlete for competition (Genov, Gueron, Rudik). In sport the state of readiness appears as an aspect of the start condition (Gueron, 1970). The Leningrad sport psychologists, on the other hand, hold that psychic readiness has also proved its importance as the general foundation of the psychic activity of the athlete in competition, hence—according to Puni—his high degree of disturbance-instability. The structure of the state of psychic readiness for competition contains many components.

The self-control of actions, thoughts, feelings, and the entire behaviour appears as the most important property of the factor "optimization of the condition of psychic readiness" in relation to the varying circumstances of competitive sport. The self-controlled changes of one of the factors bring changes of the whole system in its wake (Puni, 1969). An important impetus to the scientific study of the theory and practice of "psychic readiness" was given by the work of Alatorcev (1969). He made a definite distinction—like Gueron in 1970—between psychic readiness for competition and the psychological preparation that is so important for it.

The psychic readiness of the athlete is regarded as the integrated assessment of athletic preparation by most sport psychologists. In the theory and practice of sport it is viewed mostly in connection with the concept of "athletic form" but also in connection with the concept of "training condition".

What do the sport psychologists in the Socialist countries mean by the idea of "psychic readiness"? We have already referred to pre-start and start states of mind and also to the emotional and moral-volitive states associated with the conception of readiness. The level of wilful control of certain sections of the exercise as well as of the exercise as a whole also appears as a basic factor of the readiness of the athlete. Some Soviet psychologists, such as Kozlov, Alatorcev et al., take the view that the psychic readiness of the athlete can be characterized by his attitude towards the result of the contest (self-assessment). The experimental investigations carried out hitherto have shown varying results. Electro-physiological investigations (EMG, EEG, GSR, movement-mechanogram) performed by Gueron (1970) confirm that a certain connexion exists between the state of readiness for action and the degree of preparation for competition, and that the state of readiness depends on the nature of the activity in question. EMG investigations on speech muscles have proved the importance of the second signal system for research into the state of readiness. It is seen to be not only a state of excitement and activation but a state of adaptation as a whole. Genov (1970) investigated the psychic efficiency of athletes in a state of mobilized readiness. He established that psychic efficiency before a contest is considerably higher than before training and that psychic performance rises with increasing difficulty of the contest. By means of a complicated experiment, Rodionov found that, in a state of psychic readiness, optimum operation was shown by those nerve structures connected with the process of assessment of the forthcoming activity. He was able to determine (in the case of fencers) various stages of the state of readiness on the basis of the rapidity of anticipated and sensory-motor reactions. In the course of his experiments he established that athletes with an unbalanced high excitement level of the central nervous system reached the so-called pre-start state more quickly.

The state of psychic readiness is temporary and is determined by a large number of psychological factors. The diagnosis of the state of psychic readiness is therefore regarded as one of the most important problems in the preparation of the athlete for competition (Alatorcev, 1969; Gorbunov; Puni, 1969). Psychologists proceed from the assumption that in every concrete moment the effectiveness of the intellectual and motor activities controlled by the athlete depends upon his psychic condition. Sport psychologists employ various tests which enable the indicators of readiness to be determined; the results are ascertained in a state of rest and then compared with those obtained under competition conditions. Electrophysiological tests are predominantly used, such as electromyogram, electroencephalogram, skin resistance measurements, and pulsometer, tremometer, kinestesiometer, dynamometer, kinemanometer, modified Tapping tests, also concentration tests, association tests, sensory-motor tests (e.g. reaction time tests, coordination tests), and finally, a very well elaborated method of the Moscow sport psychologists, known as the "movement variation" method. These tests are supplemented by procedures for the determination of the level of aspirations and a number of attitude tests (self-assessment tests). Psychological interrogation and observation (film, video recorder) are also employed. The principal requirements demanded of these tests are: simplicity, brevity, and ease of application. Reference should be made to the work of Gorbunov and Jurasov for information regarding the interpretation of the results of tests of the psychic readiness of the athlete for competition.

Among others, the following indicators of psychic readiness were determined by means of the above-mentioned tests: length and stability of concentration time, emotional stability, high psychic efficiency, accuracy of perception, and reproduction of spatial and temporal components and of the force components of movement, attitude towards the result, self-assessment and degree of adaptation. Sport psychologists are by no means satisfied with the results hitherto obtained. A system of methods for the investigation of the psychic readiness of the athlete for competition is being postulated. It is believed that the structures of psychic readiness can be more closely determined through 1) the analysis and synthesis of the regularities of the course of actual athletic activity, 2) modelling this activity, 3) modelling psychic activity and other methods (Alatorcev, 1969). The regulation of psychic readiness and the methods of retaining it have been the subject of intensive research in recent times. These methods will be described as means of psychological preparation in the following section.

Methods which produce a psycho-regulative, stabilizing, and optimizing effect on the psychic functions of the athlete during training, immediately before the contest and during and after the contest are among the most important means for the general and immediate psychological preparation of the athlete for competition. The *autogenous training* (AT) evolved by J. H. Schultz is regarded as one of the most important methods. The first impetus for the use of AT in competitive sport came from Polish and Czechoslovakian sport psychologists (Rotkiewicz, Machač). The primary objectives in this connection were:

1. Increasing the effectiveness of recuperation periods in the course of the day, particularly before training;

2. Introduction of a practical and natural means of combating sleeplessness;

3. Creation of a possibility of counteracting the negative consequences of long periods of emotional tension;

4. Relieving excessive emotional states in the pre-start condition, immediately before the contest and between contests (Rotkiewicz).

The success achieved with AT led to the interest of sport psychologists in other Socialist countries being aroused after 1964 (Olympic Games, Tokyo). In the Soviet Union and Bulgaria, particularly, a number of sport doctors and sport psychologists began to utilize the principles of AT for sport.

Credit must be given to the Czechoslovakian and Soviet sport psychologists for having modified AT to meet the requirements of high performance sport. A variant of AT was developed by the Group for the Psychohygiene of Sport in the Moscow Section for Sport Psychology and designated as "psycho-regulating training" (PRT) (Alekseev, Belyaev, Gissen: 1968—70). It is divided into two parts: "tranquillization" and "activation". The first part is intended to attain objectives similar to those aimed at by Rotkiewicz with AT. In order to increase technical mastery, "ideomotor training" is carried out with the athlete in a completely relaxed condition. The first part of PRT is based on four fundamental components of the system of human psychophysiological processes (see Gissen, 1969). Several variants and modifications of the first part of PRT were developed. The first variation was produced by Alekseev, the second by Gissen and the third by Belyaev. Apart from these variations, abridged and extended forms of the first part have also been developed. The normal form takes 20 to 25 minutes to carry out, the abridged form only 2 to 4 minutes.

Practice has shown that in certain situations (competition, training) it is necessary for the athlete to regain his original level of activation. This purpose is fulfilled by the second part of PRT, the "activation" (reversion), which generally consists of 10 to 14 formulae. Should, however, the athlete be required to reach a still higher level of activation, he must make use of a further method called "tonicizing". In this a special part is played by the imaginary execution of motor activities.

Other variations of AT come from the Leningrad School of Sport Psychology and were developed principally by Tchernikova and Daschkevitch. In their last publication they designated their system of relaxation and activation as "complex methods of active self-regulation" (1971). The object of these methods is an effective regulation of the athlete's emotional states.

A third group of Soviet sport psychologists, led by Kuzmin, is engaged with the application of hypnosis and trance conditions as a means to improve the performance of and stabilize the athlete (Kuzmin).

Taking AT as a model, Machač (1971) developed a series of relaxation—activation methods which are not only based on practice but also possess a high theoretical value.

Psychological procedures are principally used to establish the effect of relaxation. An increase in performance, on the other hand, could be measured by means of the bicycle ergometer, the ergograph, the tenso-dynamometer (German Democratic Republic, Soviet Union) and other instruments.

Relaxation and activation methods are intended to take account of the athlete's individual characteristics, the kind of sport and the competitive activity.

For the great majority of sport psychologists who are engaged in the study of the above-mentioned problems the theoretical basis of their work is constituted by laws governing the higher nervous functions, the interrelation between the cerebral cortex and the subcortical structures and the interactions between the first and second signal systems.

Psychological Foundations of Athletic Activity

The psychological foundations of athletic activity cover a wide area which is the object of intensive research by the majority of sport psychologists in the Socialist countries. The opinion is held that the greater part of the problems connected with sport psychology can only be solved scientifically after the psychological structures of athletic activity in different kinds of sport have been thoroughly investigated.

In the psychological investigation of athletic activity consideration must be given to all sequential dynamic aspects and personality factors having a direct, actual significance for the analysis of the activity structure (Rudik, 1967).

Research work hitherto has been concentrated especially on the following subjects:

1. Motivation for athletic activity (Byatkin, Kelishev, Kunath, Machač, Navrocka, Palayma, Puni, Rychta, Suslov, Vanek et al.).
2. Emotional characteristics of athletic activity (Daschkevitch, Mariscuk, Oja, Pisarenko, Tchernikova et al.).
3. Questions of the sensory-motor system (Bogusch, Gavrilenko, Geblewiczowa, Genov, Landa, Matova, Mejskon, Melnikov, Navrocka, Onishenko, Povarnicyn, Troshanova, Zeljaskov et al.).
4. Problems of ideomotor training (Kogler, Onishenko, Puni, Rudik, Silin, Sologub, Surkov, Vishneva, Zadorin et al.).
5. Characteristics of volitional phenomena (Dimitrova, Genov, Gueron, Kiselev, Popov, Rodionov, Smirnov et al.).
6. Functioning of attention and orientation ability (Frolov, Kosincev, Kossov, Medvedev, Olszevska, Petrovitch, Romanin, Savenkov et al.).
7. Psychic stress in training and competition (Gavrilenko, Kunath, Mathesius, Müller, Ramtchev et al.).

The results obtained from the analysis of the psychological structure of athletic activity have hitherto not been systematized in either theoretical or practical respect. Some methodical steps towards constructing a theory of the psychology of athletic activity have been taken by Rudik and Kodym.

The methodical approach to the problem of the psychology of athletic activity has radically changed in recent years. The work of Vanek (1968, 1970a, b) on "modelled training" gave the impulse, particularly in the Soviet Union, to one of the most interesting lines of research pursued by sport psychology in the Socialist countries: the psychological modelling of athletic activity. Psychological modelling of athletic activity deals with the systems of corresponding psychic processes; the task of sport psychology is to determine what laws govern the optimum functioning of *all these systems* (Kossov, 1970).

The method of modelling as a method of investigating psychic systems is also economical on account of the relative simplicity of the models and the possibility of levelling the majority of disturbing factors. Psychological modelling in sport is dealt with under three different headings:

1. Modelling in laboratory experiments;

2. Modelling under the natural conditions of athletic training;

3. The modelling of certain kinds of athletic activity which may possibly serve as models for other kinds of athletic activity.

The results obtained by methods of psychological modelling of athletic activity (Kossov, Belik, Demin, Zadorin, Kalikinskij, Lomov, Petrov, Frolov, Palyga, Zadorin, Komysov) have led to a considerably more differentiated and accurate view of the psychological system of athletic activity.

Tendencies of Socialist Sport Psychology

The tendencies of sport psychology in the various Socialist countries can be judged by the research projects which have already been carried out and also by the plans for future research already published by some countries.

In the Soviet Union (Gromadskij) psychological research is directed towards:

1. More complete consideration of the part played by the psychological factor in view of the immense intensification of athletic activity in extreme competitive conditions under maximum nervous and psychic tension;

2. Ensuring the functioning of the psychic mechanisms for the control of athletic activity which permits adaptation to the constantly changing conditions of competion,

3. Creation of the athlete's psychic readiness for contest;

4. Developing optimum methods for the formation, training, and selection of athletes.

These research plans, it is understood, will be carried out principally by the Departments for Sport Psychology in Moscow and Leningrad and by the Institutes for Physical Education in Kiev, Tblissi, Smolensk, and Volgograd.

In addition to these projects, it can be expected that, even more prominence will in the future be given to social-psychological investigations, which are already intensively practised.

In Czechoslovakia, in addition to problems of personality research, of psychodiagnosis, etc., a subject of future research will be the dynamics of psychic processes in training and competition, especially changes in the psychic state caused by the outcome of the contest (frustration, aggression). It is also intended to analyse the psychological problems connected with top performances (Vanek, Hosek et al.: Prague). In Bratislava, (Machač, Bezak) one of the subjects to be stressed in the future will be the theoretical basis for talent selection and the physical education of youth.

Research in the other Socialist countries shows similar tendencies. Sport psychologists will direct their investigations even more intensively towards the psychological-problems of the preparation of the athlete for competition, particularly problems of psychic stress and fatigue in training and competition, of psychic adaptation ability and stabilization and of the psychological readiness for contest. Further research can be expected into the personality of the athlete in connection with the so-called "psychic factor" in the different branches of sport. Social-psychological aspects are already receiving the attention they merit. It can be assumed that the general interest shown in social psychology in the Soviet Union will not only set off new impulses in that country but will also intensify social-psychological research in the field of sport psychology in the other Socialist countries.

Sport Psychology in the Socialist Countries

The development of sport psychology in the Socialist countries has been constantly and decisively influenced—many investigators confirm this—by the two great sport psychologists of the Soviet Union, Puni and Rudik. Their repeated demand, not to let the theory of sport psychology be "forgotten" among the insistent claims of practice, has induced Socialist sportpsychologists to continue in making new efforts to establish a theoretical foundation for the problems encountered. New approaches based on informationtheory and cybernetic models are being sought.

The great socio-political importance attached to sport in the Socialist countries also provides a motive for the sport psychologists in these countries to pursue their scientific work with the utmost energy. The result of their efforts is a methodical and critical sport psychology on a high scientific level which occupies a prominent position in the international field.

Horst Smieskol

Sport Pedagogics in the United States

Scientific sport research can, first of all, be subdivided in accordance with the scientific disciplines which deal with the phenomenon of human movement in the various developed forms of sport. In traditional scientific sport research, therefore, a distinction is made between the medical, biological, psychological, sociological, pedagogical, and historical aspects, and so on. It has become apparent, however, that this method with its orientation towards the older established sciences does not entirely meet the requirements of the modern scientific outlook. Based on the fact that an interdisciplinary procedure can lead to a clearer comprehension of a certain phenomenon, theoretical concepts have been developed within the sphere of scientific sport research designated according to the field of investigation concerned, such as the training and motion theories.

At the present moment it appears advisable to allow these two systematic methods to exist side by side for the time being, especially since both are to be found in American discussions on the scientific aspect of sport. Interesting attempts have been made to promote the break-through of the second method, based on the phenomenon itself, the principal starting point being the phenomenon of human movement (Kenyon in Slusher/Lockhart, 1970; Metheny and Abernathy in: Haag, 1970).

Physical Education as an "Academic Discipline", as a Field of Study and Research

In the United States, since about 1930, the question of "Physical Training as a Subject of Investigation and Research" has been discussed and efforts have been made to find satisfactory answers.

In the course of this development the constant improvement of the "Undergraduate and Graduate Programs in Physical Education" and their closer orientation towards science and research has been of decisive importance. A significant contribution was also made by three conferences, namely "The National Conference on Undergraduate Professional Preparation in Health Education, Physical Education, and Recreation" in 1948, "The National Conference on Graduate Study in Health Education, Physical Education and Recreation" in 1950, and a conference in 1962 on "Professional Preparation in Health Education, Physical Education, and Recreation Education", the results of which were published by the American Association for Health, Physical Education, and Recreation (AAHPER).

A further important result of these endeavours to gain scientific recognition was provided by the "Design Conference" in Chicago in 1965. In three stages: general observations—the extent of the field designated as "Physical Education"—methods for achieving a working definition—the conference arrived at a preliminary working definition of specific phenomena which are the subjects of investigation and research in the field of physical education (NAPECW and NCPEAM, Ed. 1967, p. 77/78):

"Movement is an essential function of all living organisms. Life is maintained by movement; if this function is no longer exercised, death takes place. Movement is an essential function of man. Man moves within his environment to maintain his existence, to satisfy his basic needs and to achieve his self-determined personal objectives. All living organisms function as fully integrated units in which every part, every segment, every system, and every process within the scope of the overall organization of the organism produces an interaction. Man also functions as a fully integrated unit. The function of movement is thus a function of the 'entire person' and is related in various ways to every aspect of the being and behaviour of man. Consequently the human function we know as movement can be examined under all terms of reference which are appropiate for the investigation of man in general.

The scope of academic investigation and research which comes under the heading of physical education belongs to this general sphere including all aspects of movement as an essential human function."

With regard to determining the contents of the definition of "Physical Education" the "Big Ten Body-of-Knowledge Project in Physical Education" (Zeigler/McCristal in NAPECW and NCPEAM, ed., 1967) was of great importance. The ten large universities (Illinois, Indiana, Iowa, Michigan, Michigan State, Minnesota, Northwestern, Ohio State, Purdue, and Wisconsin) still pursue their efforts to elucidate "Physical Education" as a subject of study and research and to define its scope. The conference of 1966, by six committee reports, indicated the lines to be followed in further research in the field of physical education and at the same designated the subject matter of the American theory of physical education in the sixties and at the beginning of the seventies:

1. Physiology of physical education,
2. Organization theory,
3. Sociology of sport and physical education,
4. Biomechanics,
5. Theory of movement and sport psychology,
6. History, philosophy, and the comparative study of physical education and sport.

These points show that the concept of "Physical Education" is quite broadly interpreted. When the "Scientific Foundations of Physical Education" are mentioned in American sports literature they refer to biological, psychological, and sociological research (points 1, 3 and 5 in the above summary). "Biomechanics" (4) have strongly influenced scientific sport research, particularly in recent years, and can be evaluated as a central starting point in the scientific study of movement which is the basic phenomenon in physical education. "Organization theory" (2) stresses the importance of the imparting of knowledge which plays an essential role in the field of physical education.

The inclusion of (6) "history, philosophy, and the comparative study of physical education and sport" (Zeigler, Howell, Trekell, 1970) shows that scientific sport research in the USA is not just a relatively disconnected, empirical, detailed research; historical research is frequently demanded in the USA as a means of confirming the national identity and the specific development of the "New World".

"Philosophy", on the other hand, must be understood in a broad sense as the endeavour to attain conceptual and thematic clarity. Finally, the "comparative study of physical education" indicates that movement, sport and physical education are constitutive manifestations in the life of man which assume many different national forms and have to be investigated more closely through comparative scientific research.

The recurring demand in the USA for a "Body of Knowledge for Physical Education" appears to be adequately met by these considerations and conceptions, so that also the claim for physical education to be recognized as an "academic discipline", as a field of teaching and research, has received a predominantly positive answer (Rarick in Haag, 1970).

The Fundamentals of Methodical Research as Regards Sport and Physical Education

A great variety of basic methods has been employed in sport pedagogical research in recent years. We find, for example, descriptive (surveys, case studies, genetic methods), experimental, historical, comparative, and philosophic methods. It must, furthermore, be emphasized that in the entire sphere of American research theory and practice there is a clearly recognizable and strong tendency towards empirical research, including research in the fields of physical education and sport. This is best confirmed by the reports which appear in the "Research Quarterly". This empirical research is, moreover, characterized by a preponderance of studies in the fields of "Kinesiology" and "Exercise Physiology".

Statistics electronic data processing, and tests play an important part in these research methods which are in general use in the USA, particularly in the field of sport research.

In order to present research efforts in the sphere of physical education more clearly, various points are listed below which are of importance for the realization of these research aims and at the same time demonstrate the specific character of American scientific sport research practice:

1. A fundamental problem of research methods which frequently occurs is presented by the execution of "random tests" in corresponding "populations". There are various possible solutions for arriving at the preliminary decisions which are necessary in empirical research: simple random tests, stratiform random tests, multiple spot checks, systematic spot checks, multi-stage spot checks, sequential analysis, improbability tests, etc.

2. Many methods are used for the acquisition of data in sport pedagogical research: interrogation, questionnaires, observations, check lists, evaluation scales, documents, and records, point (performance) cards and photography (photographs, slides, film strips and loops, cine-films), aptitude, skill, and knowledge tests.

3. The application of test methods has become characteristic of research in the field of physical education. A distinction is made between various categories:

— basic motor qualities, condition aspects.
— sports motor skills referred to different kinds of sport.
— knowledge of kinds of sport and problems of physical education.
— behaviour, opinions, attitudes (opinion tables, sociometric methods, etc.).

In this connexion it is not necessary to deal with the fundamentals of test theory and statistics (preparation of tests, validity, reliability, standards, evaluation, etc.). It must, however, be emphasized that the inclusion of tests is a basic feature of American sport pedagogics research.

4. A large proportion of research work is based on investigations in laboratories that are equipped with instruments for experimental research. This branch of research is primarily concerned with measurements of all kinds with reference to criteria such as speed, strength and power, reaction time, neuromuscular tremor, kinesthesis, equilibrium, muscle tension, metabolism, circulatory and respiratory endurance, various aspects of physical performance.

Regarded on a systematic basis, the laboratory research carried out by American research experts in the sphere of physical education is chiefly concerned (Scott, 1964) with "anthropometry, body mechanics, kinesiology and activity analysis, methods of instruction, applied psychology, etc."

5. On the assumption that the aim of educational endeavours is to produce changes in the behaviour of the persons to whom these efforts are addressed, special importance must be attached to the so-called "Action Research" in the field of sport pedagogics research. The basic aim of this method of research is to elucidate and confirm the relationship between a predetermined action and a given target, the target in this case being envisaged as a change in behaviour. This line of research is reflected in modern theories of science, according to which science should be related to practice and its utilization in this context should also form part of scientific investigation.

Disregarding the numerous methodical points of departure for scientific sport research mentioned in this short outline, we have, in the sense of consideration of research methods, basically a constant process with three continually recurring stages:

a) Observation, recording, organization, and evaluation of data.
b) Generalization for the formulation of a theory.
c) Testing of new formulations with further observations, etc.

In the case of American physical education it can be established that this process of scientific work had already come into being at the beginning of this century and has attained a continually higher degree of intensity and quality, particularly since 1950. On the other hand there are those who claim that the effect of the consequent changes and improvements in practice on present scientific sport research is still relatively slight (Locke, 1969; Miller, 1969).

Points of Research Emphasis in the Field of Physical Education

American society, with its pragmatic philosophy of life and a corresponding appreciation of science, attaches high value to sport and physical education; it is therefore obvious that these have been the subject of scientific investigation for years, as is evidenced by the numerous research studies (cf. AAHPER "Completed Research in Health, Physical Education and Recreation" since 1959).

A characteristic feature of American scientific sport research in general and research oriented more toward sport pedagogics in particular is the existence of a relatively close relationship with other spheres of science, the so-called "mother sciences". In this connection a reference to the "ten most important results of pedagogics research in the last 10 years" (Griffiths in: Bucher-Goldman, 1969) appears justified. These results themselves provide important suggestions for research in the field of physical education:

1. Investigations into the quantitative development of the human character.
2. Investigations into the nature and structure of intelligence.
3. Application of computer technology to investigations of learning theory.
4. Effects of the environment on the development of the individual.
5. The development of the individual.
6. Characteristics and personality features of the organizers of education.
7. Talent-finding and talentpromotion in young people.
8. Plans for a revision of the curriculum.
9. Conant's investigations of high schools and the training of teachers.
10. Fundamentals of the biochemical learning and remembering process.

Within the narrower field of physical education this schedule can be supplemented by the identification of the following problems which have been stressed in recent research:

1. In the American concept of education the interrelation of the three aspects recreation, health and physical education constitutes a fundamental question. The emphasis of research in this section is comprehensible if we consider that recreation, health, and movement are three interconnected dimensions and that the determination of learning objectives in each of these aspects of education can only be made with due regard to the two others (Haag, 1970).

2. Since curriculum research in the USA can look back on a long tradition it is not surprising that curriculum research in the field of sport has also been stressed in research into physical education up to the present time. In this connection particular attention has been paid to the following problems: the biological and psychic nature and needs of children and juveniles, the learning process, the nature and needs of present society, aims and purposes of physical education, evaluation, curriculum, and the preparation of teaching materials (Alley, Johnson, Wesley in: Scott, 1964). A decisive factor in this respect is also the fact that in the USA, in particular, the investigation of questions concerning the sport curriculum is carried out on a relatively wide basis in the sense of research activities.

3. In the field of pedagogical research which is strongly emphasized in the USA, the scientific investigation of the effectiveness and applicability of methods of sport instruction has hitherto played a decisive role. In this connection many results have been published of research into the employment of teaching aids in sport instruction and into the opinions and behaviour of pupils with respect to their relevance to the processes of instruction (Scott, 1964).

4. As a consequence of the "Physical Fitness" movement which arose principally after 1950 one of the points of emphasis of research after about 1950 concerned fitness and physical fitness. Typical questions dealt with by this line of research were the preparation of fitness tests (e.g. AAHPER), analytical investigations of fitness factors (Fleishmann), and the efficacy of different fitness programmes. Meanwhile the scientific analysis of fitness, starting in the USA, has become a principal object of research throughout the world (cf. the elaboration of an international "Standard Fitness Test").

5. The "Project on Recreation and Fitness for the Mentally Retarded" which was begun in 1965 under the auspices of the "AAHPER" and the "Joseph P. Kennedy Jr. Foundation" initiated numerous research schemes which have, in part, already resulted in effective measures for the assistance of these fringe groups. Together with the "Project Head Start", this is an example of the fact that research has also been directed towards the burning problems of the fringe groups and minorities in American society.

6. The "Lifetime Sports Education Project", also begun by "AAHPER" in 1965, has similarly been a thematic item of research emphasis in the field of physical education. These endeavours have not only had repurcussions in areas outside the schools, but have also been of decisive importance in the revision of existing sport curricula.

7. In the past, the development of tests of all possible dimensions constituted a further major item of research in the sphere of physical education (Barrow/McGee; Sheehan, 1971). The prevailing fundamental pragmatism and the predominantly empirical methods of research are responsible for this activity. At the present time AAHPER is engaged in the preparation of "Skill Tests" for all kinds of sport published as "Sports Skills Manuals," which is proof of a centrally directed research effort in this area.

8. What is true of the pronounced development of curriculum research in the USA equally applies to the field of comparative physical education, where research can profit from the general science of comparative education that is largely developed in the Anglo-Saxon world. Comparative investigations have enabled American conceptions and models to be appraised in relation to alternatives, with the result that in many cases new ideas for the development of the educational field of sport and physical training were gained (Haag, 1970; Zeigler/Howell/Trekell, 1970).

Open Questions and Tasks for Future Sport Pedagogics Research

In the following discussion it is intended to outline some perspectives which could be of importance for the future development of a research programme in the field of physical education. Apart from considerations of method, research entails the simultaneous planning of the research in question so that, in the sense of a forward-looking strategy and a regard for necessary priorities, results are obtained which will be of assistance in checking and improving the corresponding field of practice. Bucher (1972), in this demand for a prospective physical education, outlined tendencies and focal points which are characteristic of American physical education in the seventies and eighties and thus constitute a future programme for physical education and the further development of scientific sport research which could be of importance (cf. Haag, 1970).

1. Creation of a centre for the development of new models and strategies, in which leading figures in the field of physical education should participate and, in particular, furnish the impetus for new research projects.

2. Mobilization of persons in the USA who are actively engaged in the field of physical education in order to make selective use of their specific skills, capabilities, and talents which, in the end, will benefit research-intensive activities.

3. Research work by all kinds of organizations outside the universities, such as the American Academy of Physical Education, the American College of Sports Medicine, the National Foundation for Health, Physical Education and Recreation, the American Association for Health, Physical Education, and Recreation, the President's Council on Physical Fitness, etc.; these bodies will initiate, plan, and carry out investigations and research projects to an increasing extent which, in their turn, can promote research work in the field of physical education at universities and colleges.

4. The demand for full recognition of health education, recreation education, and physical education as academic disciplines; the preconditions of such recognition have yet to be created but a contribution to this goal could be made by an intensification of research and the presentation of corresponding results of this effort.

5. The formulation of a scientifically supported, comprehensive publicity programme for the presentation of physical education as a field of teaching and research in all its aspects.

6. Consideration must be given to the consequences which result from an increasing internationalization and world-wide interrelationship which also affects the field of physical education and lends special importance to comparative research methods.

7. Exact and purposeful analysis of the contribution of sport and physical education to the health of mankind; research into the connection between health and movement behaviour must be more differentiated than hitherto.

8. Constant discussion of the problems of leisure, in which the value and the possibilities of sport and physical education must be clearly worked out by appropriate research.

9. Research into the needs and problems of minorities and fringe groups that are typical for the American pluralistic society. In the sector of education efforts have already been made to assist handicapped fringe groups and minorities through "Project Head Start". Future sport pedagogical research must provide a more accurate delineation of the possibilities offered by these initiatives in the field of sport and physical education.

10. Analysis of the part played by women with regard to sport (see: participation in competitive sport), more particularly of female movement behaviour. In this case it is necessary to make statements, supported by scientific investigations, which can replace the pure theorems which have been valid up till now.

11. Development of a "New Physical Education" through scientific checking and revision of existing curricula (obligatory programmes at all stages and competitive sport programmes) which, among other things, could mean operational determination of learning objectives in the sense of curriculum research also in the field of physical education. In this connexion the question should be examined whether the conceptual approach developed for health education can be transferred in similar form to the sphere of physical education.

12. Reform of the study of physical education, taking into consideration the new teaching approaches in the universities, with the object of attaining greater professional relevance in the training of sports instructors.

The more the importance of the phenomenon of sport and thus of movement as dimension of human behaviour and finally of physical education as a possible theory and realizable form of educational endeavour enters the general consciousness, the more numerous will be the discernible aspects, possibilities and also necessities for scientific studies and research projects in the field of sport pedagogics. This signifies at the same time that the prospective developments which are pointed out in this paper can only be regarded as examples and are intended merely to indicate future perspectives in the domain of physical education.

Herbert Haag

Sport Psychology in North America

The expansive development of sport psychology, one of the youngest branches of psychology, is shown by the great increase in relevant publications in the USA and Canada during the last decade. The "sport psychology boom" is reflected in about 40 monographs and miscellanies, over 600 journal articles and about 300 dissertations published since 1960.

In addition to a large variety of findings as the result of research conducted in different subdivisions, some attempts have been made to systematize and construct theories of the psychology of sport. An intensification and coordination of research can be seen, particularly in recent years, in the activities of the North American Society of Psychology in Sport and Physical Activity (NASPSPA), which was founded in 1967. The annual conventions, mostly held in conjunction with the congresses of the American Association for Health, Physical Education, and Recreation (AAHPER), and the 2nd World Congress of the International Society of Sports Psychology (ISSP) organized by the NASPSPA give a picture of the present position of North American sport psychology, showing it to be orientated towards both basic research and practical application.

The fields of research and the methods of sport psychology are directed—being confined to the theoretical and practical consideration of sport—mainly towards the developments of the general, personality-, development-, and social psychology. The great number and variety of investigations can be divided into the following principal fields, which indicate the main points of emphasis.

a) *Movement behaviour and motor learning.* Following in the steps of American psychology of learning, the principal interest of the psychologists and physical instructors engaged in the field of sport psychology is in the province of motor performance, motor behaviour, and learning. Factors concerned in and prerequisites for movement behaviour, perceptual problems, and questions of the relationship between physical fitness and different aspects of performance are subjects of investigation, together with research into the theory and methods of acquiring perceptual-motor skills.

b) *Personality.* Under this heading much attention is paid to the differential psychological aspects of participation in sports. Increasing significance is attached to the personality structure and dynamics of athletes and trainers, the personality aspects of aggression and anxiety, achievement motivation and motive genesis as well as to the athlete's own image of himself. The concept of emotional health is discussed with particular regard to the relationships between personality characteristics and athletic activities.

c) *Development psychology in sport.* Investigations of development in childhood and youth deal with various aspects of motor, intellectual, emotional, and social development in their relationship to physical training. The problems of the mentally and physically handicapped child receive especial attention. In this field great importance is attached to the development of methods of sport pedagogics and therapy.

d) *Social psychology of sport.* Under the influence of and in discussion with sport sociology a large number of problems concerned with the social psychology of sport have recently been investigated. In addition to some attempts at an explanation of the phenomenon sport from socio-psychological aspects, investigations have been conducted primarily into the structure and dynamics of sport groups, the interaction between athletes and spectators, leadership, and the attitudes, values and prejudices concerning sport and athletic activities.

In addition to the main areas outlined above there are other fields of research, bordering on the provinces of medicine and physiology, in which, for example, psychological questions connected with physical strength, psycho-physiological activation or the physiological and psychic effects of fatigue and stress are dealt with.

Motor Behaviour and Motor Learning

Basing their work on the tradition of experimental learning psychology and the requirements of teaching and fitness programmes for physical education, a number of researchers are engaged in the field of *motor activity* and *motor learning.* Questions of *training research*, therefore, occupy the relatively largest place in the literature dealing with sport psychology.

Starting from the assumed relationship between sport or sport instruction and physical fitness and strongly influenced by political decisions (cf. the activities of the President's Council on Youth Fitness), several research programmes have been initiated. One of the largest programmes was carried out by E. A. Fleishman and his collaborators and had for its main object the establishment of criteria for physical efficiency. After investigations extending over several years, Fleishman published his results in 1964 in a book entitled "The structure and measurement of physical fitness". His main concern was the development, testing and standardization of a test battery for the measurement of physical fitness. A total of 14 fitness tests for measuring strength, speed, flexibility, balance, and coordination were carried out on more than 20,000 children and youths between the ages of 12 and 18. In his work Fleishman made use of the correlation-statistical method. This is based on the hypothesis that correlated tests will measure the same "factor". In the course of a sequential strategy Fleishman thus arrived at a taxonomy of motor abilities. The factor-analytical dimensions obtained were named as follows and form the basis for a number of other investigations for the purpose of learning perceptual-motor skills: control precision; multilimb coordination; response orientation; reaction time; speed of arm movement; rate control; manual and finger dexterity; arm-hand steadiness; wrist-finger speed; aiming; extent and dynamic flexibility; static, explosive, dynamic, and trunk strength; gross body coordination and equilibrium and, finally, stamina (cardiovascular endurance).

Fleishman makes a distinction between (perceptual-motor) skill and the term ability. Whereas "ability" represents more a general characteristic which can be understood as the result of certain reaction consistencies to definite tasks, the concept "skill" refers to the level of efficiency in performing a specific task. Skills can be regarded as descriptive parameters in the perceptual-motor learning process.

The great number of investigations made by Fleishman and his collaborators into abilities which influence the learning process (e.g. the pre-task abilities of an individual), into individual differences in learning ability and learning efficiency, together with the factor analyses of learning processes, have contributed to the establishment of a possible theory of perceptual-motor learning and have also provided practical material for sport instruction and sport training.

Apart from Fleishman, special mention must be made of B. J. Cratty, J. Lawther, J. B. Oxendine, and R. N. Singer as leading representatives of research into motor development and motor learning. Cratty bases his investigations of different types of motor behaviour and learning on a "three-level theory of perceptual-motor behaviour". The first level is represented by general behaviour factors, such as the characteristic state of activation or a general aspiration level. The second level is considered as the location of specific perceptual-motor ability traits, such as arm-leg-speed, static strength or physical dexterity. The third level is made up of task specifics as, for instance, specific experience, conditions of training or the prevailing social conditions. Cratty's model is strongly orientated towards requirements of sport pedagogics, and he has expanded it—in rough approximation to information and system-theoretical concepts—into a conception in which movements are regarded on the one hand functionally as "behaviour loops" and, on the other hand, qualitatively as continua. The concept of a behaviour loop emphasises that a measurable "bit" of a motor performance is dependent on direct and long-term functional loops which are composed of processes within and outside the organism. On account of the complexity of the human organism, a "bit" of movement behaviour which is to be identified can, according to Cratty, be analysed on scales which describe the various qualitative differences between motor actions: the verbal-motor continuum, the perceptual-motor continuum, the strength-accuracy continuum, the visual-motor continuum, the fine-coarse continuum or the simple-complex continuum.

Great importance is attached to the problem of perception, especially of kinesthetic feedback, in conjunction with the investigation of movement behaviour and motor learning. Various research results suggest that a general kinesthetic sense does not exist and that kinesthetic feedback is limited to feedback which supplies the individual with information about segmental localisations and the movement parameters speed, direction, and duration. According to Judith L. Smith the acquisition of skills includes continuous use of kinesthetic feedback and memory in order to attain a consistent movement structure.

The following can be mentioned additionally among the great variety of problems which are under investigation: reaction and movement time, movement plasticity and complexity, balancing ability and visual-motor coordination. Papers have also been written dealing with: execution and training conditions for motor learning—learning curves, distributed and massed practice, pauses, training transfer, retention, and forgetting of motor skills, and special learning and teaching methods. In recent times sport psychologists have turned their attention towards mental training methods and modern aids to learning (learning machines, programmed instruction or audio-visual techniques) which hitherto have not been used very much in practice but which hold out great promise for instruction and training. The concept of creativity, which has come increasingly to the fore in psychological intelligence research, has also attracted considerable attention in the field of physical instruction during the last few years. An action theory of creativity in sport has been outlined by G. I. Brown and D. Gaynor.

Commenting on the attempts to establish a theory of perceptual-motor learning, Singer, in a summary dealing with different learning theories and the practical implication of motor learning to physical education, states that probably the point has been reached where general theories of perceptual-motor performance are no longer adequate and specific models for specific categories of skills are necessary. General surveys of motor learning have also been published by Lawther and Oxendine.

Personality Psychology

Personality research has been the subject of a large amount of literature during the past decade. It is devoted chiefly to the investigation of the personality structure of persons who participate actively in sport in any way, whether they are school children and college students or athletes in different branches of sport. During the last few years the personality of the coach and sports instructor has also been taken into account in these investigations.

The personality profiles of athletes are compared with those of non-athletes under differential psychological aspects. Personality profile analyses are made both of male and female athletes in various branches of sport, although in the case of women only sporadically and in quite recent times. Investigations which show, for instance, that the cadets in a military academy who have practised sports since their schooldays are better adjusted socially, more dominant, more enthusiastic but also more conservative than cadets who have not gone in for sports, raise the problem whether these differences in personality are due to the fact that participation in sports influences personality structure, or whether persons with a certain personality structure tend to partake in sporting activities. The solution to this problem should be given by follow-up or longitudinal investigations. Various investigations have shown, however, that the personality structure of persons who were classified in the first examination as passive regarding sport changed in about the same degree as that of athletes, despite participation in intensive sport instruction and training. In any case there was no approximation towards the personality profile of athletes. Other investigators, however, arrive at different results in some cases, so that this problem still remains an open question.

The majority of researchers working in the field of sport psychology have made sporadic personality investigations which, however, have not been pursued further. The few more extensive research programmes have been carried out by W. Kroll and collaborators and by B. B. Ogilvie and T. A. Tutko. The methodic procedure is similar in most investigations: comparative investigations are performed for the most part with standardized personality tests and questionnaires.

The surprising fact that personality investigations in sport have — in contrast to general personality research—led to almost uniform results is due to the circumstance that a tacit agreement on the theoretical framework appears to have been achieved. The theoretical foundation is mostly formed by the personality models of Cattell or Guilford. Cattell's Sixteen Personality Factor Questionnaire is then the procedure mostly used for making a multivariate personality profile analysis of different athletic groups, as is seen, for instance, in the investigations of W. Kroll and W. Crenshaw. Taking certain criteria into account—e.g. equal efficiency level—it is possible to arrive at a classification of certain types of athletes. Similar personality profiles provide the basis for characterizing for example, American football players and wrestlers as "fighting types". Statements of this kind are significant, in particular, for the selection and psychological supervision of athletes.

The connection between scientific research and practical application is shown, above all, by the investigations made by Ogilvie and Tutko. Their studies of over 2000 competitive and top-class athletes, including sport trainers, form a scientific and effective basis for the individual coaching of athletes.

The clinical aspect of the athlete's personality that is emphasized by these authors is extended by Beisser into the socio-psychological and socio-critical fields. The case studies which he presents in his book "The madness in sports" make a contribution to a possible correction of stereotypes about the personality problems of top-class athletes.

In this connection the question of a relationship between sport and aggression assumes some significance. On the basis of various psychological, ethological, and anthropological theories of aggression, the question has been examined whether —in the sense of the cathartic theory—agressive tendencies are reduced through an openly aggressive behaviour in competitive sport or whether—in the sense of the circular theory—they are intensified. Investigations by different authors suggest that the control of aggression in athletes is weak, but it is not clear whether participation in sport acts as a kind of safety-valve for aggressive or hostile tendencies. Investigations of this problem have left more open than answered questions.

The conception of "emotional health" comprises those departments of research in which possible relationships between active participation in physical training and sport and a "healthy" emotional structure are investigated. Studies made, for instance, by Emma McCloy Layman provide information about the psycho-hygienic function of sport and its effect on the development of emotional stability and desirable personality characteristics.

Growing interest has recently been shown in the athlete's self-concept and his body image. Some investigations point towards greater hypochondriac tendencies in athletes than in non-athletes. Motivation-dynamic problems of the relationship between anxiety and athletic performance and their importance for the development of the personality also constitute a field of research and contribute towards the formulation of theoretical models of the personality of an athlete as well as to pedagogic and therapeutical practices in sport.

Development Psychology in Sport

Adequate and effective physical education presumes an accurate knowledge of the psycho-physical development of the child. *Development psychology*, with its special stress on motor development, is therefore of great importance. A number of researchers are working in this field, their main objective being to construct development models and theories on the basis of empirical and experimental findings, as well as to propose concrete educational and therapy programmes on the basis of motor education for the healthy and the handicapped child.

This line of research has strongly been influenced by the team A. H. Ismail, C. C. Cowell, J. J. Gruber, N. C. Kephart, and D. R. Kirkendall, whose investigations into psychic and physical relationships at different stages of development can be summarized in the concept of "Integrated Development".

In accordance with Piaget's development psychology they set out from the premise that in the maturing and developing process of a child an adequate motor interaction with the environment is a prerequisite for acquiring and executing cognitive and intellectual proficiency. In order to investigate the relationships between different motor aptitudes and intellectual performance, the authors, such as Ismail and Gruber, employ regression and correlation statistical methods and factor analysis. In the course of further methodical procedure, canonical correlation analyses are employed for the determination of multivariate relationships between physical fitness and coordination and between intellectual spheres, as has recently been done by Kirkendall and Gruber. Differential investigations carried out on children and youths of various ages and different grades of intelligence and efficiency furnished proof of positive correlations, in particular between motor variables of balance and coordination on the one hand and intellectual achievement parameters on the other.

From the results of their investigations the authors conclude, as a practical implication, that physical education can constitute a significant contribution towards the entire learning ability of the child. The practical inference from these research results is also the possibility of formulating special programmes for the education and treatment of children who are handicapped as regards their learning and motor abilities.

The longitudinal investigations carried out by R. C. Brown, Jr. lead to the establishment of an interaction model for integrated development, on the basis of which it may be possible to predict a child's performance at school. The dependence on age and development of the structure of the five factors: intellectual development, physical efficiency, physical growth, emotional development and physical development, is discussed within the framework of this model.

In this connection, one of the latest contributions to development psychology has been made by B. J. Cratty. He has constructed a model in which cognitive, verbal, motor, and perceptual behaviour is represented as a process of simultaneous differentiation and integration of different interdependent attributes on a time basis of human development up to maturity. This model is based predominantly on the results of factor-analytical research on perceptual-motor abilities, such as has been carried out, for example, by Fleishman and his group.

Social Psychology of Sport

The *social psychology* of sport, one of the youngest branches of sport psychology, has been the subject of increased interest only since the sixties. Investigators have concentrated their attention principally upon the following problems: the sports team as a small group, the formal structure and situative dynamics of sport groups, the role of the leader of a group, achievement motivation and aspiration level, social attitudes towards sport and physical activity, and the significance of social influences (e.g. spectators) on performance.

Considerations of concept and theory formulation in research on small groups in sport start with sociological criticism of the social-psychological models of the group, which is investigated mostly under laboratory conditions. As "natural" groups, sport groups exhibit, due to their sports setting, determined and controllable characteristics. Formal characteristics such as role structure, codified rules or victories in competition can be accurately apprehended and investigated as performance indicators. Authors like Cratty and G. Lüschen, whose work has influenced small group research in sport, point out the importance for physical education and for the practice of sport which exists in psychological investigations of the behaviour of individuals in social situations, as well as in sociological studies of groups as part of a general social system of action.

Investigations carried out by different authors concerning the two fundamentally distinguishable types of small groups in the sphere of sport, namely, a group which is formed spontaneously for the purpose of playing a game on the one hand, and a regular team on the other hand, mostly produce the following results: the integration of a play group comes about through the personal relationships of the members of the group to each other, whereas in a team assembled on the basis of definite standards of performance, the individual personal relationships are (mostly) replaced by the task and role structure, or at least lose their importance. There are a number of papers in which—mostly by means of sociometrical and scaling techniques—the mutual attraction of group members or the cohesion of the group examined. The results of this work suggest that neither a maximum nor a minimum but rather a medium, i.e. optimum degree of group cohesion is necessary for a high group performance.

A balanced relation between co-operation requirements and competitive desires determines—among other variables—the efficiency of a group. It is, however, not yet possible on the basis of present findings to make any definite statement about the relationship between the efficiency and the inter-personal aspect of a team.

Probably most controversies between workers in the field of small groups (in sport) concern the part played by the leader of a group. The trait theory of leadership, according to which certain personality characteristics determine the leader of a group, was usually opposed to the situation theory. A compromise in the form of a trait-situation theory was presented by A. E. Myers and F. E. Fiedler. Their three-dimensional contingency model, which describes the relation-ships between the leader and the members of the group, is based on the three variables: strength of the leader position, a successful leader-member relationship and the aim structure (of a task). A leader's orientation towards his task depends, amongst other things, on his inter-personal perception of the members of the group. A special variable is constituted by the "least preferred co-worker" (LPC) in the eyes of the leader. The hypothesis derived from the model, which has been empirically tested—for instance, by investigations of baseball teams—is formulated as follows: a curvilinear relationship in the form of an inverted U-function exists between the leader's LPC-value and the performance of the team. According to Myers and Fiedler, for example, task-orientated and authoritative leaders who have a low LPC-value are more successful in situations which are very favourable or very unfavourable for the leader.

A leadership model in which the various roles of a leader are shown as the intersections of two dimensions, has recently been established by J. W. Loy. A distinction is made between an external-internal or cultural-social structural dimension of a group on the one hand and an instrumental-expressive dimension of leadership on the other hand. In accordance with Parsons and Bales, this model takes account of the complementary leadership roles of the trainer as technical expert and executive leader, or of the trainer as educator and moral leader in the external dimension and the leadership roles of a team member as task leader, or as social-emotional leader in the internal dimension.

On the basis of a theory by Grusky concerning the formal structure of a group (a sports team), J. W. Loy and J. N. Sage have carried out investigations on baseball teams in which the hypothesis was tested that leadership in sport is a function of the position of an individual within a sports organization. The interdependent behaviour dimensions within a formal structure are regarded as being: spatial location, nature of task, and frequency of interaction. The combination of these three factors results in the types of high and low interactors. The results confirm the thesis that team members in important formal positions and with higher (formal) interaction rates (catchers and in-fielders) are usually awarded the role of the competent *and* popular leader.

An important field of investigation within the framework of the social psychology of sport is that of attitude research. A larger number of investigations into the attitudes of different groups of persons towards sport and physical activity furnish results from which educational, learning, and social influences can be inferred with respect to the attitude of an individual towards sport. A model conceived by G. S. Kenyon, a leading social psychologist and sport sociologist, has been used as a basis for more recent investigations into attitudes towards sport. According to Kenyon, the attitude of an individual towards physical activity can be differentiated into the following six dimensions: social experience, health and fitness, pursuit of vertigo, aesthetic experience, catharsis (in the sense of the catharsis hypothesis of aggression research), and finally ascetic experience. Recent investigations in which top-ranking athletes of both sexes and various branches of sport scaled their attitudes showed a clear preference for sport activity as an aesthetic experience.

Papers which have been published in recent years concerning the social relationships between athletes and spectators mostly deal with the question of the influence of the spectators on the performance of a group of athletes. Experimental investigations have recently confirmed the "social facilitation" theory, according to it the presence of spectators inhibits the acquisition of new abilities and skills, whereas in the case of trained persons the presence of spectators exerts a positive influence on performance.

* * *

The present state of North American sport psychology which, both with respect to the efforts made to establish a theoretical basis and also with regard to its practical application in school, leisure and competitive sport, has exhibited a more rapid quantitative development in the last decade than in the preceding 50 years, can finally be summed up as follows: although a large amount of empirical and experimental work has been carried out in very many subdivisions of sport psychology, a uniform concept and a theory which embraces all fields are still lacking. The starting points or results of many investigations are a number of "short range" or "middle range" theories which are then "verified" or "falsified" by other investigations. Causal models as bases of many investigations, in which the influence of "independent" variables or predictors on modes of behaviour or criteria are examined, represent only inadequately a contribution towards explaining the acting man within the framework of sport.

The scientological foundation of sport psychology in North America is still an open problem. It is true that through the adoption of a predominantly empirical research procedure a quantity of data has been accumulated concerning problems in a wide variety of fields but they cannot be regarded as constituting binding values in theoretical or even in practical respects. Closely associated with this situation is the necessity for the sports psychologist to intensify the reflection of his own activity on society.

The demand therefore arises for the persons involved in physical training or sport to be regarded within a larger frame of reference. The first steps towards a system-theoretical approach are already evident in some fields, as, for instance, in the theory of social action based on the work of Parsons, or in the system-theoretical cybernetic models of perceptual-motor learning. The starting point of further empirical progress should be the attempt to arrive at a sport-psychological model of human action which comprises all personal and inter-personal aspects. This model could form the basis for a uniform and integrative theory of sport psychology.

Empirical work on the basis of such a model is still required in many sections, such as: problems of motivation in sport and during sport activities, gerontological problems, or psychological and social aspects of sport in a leisure society.

From a methodological point of view, more methods than hitherto should be employed to enable the determination of the cyclic dependencies of the variables under investigation. These include, for instance, the methods of multivariate covariance analysis or dynamic correlation analysis. Longitudinal investigations into learning, development, and social processes could also contribute to a more adequate theoretical and empirical mastery of many as yet unsolved problems of sport psychology.

Ivars Udris

Sport and Sport Psychology in Japan

Physical Education in Schools and Universities

With the beginning of the occupation of Japan in 1945 a big transformation took place in physical education at Japanese schools in accordance with the recommendations of the American authorities, and the objectives of the physical training curricula established before the capitulation were changed. The emphasis was no longer on gymnastics but on sport and games.

After the recovery of industry and the restoration of independence the curricula were reformed in the years 1951, 1953, 1958, 1960 and 1968. Finally, in June 1971, the Central Council for Education, the advisory committee of the Ministry of Education, submitted a plan for physical education in schools which is expected to result in a fundamental reform.

Criticism began to be levelled at the educational system of the occupation period in about 1952, when the peace treaty with Japan was concluded. Training in self-defence, for instance, which the army of occupation had deleted from the curriculum, was re-introduced in the secondary schools and higher institutions of instruction (Judo and Kyudo archery, 1952; Japanese Kendo fencing, 1954).

The aims of present-day physical education are as follows:

1. Promotion of healthy physical and mental development in school children through different kinds of sport, leading finally to an increase in efficiency (development principle).

2. Through receiving instruction in different kinds of sport and becoming accustomed to various kinds of training, with ensuing success, the school children should gain the impression of leading a fuller life (principle of acquiring skills).

3. Promotion through sport and games of the necessary attitude towards social existence, exemplified, for instance, by the idea of fair play and the willingness to undertake responsibility together with friends (socialization principle).

4. The school children must learn and realize that due consideration must be given to health and safety in training; they should acquire fundamental knowledge about health and thus equip themselves with the knowledge and ability required for leading a healthy life (health and safety principle).

None of the four principles named above can be practised independently of the others, since they are all closely related. The last three principles are based upon the first. It expresses the view that physical education primarily promotes a healthy physical and mental development and stimulates activity.

The same idea underlies the basic forms of physical education in the lower and upper levels of the secondary schools, and in the elementary schools. The physical education programme in the elementary schools comprises floor and apparatus exercises, athletics, ball games, rhythmic exercizes, etc.; at the lower level of the secondary schools the children are also taught combative games, dancing, swimming, and physical education theory. The course of instruction for pupils at the upper level of the secondary schools is practically the same as that for the lower level but there is a difference which depends on the choice made by the individual day or evening pupil. This possibility of choice ensures supervision of the physical training of the evening pupils, even if special factors such as the distance between school and home, other circumstances, and living conditions have to be taken into account.

In the course of the educational reform of 1949 physical education was included in the curriculum of the universities as a compulsory subject. Since then all students must register for a course of lectures (theory of physical education, health, and hygiene) and for participation in one kind of sport. This obligatory participation in sport pursues the following aims:

1. The retention and promotion of health, the improvement of physical efficiency, and the awakening of an awareness of the indispensability of health and physical training.
2. Establishment of a sports programme taking account of the students' interests and strengthening their determination to participate in physical activities.
3. Creation of an attractive form of instruction for preparing the students for the special circumstances pertaining to community life.

All universities are free to adapt this plan according to their own ideas.

In the course of progressive social reform it was decided to make a drastic change in the educational system. In June 1971 a corresponding plan was submitted by the Central Committee for Education. It is intended that the new educational system shall come into force in 1973 and be finally realized within ten years. After the proclamation of an educational system in the Meiji era and the introduction of the system of 6 + 3 + 3 years—similar to that of the United States—in 1946 this will be the third major reform project. Through the introduction of the new system in 2 years the present system which provides for one school type only, will be replaced by a system envisaging several types which will no doubt have a considerable influence on the present system of physical education.

Physical education at universities is dealt with in the "Directives for the Reform of Studies", from which we quote the following extract: "With regard to health and physical education the system should finally be developed to provide adequate guidance for sports activities outside the curriculum and to enable the state of health of all students to be closely supervised". In the notes to the final report it is stated: "With regard to health and physical education, facilities should be created for detailed instruction in extra-curricular athletic activities in the upper grades of high school. Importance should, therefore, be attached during the whole period of school attendance to physical training, and the health of all pupils should be supervised. The objective in view cannot, however, be attained by a uniform and predetermined plan for health supervision and physical training which has no other aim than the acquisition of a diploma. In future, in order to be in accordance with educational policy, every organization and institution entrusted with instruction at the upper level of secondary schools must make flexible changes in the curriculum and thus create a comprehensive educational programme and versatile methods of instruction". This statement could be interpreted by many to mean that instruction in sport is no longer obligatory at the universities. This question was the subject of discussion among university sport instructors and at present the answer is that it should be left to each university to interpret the regulations as it thinks best. Under these circumstances it is possible that some universities will not make sport instruction a compulsory subject.

Extra-Curricular Sport

It can be said without exaggeration that since the Meiji era Japanese sport has developed to an increasing extent within associations which are centred around the schools (extra-curricular sport). Apart from the equestrians, the Japanese participants in the Olympic Games up to 1936 were, almost without exception, university students. It was only after 1960 that the number of participants from the associations increased. Many of them had already won honours in competitive sport during their school-days. Only in rare cases had these entrants started physical training after leaving school.

Since the end of the Second World War the activities of the associations have played an important role as part of a special training programme in conjunction with the physical training included in the school curriculum.

There are more associations connected with the universities than with the secondary schools, and they comprise more male than female members. As regards the different kinds of associations, the universities have a larger number of different associations than the secondary schools at the upper level, and these in turn have more than the lower levels, of the secondary schools. Different sports such as baseball, table tennis, basketball, volleyball, tennis, judo, kendo (Japanese fencing), gymnastics, and mountain-climbing are practised in a relatively large number of schools.

In 1948 the Ministry of Education issued strict instructions to the effect that pupils at the upper levels of the secondary schools and younger pupils should not arrange matches against other schools. About 1962, however, in view of the preparations for the Olympic Games in Tokyo, many members of the associations called for a relaxation of this regulation. The Ministry of Education acceded to this demand and in June 1962 gave permission for matches between schools to be arranged. This ruling is still in force today but there is now a wide-spread opinion that it should be revised, and for the following reasons: the health and physical efficiency of children and young students has improved; sport is practised outside the schools by boys and girls in accordance with their abilities; the population as a whole must practise sport to a greater extent before the contest conditions can be modernized.

In Japan the number of sport associations at the schools has increased from year to year but, the number of university students who practise sport has decreased. It is especially noteworthy that since about 1965 the number of club members at the universities has declined considerably in the case of clubs which have the object of arranging contest's with other universities, whereas the membership of associations of likeminded students has increased.

Popular Sport

Popular interest in sport has grown rapidly since the Japanese way of life was in a very short time transformed from that of a farming to that of an urban society, and since the extensive reform of the economy that has taken place within the last ten years.

Many people can now invest more time and money in sport because the advance of automation offers them more leisure time and their standard of living has improved due to higher income levels.

The social sports programme in Japan can be classified mainly according to the institutions which furnish sports facilities. There is, for instance, the sports programme of the government and public bodies, the sports programme at the place of employment, and private enterprise programmes. At the present time there are great differences, both in qualitative and quantitative respects, in the facilities offered to workers at their place of employment. Advantages offered to employees vary in accordance with the size of the companies for which they work. Employees in medium-sized and small firms must generally use public facilities if they want to take up some sport. Public sport facilities are financed and maintained by contributions and donations, and the training centres for the hundred-year old sports of judo, kendo, and kyudo are all financed privately.

Nowadays the social sports programme can be divided into two main categories, more or less, according to the aim pursued. In the one category the chief object is the arrangement of contests between clubs, while the other category is devoted to the encouragement of interest and pleasure in sport and leisure activities.

Contests are mostly between the teams of large firms; these teams are composed of employees who were winners of contests in their schooldays. In general, these matches are organized with the object of promoting publicity for the firms concerned; this intention is quite evident in the case of baseball, football, volleyball, and athletics. It is true that the training of the club members is supported by the firms which encourage sport because it serves as a means of publicity but, they disregard the fact that sport should be for the benefit of all their employees. It is by no means a rare occurrence for such firms to dissolve their sport clubs if business is bad.

It has always been the custom in Japan for young men to be trained in the art of selfdefence; after the Olympic Games in Tokyo, however, a large number of private clubs for different kinds of sport came into existence and recruited members. Because Japanese swimmers did not do well in the Olympic Games in Tokyo, many swimming associations for boys and girls were established after 1968 in a large number of towns and cities to restore the fine reputation of the Japanese as swimmers which they had attained many years previously and supervisory bodies were created to superintend these clubs. In the same way, clubs were founded for football, gymnastics, volleyball, etc., although in a smaller number. No supervisory bodies were set up to superintend these.

The Government was slow in recognizing the importance of popular sport but finally did so in 1971 by allocating quite substantial funds for the extension and improvement of sports grounds and the training of sports instructors.

Sport Psychology

Up to 1950 very few researchers were engaged in the study of sport psychology in Japan but their number has increased rapidly in recent years. This came about through the establishment of sports institutes at universities which were soon followed by sports academies.

As a result of the growing number of researchers, more papers with the findings of investigations were submitted at the congresses of the Japanese sports association. Although the association founded its own research committee for sport psychology its chief task was the evaluation of research results.

In Japan sport psychology is concerned, amongst other things, with the study of learning, adjustment, guidance style, and development; the number of investigations is determined by the importance attached to the various themes. About 70% of all researchers are engaged in the study of learning and adjustment; this percentage has not changed in the course of the past ten years.

The methods of investigation most frequently employed are experiments, followed by tests, measurements, and questionnaires. The frequency of the use of the measurement, test, and questionnaire methods has varied at times, the employment of experimental methods, on the other hand, exhibits a steadily rising tendency. From the point of view of the historical development of psychology which made conspicuous progress with the introduction of experimental methods, it can be said that research in the field of sport psychology in Japan shows a constant upward trend. Experiments are most frequently made in the fields of learning and leadership style, while measurements are carried out principally in those of development and learning. Tests are often performed in the field of adjustment and most frequently in personality assessment. Among the various standard tests, preference is given by many researchers to the Yatabe-Guillford personality test. Many investigators engaged in behaviour research use the questionnaire method for investigating adjustment. At the present time sport psychologists are turning their attention to questions such as "the therapeutic function of sport", "changes in attitude towards competitive sport", "sport and mental energy", "fitness for sport", etc. Although there has been an enormous increase in the number of researchers in the field of sport psychology in Japan it must be said that few of them have dealt thoroughly with the fundamental branches of science such as physiology, anatomy, biochemistry, and nutrition. This fact tends to cast doubt on the progress of sport psychology.

Kinichi Asano

Bibliography

The Pedagogics of Sport in West European Countries

Amylong, T., Thoren, C.: Försök med särskild specialundervisning i gymnastik (An experiment in a particular type of special education in gymnastics). Tidskrift i Gymnastik **96**, 86—96 (1969).

Arnold, P.: Education, Physical Education, and Personality Development. London 1968.

Ausschuß Deutscher Leibeserzieher (ADL): Motivation im Sport. Schorndorf 1971.

Bernett, H.: Grundformen der Leibeserziehung. Schorndorf 1965.

Böhme, J.-O., Gadow, J., Güldenpfennig, S., Jensen, J., Pfister, R.: Sport im Spätkapitalismus. Frankfurt 1971.

Le Boulch, J.: L'éducation par le mouvement. 3rd ed., Paris 1968.

Burger, E. W., Groll, H.: Leibeserziehung. 3rd ed., Wien 1971.

Decker, R.: Le schéma de la leçon d'éducation physique. Gymnasium **3**, **4** (1969).

Dietrich, K.: Zum Problem der Lehrplanentscheidung. Ahrensberg 1972.

Fetz, F.: Allgemeine Methodik der Leibesübungen. 4th ed., Frankfurt 1971.

Gordijn, C. C. F.: Inleiding to het bewegingsonderwijs (Introduction to movement education). Baarn 1968.

Granstrom, K.: Elevernas inställning till gymnastik (The attitude of students to gymnastics). Tidskrift i Gymnastik **97**, 254—264 (1970).

Grupe, O.: Grundlagen der Sportpädagogik. München 1969.

— (ed.): Einführung in die Theorie der Leibeserziehung. 2nd ed., Schorndorf 1970.

Hecker, G.: Das Problem der Operationalisierung von Lernzielen für den Sportunterricht. Sportwissenschaft **1**, 126—135 (1971).

Hedberg, G.: Gymnastikundervisningen pa gymnasiet (Physical education in high schools), vol. I, II. Pedagogiska Rapporter 8, 10. Umeå 1970.

Heeböll-Nielsen, K.: Handicappede skoleelever ogskolgymnastiken Gentofte kommune (Physically handicapped school children and school sports in the community of Gentofte). Tidsskrift for Legemsövelser **35**, 1—15 (1970).

James, M.: Education and physical education. London 1967.

Jörgensen, B.: Et forsög — en undersögelse. Tidskrift for Legemsövelser **34**, 14—19 (1969).

Kane, J. E. (ed.): Readings in physical education. London 1967.

Mathiesen, G.: Helsesport for utviklingshemmede (Therapeutical sports for students with disturbed development). Oslo 1966.

Mester, L.: Grundfragen der Leibeserziehung. 3rd ed., Braunschweig 1969.

Morris, P. R., Whiting, H. T. A.: Motor impairment and compensatory education. London 1971.

Paschen, K.: Didaktik der Leibeserziehung. 3rd ed., Frankfurt 1970.

Picq, L., Vayer, P.: Education psycho-motrice et arriération mentale. 3rd ed., Paris 1968.

Randall, M. W.: Modern ideas on physical education. 3rd ed., London 1967.

Recla, J. (ed.): Methodik der Leibesübungen. Graz 1969.

Retter, H.: Zum gegenwärtigen Stand der Lehre von den Entwicklungsphasen in der Leibeserziehung. Die Leibeserziehung **18**, 4—11 (1969).

Rieder, H.: Sport als Therapie. Berlin-Frankfurt-München 1971.

Rijsdorp, K.: Gymnologie. Utrecht-Antwerpen 1971.

Schmitz, J. N.: Studien zur Didaktik der Leibeserziehung, vol. I, II. 2nd ed., Schorndorf 1967, 1970.

The Association of Teachers in College Departments of Education, Physical Education Section (ed.): The Philosophy of Physical Education. Derby 1970.

Thomas, R.: Introduction aux fondements théoriques et méthodologiques de la recherche sportive. Paris 1970.
Viala, M.: Les tâches du professeur d'éducation physique. Revue de l'éducation physique **10** (1970).
Willimczik, K.: Wissenschaftstheoretische Aspekte einer Sportwissenschaft. Frankfurt 1968.
Wintzel, B.: Redovisning av försöksverksamhet i gymnasiet vid Brännkyrka gymnasium 1966—67 (Report on an experiment conducted at the Brännkyrka high school). Tidskrift i Gymnastik **95**, 214—223 (1968).

Sport Psychology in West European Countries

Antonelli, F.: Psicologia e psicopatologia dello sport. Rom 1963.
— Valutazione psicodiagnostica dell' atleta. Rom 1964.
Azemar, G.: Sport et latéralité. Paris 1970.
Ballreich, R.: Weg- und Zeit-Merkmale von Sprintbewegungen. Berlin 1970.
Bouet, M.: Les motivations des sportifs. Paris 1969.
Hiriartborde, E., Fraisse, P.: Les aptitudes rhythmiques. Paris 1968.
Holding, D. H.: Principles of training. Oxford 1965.
Kane, J. E.: Personality and physical abilities. In: Kenyon, G. S. (ed.): Contemporary psychology of sport. Chicago 1970.
Knapp, B.: Skill in Sport. The attainment of proficiency. London 1963.
Lenk, H.: Leistungsmotivation und Mannschaftsdynamik. Schorndorf 1970.
Neumann, O.: Die leibseelische Entwicklung im Jugendalter. München 1964.
Rieder, H.: Sport als Therapie. Berlin 1971.
Start, K. B.: Mental rehearsal in the learning and performance of motor skills. In: Antonelli, F. (ed.) Psicologia dello sport. Rom 1967.
Thill, V.: Contribution à l'étude de la structure dynamique de la personnalité dans les rapports avec l'expression sportive. Tours 1970.
Ulich, E.: Some experiments on the function of mental training in the acquisition of motor skills. Ergonomics, 411—419 (1967).
Ungerer, D.: Zur Theorie des sensomotorischen Lernens. Schorndorf 1971.
Veit, H.: Untersuchungen der Gruppendynamik von Ballspielmannschaften. Schorndorf 1971.
Volkamer, M.: Zur Problematik motorischer Entwicklungstests. Schorndorf 1971.
Volpert, W.: Sensumotorisches Lernen. Frankfurt 1971.
Whiting, H. T. A.: Acquiring ball skills. A psychological interpretation. London 1969.

Sport Psychology in the Socialist Countries of Europe

Alatorcev, W. A. (ed.): The preparedness of the athlete. All-Union Institute of Scientific Research in Physical Education, Section Sport Psychology. Moscow 1969.
Bjuchler, R.: Studies in sport psychology made in the People's Republic of Hungary. Teorija i praktika fiziceskoj kul'tury **32**, No. 2 (1969).
Geblewicz, M., Nawrocka, W., Rychta, T.: Problems of sportpsychology in Poland in 1945—1969. In: Scientific Session "25 years of physical culture in the Polish People's Republic", vol. III, Warsaw 1970.
Genov, F.: Difficulties in sport, and the classification thereof. Voprosy Psichologii **XIV**, No. 1 (1968).
— The essence and structure of the mobilized preparedness of the athlete. In: Materials for the Scientific Conference of Sport Psychologists from the Socialist Countries. Moscow 1970.
Gueron, E.: Electro-physiological indicators of the state of preparedness. In: Materials for the Scientific Conference of Sport Psychologists from the Socialist Countries. Moscow 1970.
— The possibilities offered by sport for training the will. Vuprosi na fiziceskata kultura No. 6 (1971).
Gissen, D.: Psycho-regulating training. All-Union Institute of Scientific Research in Physical Education, Section Sport Psychology. Moscow 1969.

Hošek, V.: The need for achievement. Teorie a Praxe telesne Vychovy **18**, No. 6 (1970).
Kossov, B. B.: Psychological formation of sport activities. In: Materials for the Scientific Conference of Sport Psychologists from the Socialist Countries. Moscow 1970.
Machač, M.: Instructions for training in relaxation-activation methods. Psychologicky Ustav. Prague 1971.
Müller, S.: Die Struktur des „psychischen Faktors" im Boxen. In: Theorie und Praxis der Körperkultur 1967.
Nawrocka, W.: The function of consciousness in learning sport motor exercises. Psychologia Wychowawcza No. 4, (1969).
Petrovich, V. K.: Topical problems of the immediate psychological preparation of the sportsman. In: Materials for the Scientific Conference of Sport Psychologists from the Socialist Countries. Moscow 1970.
Predesku, A., Popesku, S.: Some aspects of studies made in the field of sport psychology in Rumania. Teorija i praktika fiziceskoj kul'tury **32**, No. 2 (1969).
Puni, A. C.: Psychological preparation for sport contests. Fizkultura i Sport. (1969).
Rudik, P. A.: Sport psychology in the USSR for 50 years. In: Voprosy Psichologii. Nr. 6 (1967).
— Puni, A. C., Chudadov, N. A. (Hed.): Psychological preparation of athletes for contests in various diciplines. Fizkultura i sport. (1968).
Tchernikova, O. A., Daschkevitch, O. W.: The active self-regulation of emotional situations of the athlete. Fizkultura i sport. (1971).
Vanek, M.: Training models. In: Aktualni problemi na psychologijata na sporta, Sbornik. Sofia 1968.
— The system of psychological preparation of the athlete. In: Materials for the Scientific Conference of Sport Psychologists from the Socialist Countries. Moscow 1970.
— Cratty, B.: Psychology and the superior athlete. London: the Macmillan Company, Collier-Macmillan Limited 1970b.

Sport Pedagogics in the United States

Brown, R. C., Kenyon, G. S. (ed.): Classical studies on physical activity. Englewood Cliffs, N.J. 1968.
Barrow, H. M., McGee, R.: A practical approach to measurement in physical education. Philadelphia 1971.
Bucher, Ch. A.: Foundations of physical education. St. Louis 1972.
— Goldman, M. (ed.): Dimensions of physical education. St. Louis 1969.
Cowell, Ch. C., France, W. L.: Philosophy and principles of physical education. Engelwood Cliffs, N.J. 1963.
Dalen, D. B. van, Meyer, W. J.: Understanding educational research. An introduction. New York 1966.
— Bennett, Br. L.: A World history of physical education. Cultural, philosophical, comparative. Englewood Cliffs, N.J. 1971.
Haag, H., (ed.): Die Leibeserziehung in den Vereinigten Staaten. Beiträge zum Verständnis ihrer Theorie und Praxis. Schorndorf 1970.
— Die amerikanische Gesundheitserziehung. Theoretische Grundlagen und Realisierung in der Schule. Ein Beitrag zum Verständnis des Zusammenhanges von Freizeit-, Gesundheits- und Leibeserziehung. Schorndorf 1971.
Locke, L. F.: Research in physical education: A critical view. New York.
— Researchers and teachers at the OK Corral. In: NCPEAM (ed.): Proceedings — Annual Meeting 1969, p. 160—172.
Miller, R. J.: Some aspects of research and practice. In: NCPEAM (ed.): proceedings — annual meeting 1969. p. 172—182.
NAPECW and NCPEAM, (ed.): Quest 1967, Tuscon, Arizona 1967.
Nixon, J. E.: An introduction to physical education. Philadelphia 1969.
Patterson, A., Hallberg, E. C. (ed.): Background readings for physical education. New York 1965.

Scott, M. G. (ed.): Research methods in health, physical education, recreation. IInd. ed. Washington D.C. 1964.
Slusher, H. S., Lockhart, A. S. (ed.): An introduction to physical education. Anthology of contemporary readings (Chapter 7. The discipline of physical education, p. 277—306). Dubuque 1970.
Sheehan, Th. J.: An introduction to the evaluation of measurement data in physical education. Reading (Mass.) 1971.
Zeigler, E. F., Howell, M. L., Trekell, M.: Research in the history, philosophy, and international aspects of physical education and sport. Champaign (Illinois) 1970.

Sport Psychology in North America

Beisser, A. R.: The madness in sports. Psychosocial observations on sports. New York 1967.
Brown, G. I., Gaynor, D.: Athletic action as creativity. J. of creative behavior **1**, 155—162 (1967).
Brown, R. C., Jr.: The contribution of physical activity to integrated development of man. In: Brown, R. C., Jr., Cratty, B. J. (ed.): New perspectives of man in action. Englewood Cliffs, N.J. 1969.
Cooper, L.: Athletics, activity, and personality. A review of the literature. Res. Quart. **40**, 17—22 (1969).
Cratty, B. J.: Social dimensions of physical activity. Englewood Cliffs, N.J. 1967 a.
— Movement behavior and motor learning, 2nd ed. Philadelphia 1967 b.
— Psychology and physical activity. Englewood Cliffs, N.J. 1968.
— Perceptual-motor development in infants and children. London 1970.
Fleishman, E. A.: The structure and measurement of physical fitness. Englewood Cliffs, N.J. 1964.
— Perceptual-motor abilities and learning, pp. 545—558. In: Kenyon, G. S. (ed.): Contemporary psychology of sport, Chicago: The Athletic Inst. 1970.
Ismail, A. H., Gruber, J. J.: Integrated development. Motor aptitude and intellectual performance. Columbus, Ohio 1967.
Kenyon, G. S.: A conceptual model for characterizing physical activity. In: Loy, J. W., Jr., Kenyon, G. S. (ed.): Sport, culture, and society. A reader on the sociology of sport, pp. 71—81. London 1969.
Kirkendall, D. R., Gruber, J. J.: Canonical relationships between the motor and intellectual achievement domains in culturally deprived high school pupils. Res. Quart. **41**, 496—502 (1970).
Kroll, W., Crenshaw, W.: Multivariate personality profile analysis of four athletic groups. In: Kenyon, G. S. (ed.): Contemporary psychology of sport, pp. 97—106. Chicago, Ill.: The Athletic Inst. 1970.
Lawther, J.: The learning of physical skills. Englewood Cliffs, N.J. 1968.
Layman, Emma McCloy: The role of play and sport in healthy emotional development: A reappraisal. In: Kenyon, G. S. (ed.): Contemporary psychology of sport, pp. 249—258. Chicago, Ill.: The Athletic Inst. 1970.
Loy, J. W., Jr.: Reaction to Lüschen paper. In: Kenyon, G. S. (ed.): Aspects of contemporary sport sociology, pp. 67—69. Chicago, Ill.: The Athletic Inst. 1969.
— Sage, J. N.: The effects of formal structure in organizational leadership: An investigation of interscholastic baseballteams. In: Kenyon, G. S. (ed.): Contemporary psychology of sport, pp. 363—374. Chicago, Ill.: The Athletic Inst. 1970.
Lüschen, G.: Small group research and the group in sport. In: Kenyon ,G. S. (ed.): Aspects of contemporary sport sociology, pp. 57—66. Chicago, Ill.: The Athletic Inst. 1969.
Myers, A. E., Fiedler, F. E.: Theorie und Probleme der Führung. Unter spezieller Berücksichtigung des Mannschaftssports. (Theory and problems of leadership with special reference to teamsports). In: Lüschen, G. (ed.): Kleingruppenforschung und Gruppe im Sport, pp. 92—106. Köln/Opladen 1966.
Ogilvie, B. C., Tutko, T. A.: Problem athletes and how to handle them. London 1966.
Oxendine, J. B.: Psychology of motor learning. New York 1968.

Singer, R. N.: Motor learning and human performance. An application to physical education skills. New York 1968.
Smith, Judith L.: Kinesthesis: A model for movement feedback. In: Brown, R. C., Jr., Cratty, B. J. (ed.). Englewood Cliffs, N.J. 1969.

Sport and Sport Psychology in Japan

Education Ministry: Health and physical strength of young people. Tokyo Teikoku Chiho Gyoseigakukai 1966.
Inoue, K.: History of school physical education system. Tokyo 1970.
Imamura, Y.: History of Japanese physical education. Tokyo 1970.
Japan Amateur Sport Association: Encyclopedia of sports. Tokyo 1970.
Kinoshita, H.: History of sports in modern Japan. Tokyo 1969.
Matsuda, I.: Modern sports psychology. Tokyo 1967.
Matsui, M.: Physical education psychology. Tokyo 1959.
Journal of health, physical education, and recreation **19**, No. 11 (1969).
Bulletin of the Institute of Physical Education, Keio University **11**, No. 1 (1971).
Mizuno, T.: Summary of history of physical education. Tokyo 1966.

Contributions to Sport Medicine

Introduction

Although sport medicine is one of the oldest scientifically investigated fields in the whole complex of physical education, the level of knowledge differs in various sections and from one country to another so that it is difficult to present a uniform picture of the actual state of sport science in general and of sport medicine in particular. A uniform overall spectrum is lacking; it is only possible to pick out certain colours. The main items in sport medicine are occupational and performance medicine, and these are making great progress. The improvement in performance from year to year is a signal which deductively challenges science to carry out analyses. Sport medicine has created a wide and firm foundation for itself through trial and error and the statistical evaluation of series of systematic observations and investigations. The circulatory system, the functioning of the lungs, and the musculature have been so thoroughly investigated in non-athletes and athletes that one can speak of fundamental knowledge. Our knowledge progresses smoothly in still finer dimensions and is constantly widening in extent. Modern enzymology, electron microscopy, biophysical measuring, and checking methods have opened up new fields and directions for research. But today's knowledge may turn out to be tomorrow's error and every advance in the field of general or detailed analysis of life-processes down to the internal structure of the cell promises to provide further aspects for sport medicine.

No active athlete is in any doubt that body and mind are both involved in the attainment of highest efficiency and that the human organism is more than a mere muscle machine under the command of the nerves. It is true that in 1780 the dramatist Friedrich von Schiller used the word "machine" in his thesis for the doctorate of medicine entiled "Relationship between the animal and spiritual nature of man" but, in paragraph 13 of his thesis, which he had to justify in his capacity of regimental medical officer, he wrote: "Spiritual pleasure promotes the well-being of the machine".

Everybody who has participated in competitive sport knows that "the machine", even if it is in good training, will not achieve its highest performance without the right frame of mind and emotional drive. The fact that athletes of the home country of an Olympiad often attain quite unexpected top performances shows, in confirmation of individual observations, that a cowed or anxious athlete cannot give of his best. Just as applause is life-blood for an actor, so does enthusiasm among the spectators on the stands enhance the performance of an athlete. The whole psychosomatic branch of medicine dealing with functional capacity is a scientific field in course of development. Here the co-operation of psychiatrists, psychologists, and sociologists is needed. — Nowadays scientific statements can hardly be made and certainly cannot be maintained withouth statistical methods. — Since this prerequisite was not always fulfilled in the past, attention must be called to the importance of its observation in the future. Psychosomatic and sociological data can also be measured and weighed to a large degree. This should be borne in mind in the course of future research.

It would have been desirable to set forth the state of sport science in all fields and in all countries of the world through corresponding surveys. The rapid advance of knowledge in general and the exponential increase in results to be expected in the year before the beginning of an Olympiad in particular would hardly permit a balanced review of "the latest state" of knowledge to be compiled.

The editors therefore curbed their ambitious plans and requested persons who had themselves carried out important research in sport medicine and who were acquainted with the modern literature on sport science to communicate their findings and knowledge in order to provide a starting point for future research.

As indicated above, occupational medicine hopes to receive new suggestions concerning theoretical and practical sport science, especially from research into the psychological and sociological aspects of sport.

Another field of sport which needs a scientific profile could be the subject of a chapter entitled "Pharmacon and Sport". It could deal with the question of a genuine or only imaginary improvement of performance with the aid of pharmaceutical products, with the problem of to what extent placebo effects and autosuggestion play a part, the danger of injurious effects and how high-performance stress affects the action of an individual drug or combination of drugs. It is a new phenomenon of our time that quite healthy people take drugs regularly for prophylactic reasons, or as a precautionary measure. The sporting amateur is wanted but the drug-taker is a danger to sport. Naturally, quite apart from all medical considerations, the rules governing any sport must finally determine its practice. Whoever regards the sport of "homo ludens" as a school for the formation of will and character for everybody and as an obligatory form of exercise will have much stricter standards in this respect than those who are not so much interested in sport as in "selling" professional star performances.

Difference in performance between the male and female sexes, which formerly were too much regarded as being due only to genetic X or Y chromosomal dependence, are now in urgent need of scientific investigation in the light of present-day changes of style and motivation with respect to the environment.

A survey of the world literature would reveal gaps in all the last-mentioned fields. It is just the task of the pre-Olympic congress, for which this book is compiled, to raise a new platform of knowledge and from this vantage-point to indicate promising paths into fields of research which are still unexplored.

The general subject of our pre-Olympic congress: "Sport in the Modern World — Prospects and Problems" presents a particularly large number of problems in the medical section with the title "Sport and Age". With the methodics of modern medicine, however, there is every hope that solutions of these problems will be found.

Hans-Erhard Bock

Lung Function, Respiration, and Metabolism in Sport

Today, the term "Sport medicine" is used to designate the efforts of theoretical and practical medicine to analyze the effects of sport and training, and of lack of exercise, on healthy and sick individuals in every age group, and to utilize the results of these analyses not only for the athlete but also for prevention, therapy, and rehabilitation. The emphasis lies principally on prevention, but therapy (kinesitherapy) and rehabilitation are becoming increasingly important. To be medically effective in the wide range between prevention and rehabilitation it is essential to know the effect of qualitatively and quantitatively different physical stresses on the heart, circulation, respiration, metabolism, skeletal musculature, and the nervous system.

In Germany, special interest has been given for many decades to research into the behaviour of lung function and respiration during physical exertion. The first clinically useful cardiopulmonary function analysis was built up by Brauer and Knipping in 1929. Such everyday medical concepts as maximum breathing capacity, respiratory equivalent, respiratory insufficiency at rest and during exertion, spirographic O_2-deficit vita maxima, and cardiac insufficiency during exertion have all developed from the school of Knipping (Knipping, Brauer, Anthony, Hermannsen, Borgard, Uhlenbruck). The important preventive and therapeutic possibilities of sport and regulated training were recognized at an early stage.

In brief, we are concerned here with the influence of exertion and training on lung function, respiration, and metabolism.

A distinction is made between *external (pulmonary) respiration and internal (tissue) respiration*. The latter will be dealt with under the heading "Metabolism".

The primary function of pulmonary respiration is the conversion of venous blood to arterial blood; oxygen is absorbed, and carbon dioxide released. Respiration also has an important role in maintaining the pH-value of the blood. In man, the part played by the lungs in temperature regulation and release of water is comparatively minor.

The operative force in gaseous exchange is the partial pressure gradient of oxygen and carbon dioxide. Gaseous exchange is, therefore, simply a question of diffusion. The human skin accounts for only about 1 to 2% (1.9% for O_2; 2.7% for CO_2) of gaseous exchange at rest (Schaefer, 1960; Whitehouse et al., 1932). The lungs increase so to speak, the respiratory area of a human being from 1.5 to 2.5 m^2 to about 90 to 100 m^2. The lowering of the diaphragm and simultaneous raising of the ribs results in an increase in the diameter and volume of the thorax. As a consequence, the intrathoracic pressure drops, causing air to flow in through the respiratory tract. This active inspiration is followed by a mainly passive expiratory phase due to the elastic elements of the lungs and the rib cage trying to return to their former state at rest. The lungs are attached to the bony thorax by the outer pleural layer. A capillary fluid space separates the outer from the inner pleural layer. In this way the lungs, which are free to move within the thorax, follow all respiratory movements.

The exchange of gas between the lungs and the blood takes place in the alveoli through the alveolo-capillary membrane. The preceding dead space serves for the cleansing and humidification of the air, as well as for matching the temperature of the air to that of the body. Moritz and associates (1945) demonstrated in experiments on animals that the alveolar air is matched exactly to the body temperature within a range of external temperatures from —100° to +500° Centigrade. At 37° Centigrade the steams-saturated air exerts a partial pressure of 47 Torr. The regulation is effected by the production of secretions in the mucous membrane. Åstrand (1970) calculated that a long-distance skier, at a minute volume of 100 l and an external temperature of —20° Centigrade, gives off 250 ml water to the respired air in an hour. The body does not, however, lose this entire quantity.

If, during physical exertion, the respiratory minute volume exceeds an average of 50 l, the auxiliary respiratory muscles come into action; the most important of these are the M. sternocleidomastoideus and the Mm. scaleni.

The *act of breathing* consists of creating a pressure difference between the intrathoracic cavity and the external air. This means that the resistance offered by the airways, the lung tissues, and the rib cage must be overcome. Only 20% of the total resistance of the lungs is due to the tissue; the other 80% are caused by resistance in the airways. During heavy physical exertion the velocity of the air in the respiratory passages increases, causing greater turbulence in the trachea and larger bronchi, and consequently a further increase in resistance. On the other hand, the sympathicotonia associated with exertion causes a relaxation of the bronchial muscles, with consequent dilatation of the bronchi and reduction in the resistance of the respiratory tract.

The elastic resistance of the tissues increases with the depth of breathing. The extensibility, or "compliance", of the lungs depends not only on the properties of the lung tissue, but also on the capacity of the lungs; the smaller the expired volume, the lower the compliance becomes. For this reason the concept of "specific compliance" was introduced; this is the volume pressure curve $\Delta V/\Delta P$ expressed in terms of the functional residual capacity. In young people the extensibility of the thorax (thoracic compliance) corresponds approximately to the compliance of the lungs (ca. 0,2 l/cm H_2O; Rahn et al., 1967).

Comroe (1966) discovered a two- to threefold increase in the resistance of the respiratory tract after inhalation of the smoke of one cigarette. The increase appears within a few seconds and can last for ten to thirty minutes. This effect is clearly noticeable with increased ventilation during physical exertion. In addition, the chronic smoker exhibits increased secretion in the respiratory tract and with it a narrowing of the air passages. Athletes taking part in sports requiring endurance should therefore not smoke, even more so because cigarette smoke increases the carboxy-haemoglobin content of the blood, with a consequent reduction in its oxygen-carrying capacity.

The *expenditure for respiration* at rest represents an oxygen take-up of from 0.5 to 1.0 ml/l ventilation. During physical exertion it increases considerably, and can reach 10 to 12% of the total oxygen consumption. Otis (1954) considers a ventilation rate of 140 l/min as the upper limit for useful respiration. Above this limit oxygen consumption of the respiratory muscles increases faster than that of the working muscles. This value is, of course, dependent on such factors as age, sex, body area, training condition, and atmospheric conditions.

Since the air resistance in breathing through the nose is 2 to 3 times greater than that in breathing through the mouth, this factor also has an effect on oxygen consumption.

Lung Volumes

Four different respiratory positions can be distinguished: maximum inspiratory level, resting inspiratory level, resting expiratory level, and maximum expiratory level. Each position represents a particular lung volume. The maximum lung volume is the volume of aircontained in the lungs after maximum inspiration. The volume remaining in the lungs after normal expiration is the functional residual capacity. The residual volume (minimum lung volume) is that remaining in the lungs at the end of a maximum expiration. The maximum volume which can be expelled after a maximum inspiration is the maximum respiratory volume (vital capacity). The total lung capacity is the amount of air contained in the lungs at the end of a maximum inspiration (vital capacity + residual volume).

In healthy subjects the vital capacity is about 74% of the total lung capacity, and the residual volume 26%.

The following are included within the vital capacity

— the tidal volume, this is the volume of air expired or inspired during each respiratory cycle,
— the inspiratory reserve volume; this is the maximum volume that can be inspired in addition to the volume breathed in with normal inspiration,
— the expiratory reserve volume; this is the maximum volume which can be expired after normal expiration (from the breathing rest position).

The values for the individual volumes are dependent on age, sex, training condition, and body area, and can vary with the position of the body. For example, the vital capacity of a subject lying down increases by 5% with the subject sitting, and by 10% with the subject standing. The total capacity alters in the same way, since the residual volume is independent of body position. The expiratory reserve volume is 60% higher with the subject sitting, and nearly 70% with the subject standing than with the subject lying down.

The lung volumes in women are over 10% less than in men of the same age and height. The lung volumes can be considerably increased by training, especially in young persons. Table 1 gives comparative values for subjects with endurance training and average people of the same age. The vital capacity and total lung capacity of trained persons are up to 30% higher than those who are untrained. The vital capacity can also be significantly increased by specific breathing training alone.

Together with residual volume, *vital capacity* was the earliest value to be measured in lung function diagnosis (Hutchinson, 1846), and it remains the favourite lung function measurement in sport medicine. Its importance, however, is frequently overestimated even today. It is true that, if a sufficiently large number of test subjects is taken as a basis, a significant relationship will be found between vital capacity and maximum oxygen uptake, which can serve as general criterion of cardiopulmonary efficiency. But there are also individual cases in which a vital capacity of, say, 4 l can correspond to a maximum O_2 uptake of from 2 to as much as 3.5 l/min. Even greater variations in organic efficiency are shown by vital capacities exceeding 5 l. In individual cases, therefore, the measurement of the vital capacity can give only a very limited indication of the efficiency of the cardiopulmonary system. One can only apply the rule of thumb that a maximum oxygen uptake of 4 l or more presupposes a vital capacity of at least 4.5 l (Åstrand and Rodahl, 1970).

After the thirtieth year of life the residual volume and the vital capacity develop in inverse proportion to each other; the former increases and the latter decreases. Between the twenty-fifth and sixtieth years the residual volume increases gradually to 30 to 35% of the total capacity. This percentage may be exceeded at higher ages. The causes are an increasing stiffening of the thorax and a decrease in the elasticity of the lungs.

In addition to the "*static*" lung volumes mentioned above, function diagnosis also includes the determination of certain "*dynamic*" volumes. These include the forced expiratory volume (Tiffeneau-test)—also known as the one-second capacity—and the maximum breathing capacity. The former was introduced by Tiffeneau and Pinelli (1941), and the latter by Hermannsen (1933).

The *forced expiratory volume test* gives the volume which can be expired through the mouth with the greatest effort in the first second following maximum inspiration. The important clinical significance of this test lies in the possibility it offers for the diagnosis and differentiation of ventilation disturbances. Obstructive ventilation disturbances with increased bronchial resistance cause a reduction in the amount of air expired in the first second. In a restrictive ventilation disturbance, however, the amount of air expired is generally the normal percentage of the vital capacity, since although the vital capacity may be reduced, the resistance in the bronchi remains normal.

The normal value for the forced expiratory volume for healthy subjects in the third decade of life amounts to over 80% of the vital capacity. In recent investigations we observed that there is a relationship between the FEV and the height/vital capacity of the subject. VC values of over 5 l often result in a physiological drop of the FEV value to around 75%, and in subjects with VC values of more than 7 l it can even approach 70%. These values were determined in national basketball players with a VC of 7 to 9 l and a maximum breathing capacity up to 350 l (Hollmann and Heiny, unpublished).

The forced expiratory volume also decreases with age. Here, of course, it is possible to make a false interpretation due to high intrathoracic pressures, which in the Tiffeneau-test may exceed 60 cm H_2O (Gary and associates, 1967), and which in consequence of reduced elasticity, can lead to a constriction of the bronchi which cannot be reached even with the most strenuous physical exertion.

The *maximum breathing capacity* is employed in clinical practice to determine the ventilatory lung reserve. Even with the best equipment, the value measured depends considerably upon the way in which the test is carried out, in particular, on the respiration frequency employed. The subject is asked to breath in and out through his mouth as rapidly and as deeply as possible. The registration time is ten seconds, and the product of the depth and the frequency of respiration is multiplied by six in order to give the value for one minute. There is not, as could be expected theoretically, an optimum value of frequency which gives the highest number of litres for maximum breathing capacity; instead, the figure increases with the rate of respiration (Venrath and Hollmann, 1962). A respiratory frequency of 80 to 90 appears to be a reasonably accurate value for the minimum frequency. Above 100 respirations per minute the maximum breathing capacity alters relatively little, through the consequent reduction in the depth of breathing. The subject should therefore be given the opportunity to perform suitable breathing exercises before the actual registration. The corresponding respiratory frequency should be indicated after the registered value for maximum breathing capacity.

The normal value for average healthy male subjects in the third decade of life lies around 160 l/min; although individual values between 120 to 400 l can be registered. The average value in female subjects is around 110 l/min, with physiological extreme values of from 80 to 250 l/min (Gray and associates, 1950; Giesen, 1961; Herxheimer and Kost, 1931, 1932; Hollmann and associates, 1955; Venrath, 1962; Rossier, Bühlmann, and Wiesinger, 1958; etc.).

Regarding the influence on the values due to other factors, the remarks made in connexion with vital capacity apply. If the maximum breathing capacity is measured during or directly after submaximal dynamic work the measured value will, on an average, be 10% higher than that measured at rest. This increase due to work is presumably due to bronchodilation brought about by the sympathicotonia associated with exertion (Hollmann and Venrath, 1955).

Even during the heaviest physical exertion the minute volumes do not reach the level of maximum breathing capacity.

Ventilation

In its pulmonary sense the term "ventilation" is used to designate the movement of air into and out of the lungs. The value for ventilation is determined by the product of the respiratory frequency and breath inspiration volume = the minute volume. It is controlled in such a way as to maintain the O_2 and CO_2 partial pressure in the alveolar air and the arterial blood at an optimum level. Under basal metabolic conditions the O_2 uptake of a man in the third decade of life, weighing 70 kg, amounts to 250 ml/min, with an associated respiratory frequency of 11 to 14 min and a minute volume of 450 to 600 ml.

Physical exertion increases the metabolic rate in order to provide more energy. This is accompanied by increased oxygen consumption and ventilation expenditure. Breath inspiration volume and respiratory frequency also increase almost in the moment when exertion begins. The inspiration volume of persons with endurance training always reaches a higher level more rapidly than that of untrained persons. In the case of sub-maximal dynamic work, of constant intensity where the larger muscle groups are employed, the minute volume reaches a steady state value after 3 to 6 minutes. Up to a load intensity of 30 to 50% of the maximum oxygen uptake the minute volume increases at approximately the same rate as the oxygen uptake, and thereafter at an accelerated rate (Fig. 1, 3).

This is, of course, only valid for the inspiration of normal air, i.e. air containing 21% O_2. If pure oxygen is used, the minute volume increases linearly right up to the limit of the subject's physical capacity (Hollmann, 1961). In hypoxic respiration

Table 1. *Comparison of some measurements of function and efficiency in male and female medical and sports students [vital capacity (VC), maximum breathing capacity (MBC), forced expiratory volume test (FEV_1), maximum oxygen uptake maximum (VO_2/max), minute volume, maximum oxygen pulse(VO_2/Fmax), blood pressure (BP) at the highest load level, heart volume]*

Training condition	VC (l)	MBC (l)	FEV_1 %	VO_2 max. (ml/min)	MV max. (l)	VO_2/Fmax.	BP max. (Torr)	HV (ml)
Medical students (n = 36) ♂	4.2	180	83	3,200	160	16.6	21,270	791
Sports students (n = 50) ♂	5.3	220	80	3,800	118	20.0	20,972	849
Medical students (n = 21) ♀	3 0	135	85	2,100	69	20.2	193	552
Sports students ♀	3.7	165	84	2,600	78	13.6	190	643

* Maximum (MVmax).

the minute volume curve shows increases at correspondingly lower loads. During constant heavy exertion the ventilation expenditure is only augmented, from a varying individual value onwards, by the increase in the respiration frequency. When nearing the limit of the subject's physical capacity the inspired volume actually decreases.

Below the continuous performance limit (Fig. 2a) (E. A. Müller, 1957) the minute volume remains constant, regardless of the duration of exertion. As the

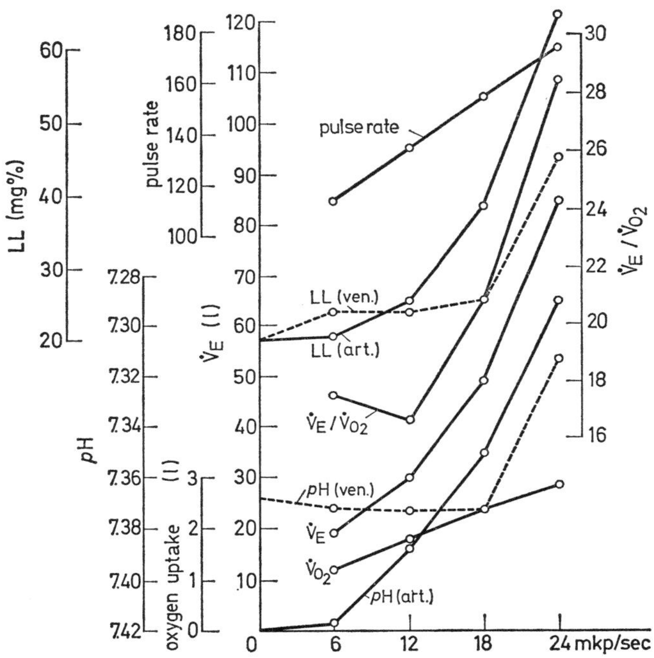

Fig. 1. The minute volume, oxygen uptake, pulse rate, respiratory equivalent (V_E/V_{O_2}), arterial and venous lactate levels (LL) and the arterial and venous pH when work is increased at 3 min intervals on the bicycle ergometer while breathing air (after Hollmann)

limits of endurance are approached (Hollmann, 1961), which means a pulse rate of 130/min in comparatively untrained subjects in the third decade of life, the minute volume increases during a long period of exertion. When the loading exceeds 70 to 80% of the aerobic capacity (maximum oxygen uptake), even a pseudo-steady-state is no longer reached (Fig. 2b). In light and medium exertion the ventilation expenditure is 20 to 25 l per 1 l O_2 uptake; in heavier exertion this increases to 30 to 35 l minute volume per 1 l O_2 uptake.

In increasing loading, the point where the minute volume starts to increase disproportionately to a linear increase in the O_2 marks the moment of optimum respiratory economy. At this stage maximum oxygen uptake is achieved with minimum ventilation effort. We name this the "point of optimum respiratory efficiency (POE)". It is identical with lowest *respiratory equivalent* during exertion, which is the minute volume in ml divided by the O_2-uptake in the same minute. The smaller this value is, the better the utilization of the oxygen in the inspired air. At the beginning of increasing dynamic work the value at first decreases, due to the improved ventilation and capillarisation of the lungs, and reaches a mini-

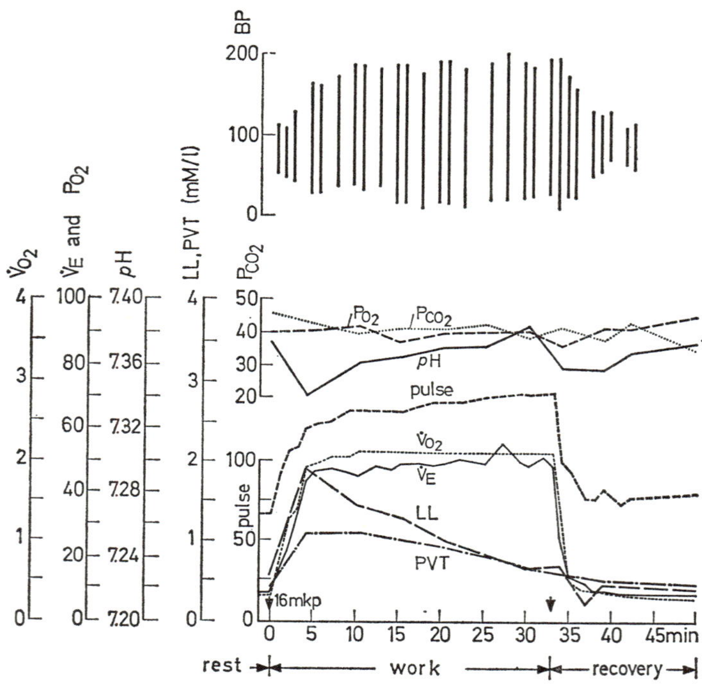

Fig. 2a. The behaviour of ventilation (V_E), oxygen uptake (V_{O_2}), pulse rate, lactate (LL) pyruvate (PVT), and the arterial blood gases and pH at constant load on the bicycle ergometer, below the endurance limit (= working capacity 130) (from Hartung, Venrath, Hollmann et al., Westdeutscher Buchverlag, Köln/Opladen, 1966)

mum in the region of the limit of endurance, i.e. a loading of about 50% of the aerobic capacity. In subjects with a high degree of endurance training the value can be under 20. A further increase in loading causes the value of the respiratory equivalent to increase. A value of 30 to 35 during work on a bicycle ergometer indicates that the limits of efficiency are being approached. Equivalent values of 40 to 60 may be reached in highly trained subjects and in subjects with pathological cardiopulmonary conditions. This is particularly true when mixtures deficient in O_2 are breathed, in which case the POE is reached earlier; on the other hand, when pure oxygen is used the parabolic increase of the minute volume with increasing load cannot be observed, and there is thus no POE.

The POE sometimes occurs at lower loadings when small muscle groups are used. This can be clearly seen in a comparison between work done in turning a crank and work done on a bicycle ergometer or tread mill (Fig. 3).

The departure from the relatively linear relationship between the minute volume and the O_2 uptake occurs after the POE, at about the same point as that where the lactate concentration in the arterial blood starts to rise appreciably above the level

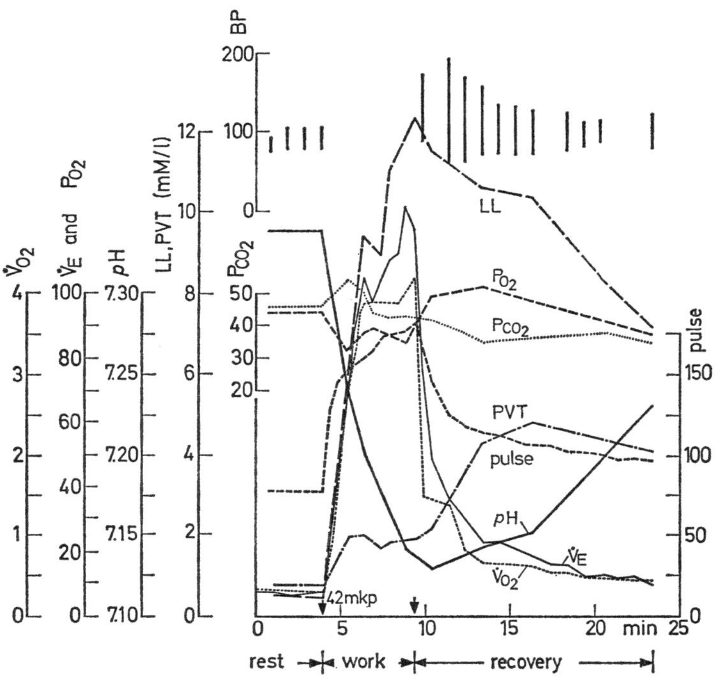

Fig. 2b. The behaviour of the parameters as in Fig. 2a during and after maximum work of 42 mkp/sec lasting 10 min

at rest. A reduction in the pH of the blood begins simultaneously. The curves of the minute volume and lactate level in the arterial blood take a similar proportional course, while that of the pH value is in inverse proportion (Hollmann, 1961) (Fig. 1).

An improvement in the endurance training condition results in a reduction in the ventilation expenditure for a given load intensity and a parallel reduction in the lactate level and the pH value in the arterial blood. A similar effect can be achieved by increasing the O_2 content of the inspired air (Fig. 3 and 9).

The highest minute volume values can be observed under load on the treadmill where the value reached is about 250 l/min. The associated respiration frequency is around 60/min. Separate breathing through the nose takes effect according to Fig. 5.

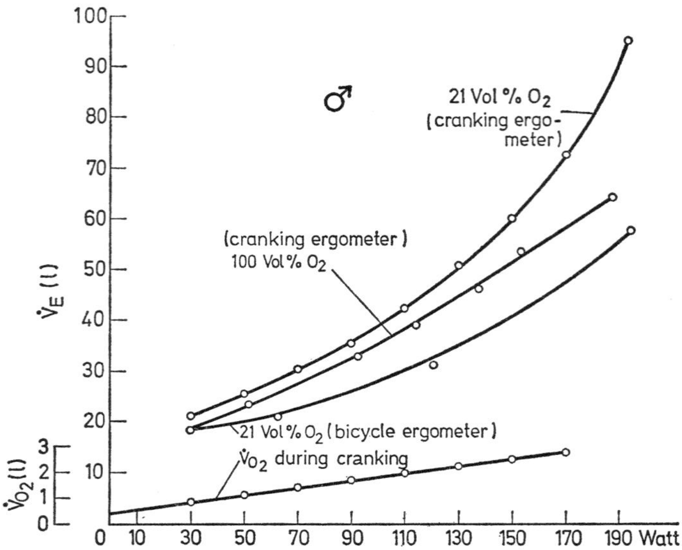

Fig. 3. The behaviour of ventilation with physically identical working loads on the cranking ergometer and the bicycle ergometer while breathing air and oxygen, increasing the load by 20 watts at 3 min intervals (n = 20) (from Hollmann)

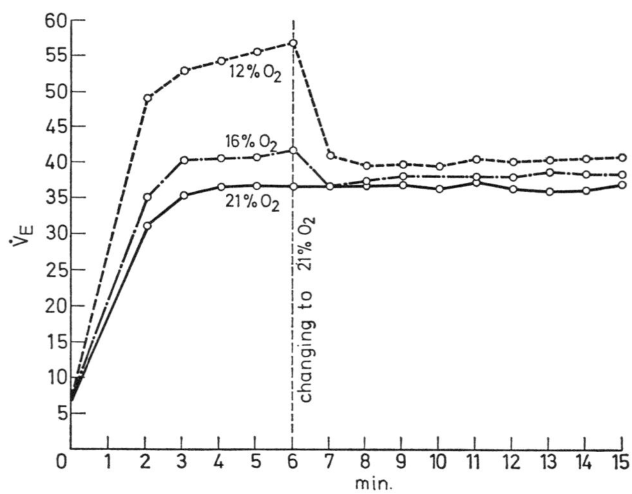

Fig. 4. The behaviour of ventilation after changing from hypoxia to normal oxygen content during constant work load

Rhythmic movements, particularly sports such as swimming, tend to reduce the respiration rate. To compensate for this, the respiratory volume is increased as much as possible. Milic-Emili and associates (1960) state that, in principle, healthy persons adjust respiratory frequency and volume for maximum respiratory efficiency, and that any artificial changes lead to a reduction of efficiency. Athletes are therefore

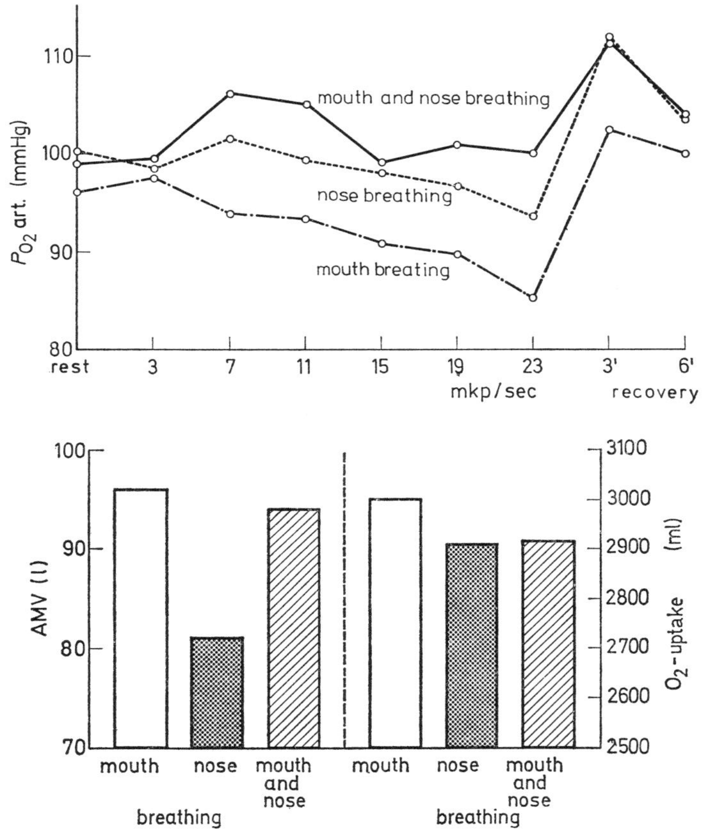

Fig. 5a and b. The effect of separate nose and mouth breathing on the arterial oxygen partial pressure (above) and the minute volume (below), in 2 male subjects (from Liesen and Hollmann)

advised, as far as the type of sport permits, to use the breathing pattern they normally follow unconsciously. Any arbitrary changes can only have a negative effect (Fig. 6).

The ventilation expenditure for a given dynamic load intensity increases with age (Fig. 7). The causes are, on one hand, the changes in the thorax and the lung tissue already mentioned and, on the other hand, an increase in the lactate level and a decrease in the pH of the arterial blood for a given effort. Consequently, ventilation has to be increased still further.

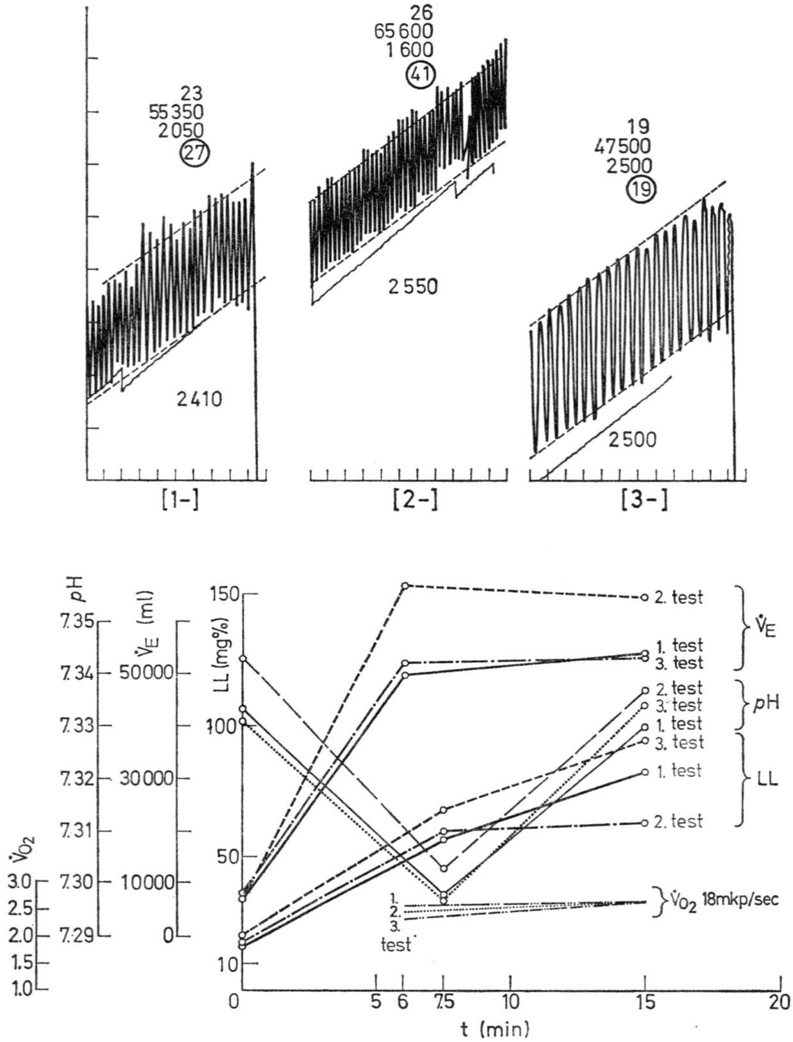

Fig. 6. The effect of voluntary hyperventilation (2) and hyperventilation lasting 1 min (3) in the steady state of work on the pH and the venous lactate levels and on the minute volume. The respiratory rate of 27 (normal frequency) was thereby altered to 41/min or 19/min (from Hollmann)

After physical exertion the minute volume tends to return to the initial level at rest in the form of an e-function curve. Here again the return to normal after a given effort is more rapid in subjects with endurance training than in untrained persons, and also in younger as opposed to older persons.

Alveolar Ventilation and Dead Space

The anatomic dead space is the volume of the air passages and amounts to about 150 ml in adults. The functional dead space refers to the space in the air passages and alveoli which does not take part in gas exchange. It can considerably increase in lung diseases which adversely affect the relationship between ventilation and perfusion. At a minute volume at rest of 7 l in a 70 kg man the dead space ventilation amounts to 2 l/min, and the alveolar ventilation to about 5 l/min. The alveolar efficiency of about 70% increases with increasing physical exertion. The dead space is thus relatively diminished at greater inspiratory volumes (Bargeton, 1967, Stegemann and Heinrich, 1967).

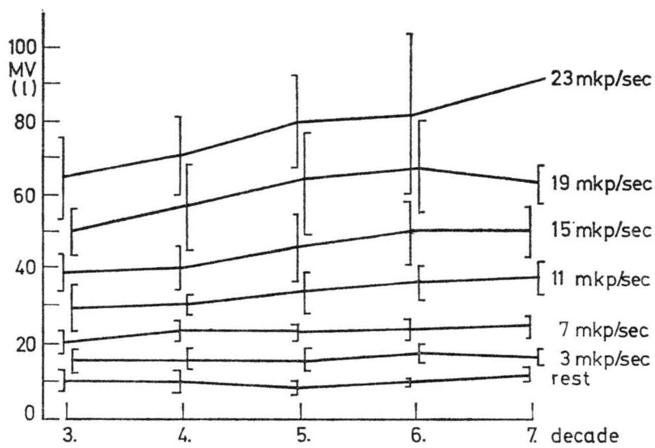

Fig. 7. The effect of age on the ventilation in males between the 3rd and 7th decade, with increasing work load on the bicycle ergometer (from Hollmann et al., Med. Welt **28**, 1280 (1970)

Diffussion in the Lung

Gas exchange between the air and the blood only occurs in the alveoli. The alveolar air and the blood are separated from each other by the alveolo-capillary membrane. The thickness of this membrane varies from 0.2 μ to several μ. The diffusion of gas through the membrane obeys purely physical laws: gas molecules move naturally from high pressure regions to regions of lower pressure. The term *diffusion capacity* is used to designate the gas diffusion between the alveolar air and the erythrocytes in ml (STPD) per unit time per Torr partial pressure difference. The diffusion capacity is dependent on the partial pressure gradient, the area over which the exchange can take place, the thickness of the membrane, the solubility of the gases and the length of time for which the alveolar air in the lung capillaries remains in contact with the blood. With the body at rest, the value for oxygen amounts to 20 to 50 ml/min/Torr. As a consequence of the favourable diffusion conditions for CO_2, its partial pressure in the alveolar air is practically identical with that in the arterial blood. The partial pressure for O_2, however, is 105 Torr in the alveoli and 100 Torr in the arterial blood. The gas pressure at the end of the capillaries is dependent on the pressure in the venous blood mixture and in the alveolar air, on the relationship between ventilation and perfusion, on the ability of the blood to combine with the gas, and on the diffusion and solubility coefficients of the gas (Venrath et al,. 1956).

Incomplete O_2 saturation of the arterial blood under normal conditions of the alveolar air can usually be traced back to one of the following causes:

1. incomplete equalisation between the alveolar air and the blood in the pulmonary capillaries (membrane gradient),
2. unequal distribution of ventilation and perfusion (distribution gradient),
3. actual mixing of the venous blood mixture with capillary blood (venous admixture gradient).

During physical exertion the diffusion capacity increases, and additional venous areas which are only sparsely supplied with blood in the rest condition, are opened. A maximal O_2 uptake of 4 l/min requires a diffusion capacity of 60 ml/min/Torr, and an O_2 uptake of 6 l/min requires a diffusion capacity of 100 ml/min/Torr (Shephard, 1969). These theoretical figures correspond to the maximum diffusion capacities observed. Consequently, no increase in the performance of the subject can be expected if these values are increased but, on the other hand, if the diffusion capacity is reduced, it rapidly becomes a performance-limiting factor.

After about the 20th year, the diffusion capacity begins to decrease (Riley and associates, 1951). The diffusion capacity is influenced not only by age and body area, but also by the position of the body. With the subject lying it is ca. 15 to 20% greater, than with the subject sitting, and in the sitting position it is nearly 15% greater than in a standing subject (Bates and Pearce, 1956; Ogilvie and associates, 1957). The cause is the hydrostatic reduction in perfusion, especially in the upper parts of the lungs, when the subject is standing or sitting rather than lying.

Female subjects with a maximal O_2 uptake of 2/min have, on average, a diffusion capacity of 40 ml/min/Torr. In healthy male and female subjects with endurance training, the diffusion capacity increases proportionately with the maximal O_2 uptake.

Heavy physical exertion leads not only to a reduction of the oxygen content of the venous blood mixture but also to an acceleration of the blood flow. As a consequence, the time during which the blood in the pulmonary capillaries is in contact with the alveolar air is reduced. Roughton (1945) calculated a reduction of the contact time from ca. 0.73 sec. at rest to about 0.3 sec. In spite of the hyperventilation due to exertion and the consequent increase in the partial pressure of the alveolar O_2, the reduced contact time is barely sufficient for complete O_2 saturation. In fact, when the limit of efficiency is approached, a reduction in the pO_2 in the arterial blood can be registered in many persons, especially in those with a high degree of endurance training (Hollmann, 1963; Hartung and associates, 1966; Keul and associates, 1966, 1970; et al.). In subjects with endurance training the sharp reduction in peripheral O_2 may be a contributory factor.

The relationship between ventilation and perfusion is regulated in such a way that the capillaries cut off from the air supply, e.g. by some pathological change, the blood supply is also greatly reduced, thus preventing a reduction in the arterial

O_2 saturation. If in spite of this the O_2 saturation at rest is only 96 to 98%, this is almost invariably the result of some type of veno-arterial short circuit. During physical exertion not only is the capillary bed of the lungs enlarged, due to dilation of the auxiliary capillaries, but there is also an improvement in the distribution of the air. At rest, poorly ventilated alveoli are included in intensive gas exchange. There is also an increase in pressure in the pulmonary artery (Bjurstedt and associates, 1968). As a consequence, the pO_2 during light and medium exertion exceeds that at rest.

Gas-transportation in the Blood

The last phase of gas exchange, following ventilation, diffusion, and perfusion, is the transportation of gas in the blood. The effectiveness of the lung function is reflected in the pO_2 and pCO_2 in the arterial blood. Under ideal conditions the pO_2 amounts to 100 Torr, and the pCO_2 to 40 Torr. As a consequence of the deterioration in ventilation, diffusion, and perfusion, the O_2 partial pressure steadily decreases with increasing age. At a pO_2 of 100 Torr the O_2 saturation is 98%. The O_2 dissociation curve is affected by the pO_2, the pH, and the temperature of the blood. During physical exertion the CO_2 pressure and temperature in the working muscles increases, while the pH value falls. This means that at a given pO_2 an additional release of oxygen occurs, which facilitates the supply of oxygen to the muscles. On the other hand, the uptake of O_2 by the blood in the lung capillaries becomes more difficult; this effect is negligible at normal alveolar oxygen pressures, and only affects performance negatively under high altitude or O_2 deficiency conditions, or during maximum exertion.

The displacement of the O_2 dissociation curve to the right at low pH values and raised temperature takes effect mainly in the region of the limit of physical performance, if the pO_2 in the working tissues has fallen to the minimum value. Liesen, Hollmann, and Fotesku (unpublished) observed a pH value of 6.99 at a pCO_2 of 78 Torr and a pO_2 of 10 Torr in the venous blood of working muscles at maximal bicycle ergometer loading. According to Forster (1967) the mitochondria still continue to function at an intracellular pO_2 of less than 1 Torr.

Respiration Control During Exertion

Respiration at rest is controlled by both chemical and nervous mechanisms. Full details are not yet known of the nature of the interplay between the known chemosensitive reflex zones of the inner coat of the arteries, and the integration of afferent impulses with stimuli which act directly on the respiratory centre and thus ensure precise adaptation to the loading. Factors affecting the respiratory centre include the pCO_2, the hydrogen ion concentration, the pO_2 and nerve impulses. A rise in H ion concentration and the pCO_2 as well as lowering of the pO_2, cause the ventilation to increase.

At present, various conflicting hypotheses are advanced to explain the regulation of respiration during exertion. Experimental investigations carried out in the work group (Hartung, Venrath, Hollmann, Isselhardt, Jaenckner, 1966) have led us to the formulation of a new hypothesis. This is, that the respiratory minute volume during physical exertion is determined decisively by the intracellular hydrogen ion concentration (intracellular pH value). This hypothesis not only explains many of the apparent inconsistencies between the changes observed in the body fluids and the known facts concerning the sensitivity of the chemoreceptors and the respiratory center, but also accounts for the behaviour of the most important criteria in various physiological and pathological metabolic situations.

The significance of the intracellular pH value as the possibly most significant underlying cause of the limitation of physical performance will be briefly mentioned at a later stage.

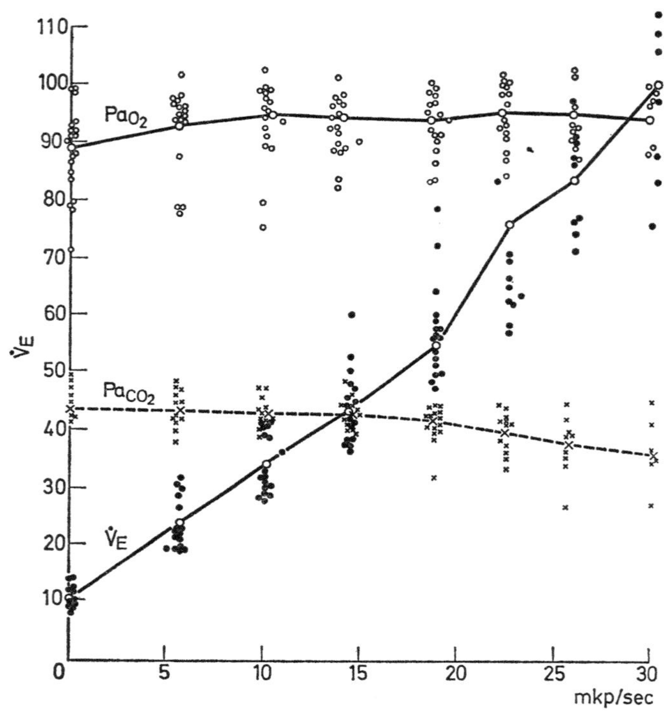

Fig. 8. The behaviour of arterial PO_2 and PCO_2 and ventilation (V_E) with increasing load (from Hartung, Venrath, Hollmann et al., Westdeutscher Buchverlag, Köln/Opladen, 1966)

Respiration as a Limiting Factor of Performance

In the past, respiration has frequently been regarded as the decisive performance-limiting factor for endurance efficiency. The full ventilatory capacity is, however, never exhausted even when large masses of muscles are involved in the performance of the most intensive dynamic work. The maximum respiratory minute volume reached under these conditions is at most 70 to 80% of the maximum breathing capacity. In the region of maximum oxygen uptake, persons with endurance training can manage still higher performance for short periods with an increase in the minute volume but no increase in the O_2 uptake. These findings indicate unequivocally that ventilation per se has no performance limiting effect.

As mentioned earlier, the oxygen consumption of the respiratory muscles can reach a remarkable value. However, contrary to former opinion, it is not likely to exceed 10 to 12% of the total oxygen uptake. The foregoing statements on the

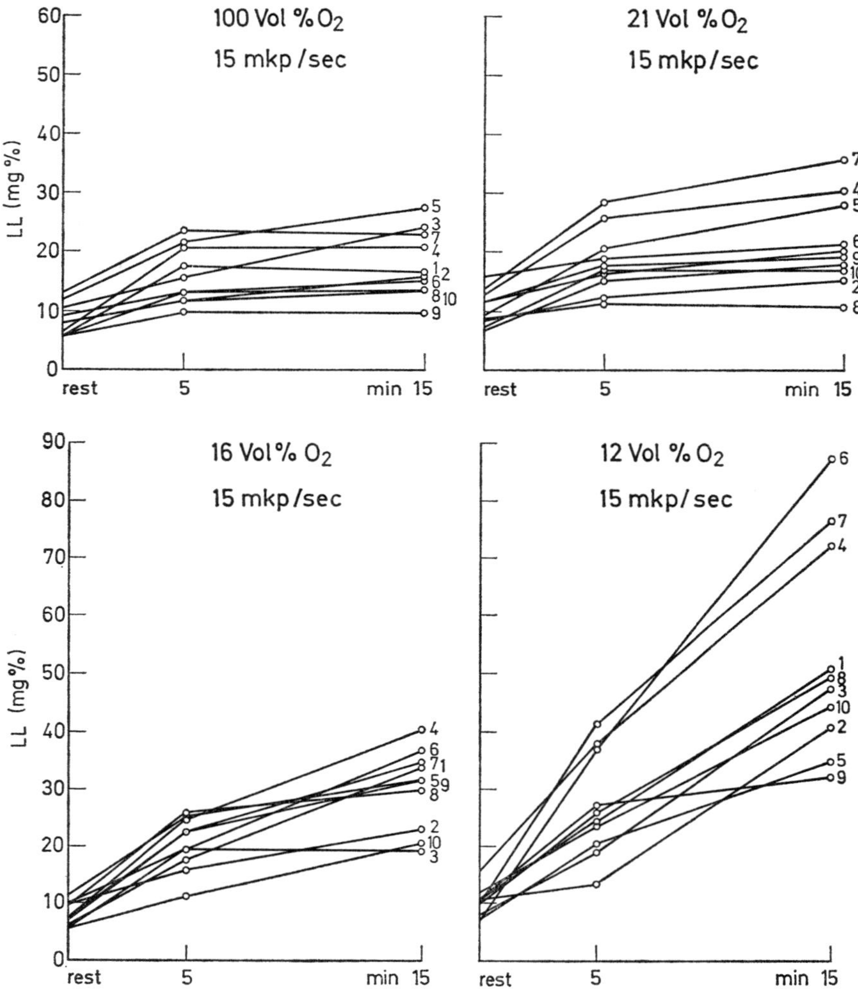

Fig. 9. The effect of different O_2 content in the inspired air on the venous lactate levels (brachial vein). Bicycle ergometer test in 10 male subjects

possibility of additional increases in ventilation prove that the respiratory muscles never reach their limit of efficiency during heavy physical exertion, thereby constituting a performance barrier. Furthermore, no respiratory ineffectiveness exists per se, since the alveolar pO_2 increases with hyperventilation. At certain altitudes, on the other side, hyperventilation may play a supporting role in performance limitation. Even fully trained athletes often complain of aching respiratory muscles after competitive sports at high altitudes.

In recent years, *diffusion* has been suggested as a possible cause of performance limitation. The investigations of Shephard (1969) and other authors show such a high diffusion capacity for healthy subjects in the third decade of life that it is hardly likely to limit the maximum O_2 uptake. When top-ranking competitors in endurance sports are at the absolute limit of efficiency the pO_2 may sink by an amount of 15 Torr (Hollmann, 1963; Keul and associates, 1970, et al.). In this case, a role may be played by extreme exhaustion of oxygen in the peripheries of the body, so that the contact time of the blood in the pulmonary capillaries with the alveoli is insufficient, due to the simultaneous acceleration of the blood stream, for complete saturation at a cardiac output of over 30 l. This is certainly the case at high altitudes and with older persons.

Maximum Oxygen Uptake/min (= Aerobic Capacity)

The maximum oxygen uptake/min—also known as vita maxima (Brauer and Knipping, 1929), aerobic capacity and maximum aerobic power (Åstrand, 1952)—is the most reliable general criterion for assessing the efficiency of the cardiopulmonary system. It is achieved when the greatest possible number of the large muscle groups perform maximum dynamic work for at least 5 to 6 minutes. The main criteria for assessing whether the maximum possible oxygen uptake/min has been achieved are the absence of a further increase in O_2 uptake with an increase in load, a lactate level of at least 80 mg/100 ml in untrained subjects, a pulse frequency of 190/min or more, no further increase in O_2 pulse, and a strong increase in the respiratory equivalent during the last minute of exertion to a value of at least 30 to 35. The most effective form of loading is work on the treadmill or bicycle ergometer.

The highest value for O_2 uptake is obtained in running especially uphill at an angle of 3 to 6 degrees. The values for swimming and cycling lie 5 to 10% lower. In standing crank-work the maximum value declines by a further 15 to 20%. If pure oxygen is used instead of air the values are ca. 10% higher (Hollmann et al., 1961, 1963).

The value for pedalling with the subject lying down is only 85 to 90% of the maximum registered with the subject sitting (Mellerowicz and associates;; et al.).

Endogenous factors limiting oxygen uptake/min can be:

1. ventilation,
2. diffusion,
3. heart minute volume,
4. arterio-venous O_2 difference,
5. blood volume,
6. total haemoglobin content,
7. nutritional condition,
8. dynamic efficiency of the muscles used,
9. intracellular pH value.

In healthy persons all performance-limiting factors are in harmony : they reach the limit of their capacity more or less simultaneously. The heart minute volume and the arterio-venous O_2-difference (peripheral utilization) may be described as the essential factors. Finally, the amount of blood supplied determines the quantity of oxygen at the disposal of the working muscles. However, in our opinion, the chief factor limiting performance is the intracellular pH value. Our investigations into the mechanism governing ventilation during physical exertion, after taking into account

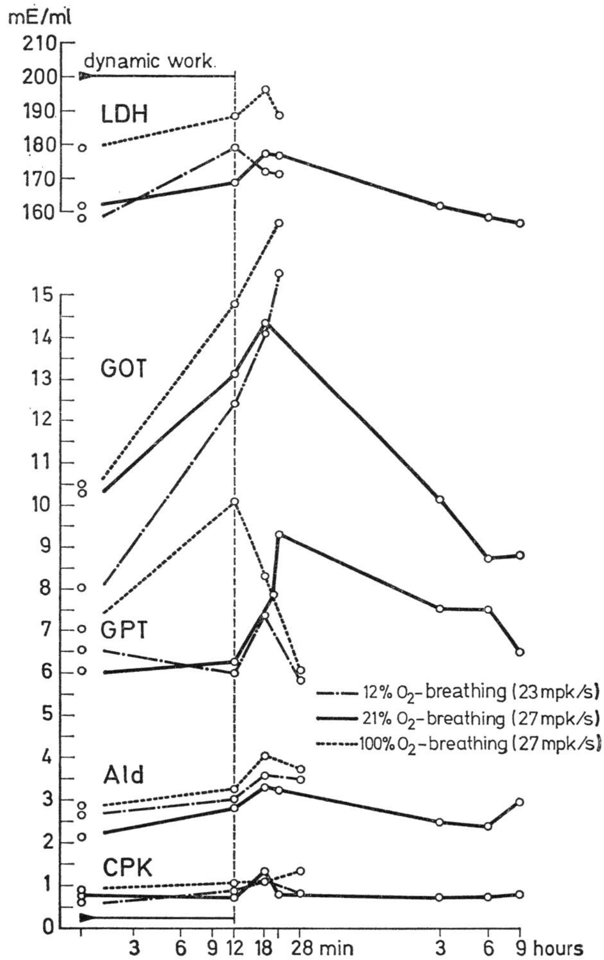

Fig. 10. The effect of different O_2 partial pressures in the inspired air on 5 different enzymes during and after work on the bicycle ergometer (from Hollmann, Schlüssel, and Spechtmeyer, Sportarzt und Sportmedizin **3**, 166 (1965)

all the metabolic and cardiopulmonary parameters which may theoretically play a part in the regulation of ventilation during physical exertion, produced the hypothesis of the decisive importance of the intracellular pH value (Hartung and associates, 1966). The possibility of an even greater control by the pH function which is decisive for the intensity of the entire cell metabolism has been mainly supported by the investigations of Kaijser (1970). These show that the absolute intensity of the aerobic (and anaerobic) metabolism is governed by various factors causing the local pH to reach a certain value. An increase in the hydrogen ion concentration in

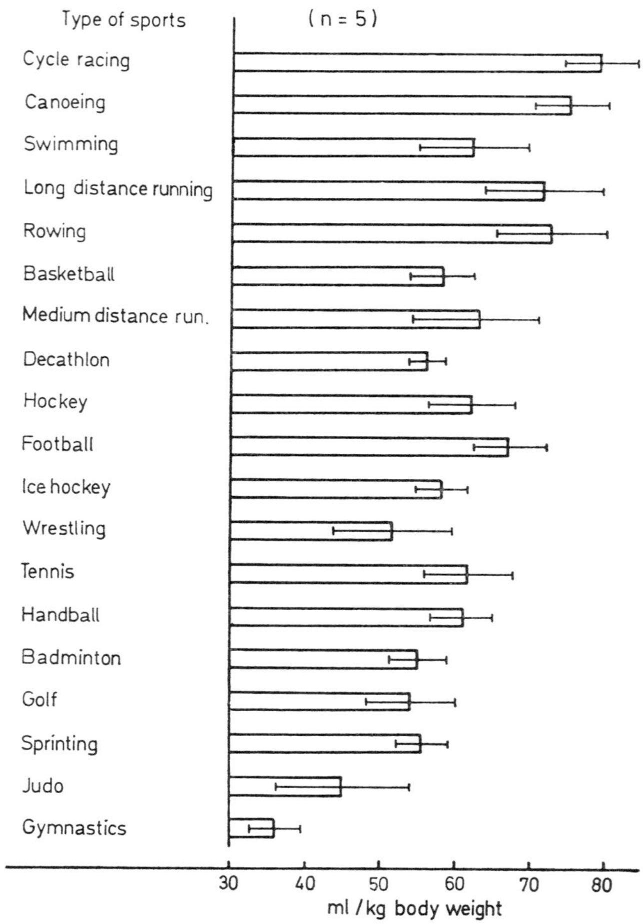

Fig. 11. The relative maximal oxygen uptake in 5 champions of international standing in different sports (from Hollmann and Heck)

the cell implies a reduction in oxidative phosphorylation with a corresponding reduction in muscle contraction.

Physical training can increase the maximum oxygen uptake of subjects in the third or fourth decade of life by an average of 15 to 25%. In extreme cases increases in performance of up to 50% may be observed (Hollmann, 1961 Reindell et al., 1967).

The average maximal O_2 uptake in untrained men in the third decade of life is 3200 ± 300 ml, but in topranking competitors in endurance sports it can be as much as 6 l/min (Åstrand, 1969; Hollmann, 1963; Mellerowicz, 1967; Nowacki, 1969; et al.).

The maximal value in female persons is reached at 14 to 16 years of age, and in male persons at 18 to 20. If no endurance training is followed, the aerobic capacity starts to decrease after the age of thirty but, in trained subjects it can remain unaltered up to the age of fifty and in exceptional cases even longer (Hollmann, 1963; Hollmann and Bouchard, 1970).

Oxygen Uptake and Oxygen Debt

In dynamic work using the larger muscle groups (e.g. running, cycling, swimming) and under constant load, the oxygen uptake increases from the beginning of exertion up to a particular value within a few minutes; from then on the value remains constant. The way in which the oxygen uptake "lags behind" the value required for each loading step can be explained by a delayed start in the adaptation of the cardiopulmonary system. A. V. Hill (1927) termed this initial deficiency in the oxygen take-up at increased loading "O_2 *deficit*". The constant oxygen uptake which fully meets the O_2 requirements of the organism, without an associated rise in the arterial lactate level, is known as the "*steady state*" condition. In this condition the respiratory minute volume, the respiratory equivalent, the pulse rate, the oxygen pulse, and the systolic and diastolic blood pressures remain quite constant. The time taken to reach this steady state depends on the degree of preliminary "warming up", the amount by which the load is increased, age, sex, training condition, and such exogenous factors as climate. If load conditions are such as to permit a "true" steady state, i.e. if the increase in load does not cause the loading to exceed 50% of the maximum aerobic capacity, the steady state is reached, on average, in 2 to 4 minutes. If the loading exceeds 50% of the maximum oxygen uptake per minute the time taken to reach a constant O_2 uptake is somewhat longer, and only an "*apparent steady state*" is reached, since the ventilation and pulse rate gradually increase with the duration of exertion. The lactate level in the arterial blood begins to rise at the same time. Furthermore, additional anaerobic metabolic processes are called in to supply the necessary energy; their total increases percentually with the degree of loading.

After exertion the O_2 uptake returns to the level at rest somewhat in the form of an e-function curve. The amount by which the oxygen uptake in the recovery phase exceeds that at rest is termed the "*oxygen debt*" by Hill (1927). Its value is the sum of four different components:

1. aerobic removal of the products of anaerobic metabolism ("real" oxygen debt),
2. increased oxygen consumption by the heart and respiratory muscles, due to their temporarily increased level of activity,
3. increased oxygen consumption in the tissues, due to their temporarily increased temperature and catecholamine level,
4. replenishment of myoglobin with O_2.

The amount of the oxygen debt at the end of physical work is proportional to the degree of exertion. A normal loading lasting only 1 to 2 minutes can cause 40 kcal to be expended anaerobically; this means an oxygen debt of around 8 l (1 l O_2 uptake = ca. 5 kcal). In addition, ATP and creatine phosphate can together account for an oxygen debt of 1 to 1.5 l (Åstrand and Rodahl, 1970; Keul et al., 1969).

An effect of training, in the form of an increased aerobic capacity, causes a minimum reduction in the oxygen uptake for a given load, independently of any improved coordination with a correspondingly higher degree of performance. The causes are not yet properly understood, but are metabolic in nature (Barnard and Baldwin, 1970; et al.). As a consequence of a more rapid adaptation of the cardio-pulmonary system to the physical work, the O_2-deficit at the beginning of exertion is reduced (Hollmann, 1959). At loadings below the endurance limit even untrained persons have attained their steady state after the 4th minute of work at the latest (Hollmann, 1959; Whipp, Seard, and Wasserman, 1970). Sources of energy available in the first minute of exertion are, in addition to the anaerobic metabolic mechanisms, the oxymyoglobin, oxyhaemoglobin, and physically dissolved oxygen in the tissue fluid. At the same time, the load on the anaerobic metabolism is eased by an immediate increase in the blood supply to the muscles, together with raised O_2 extraction. According to Margaria (1967) and Robinson (1968) these "O_2 depots" in the musculature can amount to 500 ml.

Intensive investigation by Whipp and associates (1970) show that, if a "true" steady state has been reached, the amount of the oxygen debt appearing after loading in the region of the limit of endurance is identical with that of the oxygen deficit. If exertion is interrupted before a steady state has been reached, the amount of the oxygen debt exceeds that of the oxygen deficit. Increased aerobic capacity due to training results in a reduction of the oxygen debt at sub-maximal loading, i.e. loading significantly exceeding the limit of endurance (working capacity 130). This may be attributed to a reduced temperature increase per given load, a reduced catecholamine production, a reduced effort by the respiratory musculature due to the lower minute volume, and a reduction in myocardial oxygen consumption due to a lower pulse frequency.

Wildor Hollmann

Adaptation of Metabolism in Sport

The effect of athletic activities on the metabolism of the human body was investigated quite early. Thus Snapper and Grünbaum, Schenk and Krämer, Herxheimer, and others in Germany published findings on the changes in the composition of the blood, urine, and sweat after various competitive sports as early as the 1920's. Since then the number of publications on the relationship between physical activity and metabolism increases annually in many countries. Insight into the adaptation of the body at the molecular level was only very recently possible due to the improved methods in the fields of chemistry, physics, physiology, and biochemistry as well as the expansion in biological knowledge. Three foci have developed in recent years:

1. Muscle metabolism, with particular reference to the energy conversion and the changes in substrates in the blood as a result of training.
2. The differentiation of the muscle tissue as a result of training.
3. Protein metabolism and its relationship to adaptation to training and the recuperation capacity of the body.

Energy Metabolism of the Heart and Skeletal Muscle

Basically, three methods of investigation have expanded the knowledge of the oxygen consumption, the conversion in energy supplying substrates and the resynthesis of ATP in muscle tissue:

1. Needle biopsy permits the determination of substrates and enzymes in samples of muscle weighing about 20 mg.
2. The determination of arteriovenous differences of various energy-supplying substrates and their breakdown products, as well as that of oxygen and carbon dioxide, supplies information on the extraction and production by the organ under investigation. Quantitative data are also available if the perfusion rate is measured at the same time.
3. The labelling of substrates with isotopes.

The adaptation of the muscle and the body as a whole is dependent on the type, duration, and intensity of the load. Under very short loads, e.g. two or three muscle contractions, the energy is immediately supplied by the ATP available in the muscle cell. A slight reduction in the ATP content of 20 to 40% is rapidly compensated by rephosphorylation from the immediately available phosphocreatine. The exercise-induced fall in phosphocreatine, the concentration of which in muscle is three to four times that of ATP, is highly dependent on the intensity of the effort (Fig. 1). A reduction in the total adenyl nucleotide fraction is seen after a short, maximum isometric contraction. This is indicative of the myokinase reaction for the resynthesis of ATP which gives rise to AMP, which in turn can lead to a reduction in the adenyl nucleotide pool as a result of deamination. If the contraction is continued and the concentrations of ATP and PC fall even further, the energy-rich phosphates must be resynthesized or the activity ceases. The energy supplying systems are 1. glycolysis, 2. oxidative phosphorylation.

After a few seconds there is 100% conversion of the phosphorylase into the active enzyme configuration. The cyclic 3'-5' AMP released by adrenaline, the calcium ions released at the start of the activity and the resulting ATP are the important activators, and at the same time factors which control the initiation and intensity of glycolysis. A marked increase in glucose-1-phosphate, the first step in glycolysis, is already found during the first few seconds of maximum isometric activity. A reduction in the glycogen content of the muscle can be clearly shown after only 30 sec contraction. The changes in concentration of certain glycolytic intermediates are

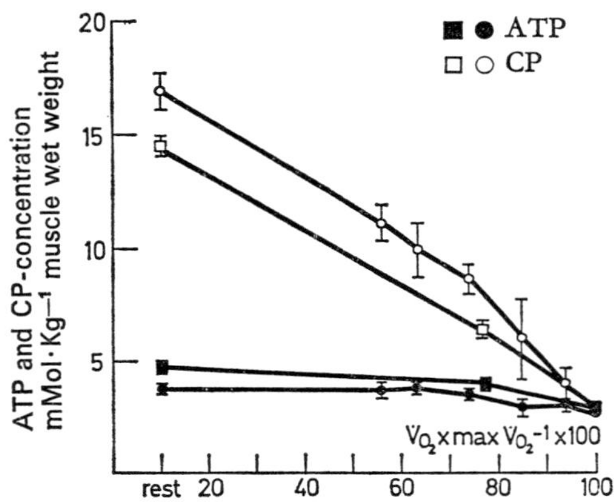

Fig. 1. The changes in ATP and CP in muscle at various levels of effort; Series I = trained subjects, Series II = untrained subjects (From: Karlsson, 1971)

important for substrate turnover (Fig. 2). They enable several deductions to be made regarding the control of the energy supply. First of all it should be emphasized that, of the enzymes that catalyse the breakdown of the substrates in muscle, phosphofructokinase is the rate-limiting one. Furthermore it is evident that the lactate (the end-product of anaerobic glycolysis) rapidly accumulates in the muscle tissue but falls in concentration as soon as the oxygen uptake has reached a certain value. Glucose-6-phosphate reaches its maximum value during the first two minutes and acts on the key enzyme for the uptake of glucose into the cell, i.e. muscle hexokinase, as an inhibitor and thus virtually prevents the uptake of glucose by the muscle cell. This means that, during activity of short duration and high intensity, muscular glycogen must be utilized as the chief source of energy. The breakdown of glycogen is highly dependent on the form, duration, and intensity of the physical activity. After 80 to 90 min activity at 75% maximum oxygen uptake up to 80% of the muscular glycogen is metabolized. In subjects who have undergone endurance training there is less glycogen consumption and a lower lactate level in the blood during the activity (Fig. 3). The arterio-venous difference for glucose rises after only a few minutes activity and can reach three times the value at rest. In spite of the up to ten-fold increase in glucose release by the liver, the arterial glucose level falls. The glucose release by the liver is partially explained by gluconeogenesis from lactate (up to 20%). Acceleration of the glucose release from the liver is only seen when the glycogen reserves in the muscle disappear. This mechanism, which is extremely important for prolonged, high intensity activity, is not yet understood. At low intensity activity with less than 60% of the maximum oxygen uptake the muscular glycogen in the untrained subject falls to ca 40%, but in the trained subject the fall is less pronounced. The changes in blood lactate concentration are determined by the duration and intensity of the activity if the state of training is equal. It is striking that at the end

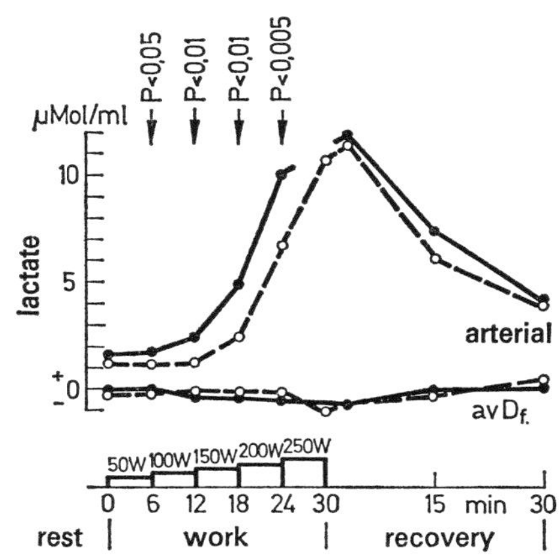

Fig. 2. In trained subjects there is a lower lactate level and smaller arteriovenous difference for the same degree of effort. At the maximum range of activity, of which the trained subject can produce a much greater amount, there is no significant difference (From: Keul and Haralambie, 1971)

of a prolonged activity the initially raised lactate level has fallen again (Fig. 4). This behaviour may be explained in various ways.

1. At the start of the physical activity, when there is a sudden increase in energy requirements, sufficient resynthesis of energy-rich phosphate compounds is induced initially by anaerobic glycolysis.

The rise in lactate during physical activity is more pronounced in the muscles than in the blood. There are concentration gradients between the muscle cells and capillary blood so that, at a lactate level of 20 mMol/kg wet weight, the values in various parts of the sample may vary between 14 and 40 mMol/l whilst the levels in the blood reach about 14 mMol/l. Equilibration of the lactate levels in the muscles and blood is only possible if the initially high lactate levels in muscle are reduced or a constant rate of lactate formation has developed.

2. The accumulation of lactate, the acid end-product of glycolysis, has an inhibitory effect on the further progress of glycolysis since the lowering of the cellular pH has a direct inhibitory action on several glycolytic enzymes. In addition, excess

lactic acid inhibits the H-form of lactic acid dehydrogenase, particularly at pH values below 7. It may be assumed that under physiological conditions, i.e. in subjects trained for sustained effort, this mechanism reduces the formation of lactate so that the complications caused by the lactate itself or the fall in pH are prevented and performance is promoted.

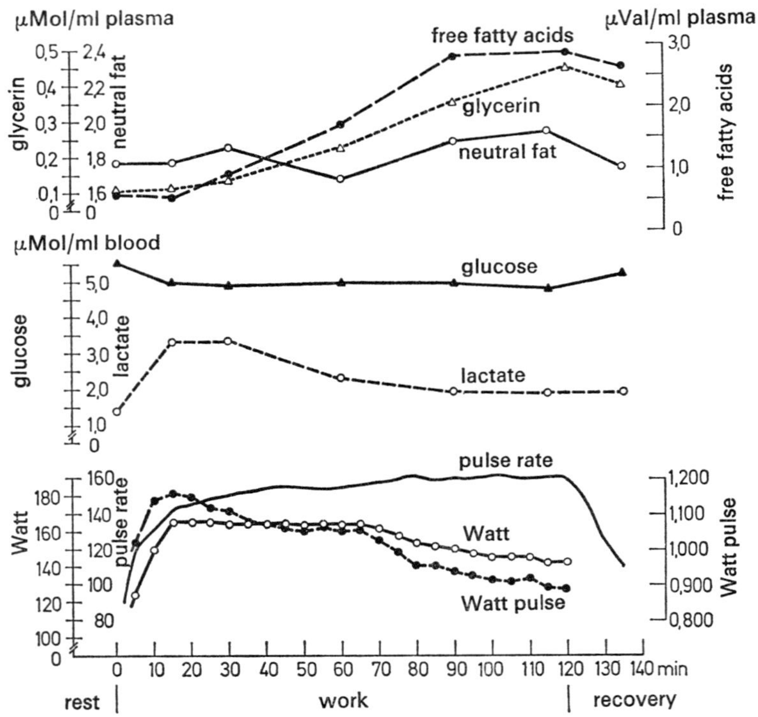

Fig. 3. During 2 h sustained activity there is initially a moderate rise in the lactate level and then a continuous fall, although the heart rate rises further and the intensity of the effort is scarcely reduced (× 155 W). The large rise in free fatty acids during the 2nd half of the activity is particularly striking (From: Keul, Doll and Keppler, 1971)

3. The yield in energy from glycolysis is small so that the glycogen reserves of the muscular tissue are rapidly used up and the formation of lactate by breakdown of glycogen is no longer possible.

4. Various organs, particularly the heart, liver, kidney, and resting skeletal muscle, take up lactate in relation to its arterial level and oxidize it.

5. During exercise, the total LDH activity in the muscles increases by circa 20%. This gives rise to more pyruvate and acetyl residues which lead to an increase in the concentration of citrate and other metabolites in the Krebs cycle. Citrate itself is an inhibitor of phosphofructokinase and thus slows the course of the glycolytic pathway.

6. Citrate and other intermediates of the Krebs cycle have a vasodilator effect on the muscle arterioles (possibly as a result of their ability to bind calcium) which potentiates the vasodilator effect of potassium released from the active muscle during effort. This leads to an increased perfusion of the active muscular tissue and thus to an improved supply of oxygen and substrates.

As the duration of the activity increases, the oxidative processes become increasingly important and the proportion of energy supplied by glycolysis falls continuously so that in sustained activities (e.g. 10,000 m run) oxidative sources of energy play a decisive role. In the last ten years it has been shown that training to long-lasting exercise of sufficient duration and intensity considerably increases numerous enzymes that are involved in oxidative processes (see section 2). This leads to an increase in the substrate utilization and oxygen uptake of muscle tissue. Thus sustained performance is not only determined by an improvement in cardiac output with its accompanying improvement in oxygen transport and circulation, but also by an increase in enzymatic capacity which permits a raised turnover of substrates. A very striking finding is that the muscle tissue of trained subjects has a raised capacity for the oxidation of free fatty acids.

The importance of free fatty acids for bodily activity is seen from their changes in the blood. Whilst there is initially a short-term fall in free fatty acids in the plasma, they rise with increasing duration of the activity as the result of an increased lipolysis, particularly in the fat tissue. It can be shown in trained animals that the spontaneous and adrenaline-induced release of fatty acids from adipose tissue is greater than in untrained animals. Similarly, the free fatty acid level in the plasma of trained subjects during physical activity is higher and the uptake of free fatty acids by the active muscle tissue is increased. The concentration gradient of free fatty acids in the muscle cell is essential for their uptake, with the exception of oleic acid the uptake is linear.

Muscular blood flow also has an effect on the extraction of the fatty acids. Thus, important extracellular factors determine the utilisation of fatty acids during activity and regulatory effects within the muscle cell itself appear to recede in importance, although various metabolic stages in the oxidation of fats can be inhibited or promoted by intracellular substrate concentrations (the glucose-fatty acid cycle).

Under the influence of training the muscular content of triglycerides and phospholipids increases. The muscle's own lipids can only be utilized to a limited extent during activity. After activity, there is a reduction in the muscle's own triglycerides and at the same time the composition of the fatty acids in the muscular lipids also changes. From the quantitative point of view, however, the proportion of free fatty acids extracted from the plasma is considerably greater than that obtained from the muscle lipids.

Those substrates that form acetyl-coenzyme A as a result of their breakdown (glucose, lactate, pyruvate, and ketone bodies) have a marked influence on the utilization of the fatty acids. It has been repeatedly demonstrated that high levels of ketone bodies or lactate in the blood inhibit the utilization of free fatty acids by the cell. The ketone bodies themselves may be regarded as steps in the breakdown of the FFAs. Their increase in the plasma is the result of a slowing down of the throughput of the Krebs cycle or an accumulation of the acetyl residues from an increased breakdown of carbohydrates and fats. During bodily activity there is a more marked increase in ketone bodies in the blood of untrained subjects than in trained subjects. In very well endurance-trained athletes, ketonaemia is only demonstrable after severe and prolonged activity.

The concentration of free fatty acids in the cell is always lower than in the plasma because of their rapid conversion. As a result, free fatty acids continuously enter the cell in relation to the concentration gradient. It is not known whether carnitine, which forms acylcarnitine with the free fatty acids in the cytoplasm, is a rate-limiting step for the conversion. The fatty acids can only penetrate the mitochondria as acylcarnitine and thus enter the oxidative processes. The fact that the carnitine content and the activity of acylcarnitine transferase does not change in human muscle after training argues against limiting amounts of this substance for the conversion of fats.

The most important substrates for the resynthesis of ATP and thus for the energy supply are, intracellularly, glycogen, which can increase under the influence of training, and to a less extent in prolonged activity the triglycerides. The active muscle tissue may extract from the perfusing blood glucose, lactate, pyruvate, ketone bodies and, to a less extent, aminoacids as sources of energy. During long term effort, the free fatty acids become an important source of energy for the active muscle tissue. During very short-lived activity lasting only a few seconds, the energy requirements are supplied by energy-rich phosphates which are resynthetized during the subsequent recovery phase. During activity lasting several minutes, there is a considerable increase in blood lactate which comes primarily from glycogen. In trained subjects the lactate level is lower, which may equally well be due to reduced formation as well as an increased breakdown, such as occurs in cardiac muscle during bodily activity. In trained subjects there is a more marked increase in FFAs during physical activity and an increased conversion in muscle tissue so that training produces a greater fat oxydation.

The Morphological and Biochemical Differentiation of the Muscle Tissue as a Result of Training

Various types of muscle are important for the different muscular development and muscular performance. The fibres of striated muscles consist of three basic types according to their physiological, morphological and biochemical, properties; these are the "tonic", "intermediate", and "phasic" fibres. The tonic fibres are called "red" on account of their high myoglobin content. They are rich in mitochondria and enzymes of the oxidative metabolic pathway and are suited to sustained effort. In contrast, the phasic, whitish coloured, rapid fibres are rich in glycolytic, glycogenolytic, and glycerophosphate metabolizing enzymes. The efficiency of the phasic fibres during dynamic activity with relation to the energy rich phosphates is more than doubled. In contrast, the efficiency of the tonic fibres during isometric contraction is five times as great. Physical training leads to a shift in the distribution of the individual muscle types. Thus, endurance training produces an increase in the predominantly red fibres so that endurance of the muscle is improved. The enzyme pattern of the muscle accordingly changes more and more towards that of red muscle. In addition to the findings already mentioned in section 1, physical training also produces the following changes:

1. An increase in the myoglobin content and an improved capillarisation and perfusion of the muscles. As the number of mitochondria per gram of tissue is also increased, the distance that the oxygen and substrates have to diffuse to the energy producing centres is shortened.

2. Increased activity of the oxidative enzymes, e.g. cytochrome oxidase, succinate oxidase, NADH-oxidase system, 3-hydroxy-acyl-CoA dehydrogenase, pyruvate oxidase, and glycerol-1-phosphate dehydrogenase (Table 1).

It is important that even after so short a period as three weeks the enzyme activities in muscle tissue can increase. Thus, after only three to four weeks running training in rats there is a rise in the glycerol-phosphate oxidase, in the mitochondrial protein, in pyruvate dehydrogenase, and in the oxygen uptake of the mitochondria. The rise in various enzyme activities increases the ability to oxidize pyruvate, succinate, acetoacetate, and palmitate etc. Endurance training produces a shift in

Table 1. *The effect of training on the biochemical properties of skeletal muscle* (From: Keul and Haralambie, Verh. Deutsche Ges. Kreislaufforsch. 1971)

	Unit	Untrained	Trained
Glycogen	mg/g	36.5	54.7
Creatine, white muscle	mg/g	5.2	6.64
Myoglobin	mg/g	3.8	6.7
Mitochondrial protein	mg/g	2.97	4.67
Pyruvate turnover	μMol/min/mg protein	0,137	0.188
Aconitase	μMol/min/g	5.8	11.7
NAD-isocitrate dehydrogenase	μMol/min/g	2.77	5.4
Succinate dehydrogenase	μMol/min/g	4.2	8.4
Succinate oxidase red muscle	μl O_2/min/g	95	160
Carnitine palmityl transferase	μMol/min/g	0.27	0.51
Palmityl CoA dehydrogenase	μMol/min/g	1.23	2.91
NADH dehydrogenase	μMol/min/g	5.6	11.8
Cytochrome a	μMol/g	5.3	8.2
Cytochrome b	μMol/g	5.2	8.56
Cytochrome c	μMol/g	4.3	8.0
Cytochrome oxidase red muscle	μl O_2/min/g	427	691
Oxygen uptake	μAtom/min/mg protein	0.112	0.170
Hexokinase	U/mg protein		
red muscle		5.1	9.2
white muscle		4.6	8.9
Myosin ATPase	μg inorg. P/5 min 25°	31	44.6

carbohydrate and fat metabolism, particularly in the white muscle, so that the difference between the two types of muscles is reduced in favour of the red muscle. Histochemical findings also confirm this. This proves that training can produce a partial change in both types of fibre. It is possible that, in addition to the hypertrophy of the muscles, the formation of predominantly white or red muscle types with their biochemical and physiological properties is the decisive adaptation of muscle tissue to functional demands.

Protein Metabolism and its Relationship to Adaptation to Training and the Recuperation Capacity of the Body

With the exception of energy-rich phosphate transfer compounds such as creatine and the adenlyl nuceotides, nitrogen-containing compounds, play a subordinate role in the immediate supply of energy for muscular activity. On the other hand, protein materials and their constituents, the aminoacids, are highly important for the adaptation to bodily activity, particularly protracted activity. Investigations in man and animals have shown that during certain activities, particularly those of longer duration and relatively high intensity, there is a higher degradation of proteins. After such activities, there is also an increased excretion of the breakdown products of certain aminoacids and during the training period higher blood levels of urea, uric acid, and creatinine etc. In overstrained athletes there are even typical deviations of these substances in the blood. Whilst on the one hand there are clear signs of an increased protein breakdown during training, on the other, protein synthesis immediately after activity is reduced and rises subsequently significantly above resting values.

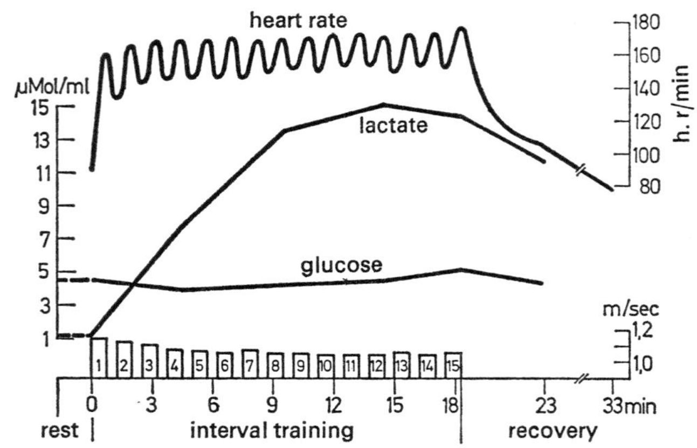

Fig. 4. Interval training leads to a particularly marked supply of energy via the glycolytic pathway and the development of the anaerobic capicity if intensity and pauses are correctly balanced. For the same degree of activity, reduction of the pauses from 45" to 30" produces a more rapid and more marked rise in blood lactate which is a sign of a raised glycolytic energy supply. The heart-rate reaches values of up to 170/min during the active phases (n = 10)

In contrast to the overstrained athletes the nitrogen balance of well adapted athletes is positive; there is an absolute and relative increase in albumin in the plasma and lower values for the immunoglobulins A, M and G. After training, the iron uptake in various organs, including the skeletal muscles, is raised. Iron is bound in the plasma to transferrin as the ferric ion. The approximately 250 mg % transferrin in the plasma binds iron to about one third of its iron-binding capacity. When iron is taken up by the tissues there is a desaturation of the transferrin and iron is released from the depot where it is bound in the ferrous form to proteins (e.g. ferritin). On entering the plasma the iron is oxidized to the ferric form by the plasma ferroxidase, ceruloplasmin. This copper-containing protein is significantly increased in trained subjects. After 30 mins or more of physical activity, rises in ceruloplasmin of up to 20 % are found; similarly, copper, transferrin, and iron are raised.

The activity of iron- and copper-containing tissue enzymes are raised after endurance training (Table 1). Increase of 80 to 120 % in the activities of succinate dehydrogenase, NADH dehydrogenase, cytochromes a, b and c as well as myoglobin were found (section II).

It is remarkable that these rises are only produced by long-lasting activity. No changes in iron or copper or their transport proteins are caused by pure feats of strength (e.g. weight lifting).

The zinc-containing plasma protein, α_2-macroglobulin, and serum zinc are also raised after physical activity. The fact that zinc is a co-factor or activator of carboanhydrase, aldehyde dehydrogenase and several peptidases speaks for the involvement of zinc in the (protein) metabolism during physical activity.

During and after physical activity there is a rise in blood plasma enzymes which come primarily from the muscle tissue. The most important enzymes showing a rise in activity are LDH, CPK, GOT, LAP, and MDH. It is striking that the rise in these enzymes is almost no longer demonstrable in well trained athletes after physical exertion. In addition to an increased permeability of the cell membrane, increased shedding of cells and hormonal effects direct disruptive effects of bodily activity on muscular tissue must also be taken into consideration. In untrained subjects swelling of the mitochondria and deformation of the cristae are seen which do not occur in trained subjects, who do not show any rises in serum enzymes.

Biochemical findings have made it possible to explain partially the mode of action of various methods of training or to give starting points for new forms of training, e.g. important information on the development of the aerobic and anaerobic capacities (Fig. 4). It may be expected that with the progress of research the action and utility of an exertion will be understood in detail and that it will be possible to give the duration and intensity of training stimuli in more precisely defined dosages. They also offer an hypothesis to explain stimulus levels during training and the response of the body to stimulation as well as a scientific basis for training.

Josef Keul
Georg Haralambie

The Effects of Training on the Heart and Circulation

The Morphological Effects of Training on the Heart and Circulation

Organic *form and function* are closely related by an intrinsic natural law. The form of the heart determines its function. Conversely, its function has demonstrable effects on its form. Training is the systematic use of increasing amounts of functional stimulation. It has effects on the body, heart, and circulation which lead to a rise in special performances. This embodies a general biological rule without which there would be no adaptation of the body to the changing and increasing demands of the world around.

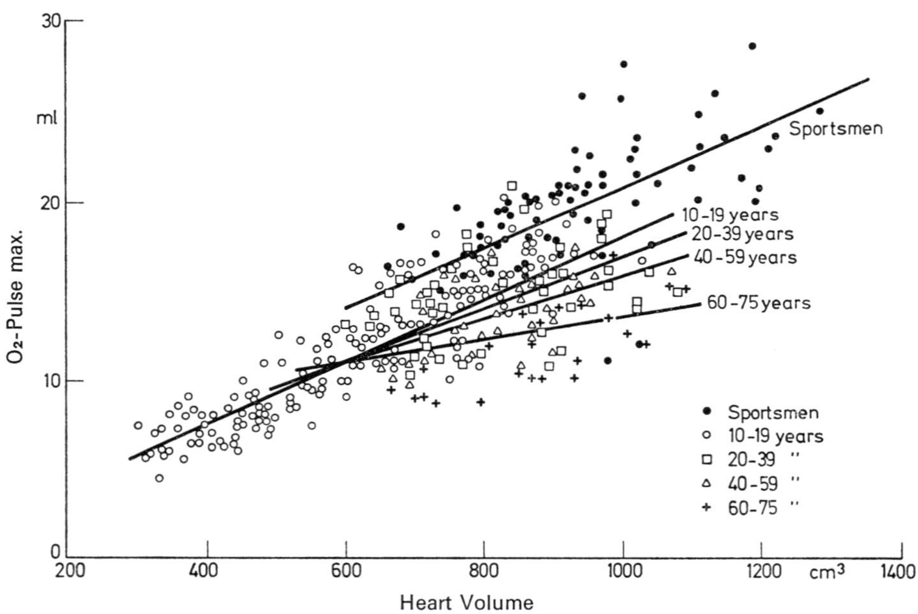

Fig. 1. The relationship between heart volume and O_2-pulse max in 10 to 75 year old normal male subjects and in sportsmen (from: Reindell et al., 1961)

Long-term training that is above threshold intensity and duration (quantity) produces an increase in the *volume and weight* of the heart. This involves both ventricles and both criteria as is shown by radiographs and autopsy findings.

An indication of the generalized increase in the size of the heart seen in the radiograph is a proportional increase in the longitudinal and transverse diameters of the right and left median distances. The trained heart is usually large and normally shaped. Depending on constitutional factors, including the position of the diaphragm as it is being radiographed, it may also occasionally appear more strongly developed on the left or the right.

Radiological determinations of the cardiac volume in highly trained, continuously active athletes give values of $\approx$ 900 to 1,400 ml and $\approx$ 15 to 19 ml/kg. In contrast, the cardiac volume in untrained subjects is predominantly between $\approx$ 600 to 900 ml and $\approx$ 9 to 13 ml/kg (Fig. 1).

Table 1. *Heart-weight of 34 athletes who died accidentally* (a survey from different authors according to Reindell)

Number of Cases	300—350 g	350—400 g	400—450 g	450—500 g	500—540 g
34	6	9	14	2	3

Considerably raised heart-weights have been found on autopsy of athletes who have died accidentally (Table 1).

The "critical heart-weight" of 500 g (Linzbach, 1950) has therefore only insignificantly been exceeded on three occasions. In this connection it should be considered that, unlike the method used for preparation by Linzbach, the epicardial fatty tissue and intrapericardial vascular segments were included in the weight in 2 cases. In contrast, the weights of hypertensive hearts due to pathological causes may considerably exceed 500 g and not infrequently reach 600 to 800 g.

Table 2. *Proportional heart weights in various animal species* (according to Grober and Bergmann)

In comparison:	Domestic rabbit	2.40
	Wild rabbit	2.76
	Domestic duck	4.40
	Wild duck	6.98
	Untrained ("average man")	< 4—5
	Athlete (sustained effort)	< 5—8

Training experiments have also been carried out on animals to investigate the effect of training on the shape and size of the heart (Külbs, 1906; Grober, 1907; Bruns, 1928; Thörner, 1930; etc.). The hearts of the trained animals became larger in volume and heavier in weight than those from non-exercised control animals.

Similarly, comparative correlative measurements of the heart size in domestic and wild animals have also been carried out. First Robinson in 1748 and later Bergman (1884) found that wild animals had larger hearts or a higher proportional heart weight $\left(\frac{\text{heart weight (kg)} \times 1{,}000}{\text{body weight in kg}}\right)$ than domestic animals. Comparative studies in phylogenetically related species by Grober showed that wild rabbits and wild ducks had higher proportional heart weights than the corresponding domestic animals.

There is, therefore, a similar relationship between the proportional heart weights of high performance athletes and the modern, civilized "average man" to that between wild animals and their domestic counterparts.

The absolute and relative heart sizes differ considerably in representatives of the various types of sport. The largest volumes and weights are produced by sustained high performance training of the sustained or interval variety. A moderate to small increase in heart size is found in those who exert "moderate effort", whose special performance lasts ca. 1 to 6 minutes. In those who exert short term effort, i.e. lasting up to 1 minute, there is either no increase or only a very slight one in the size of the heart. A review of the heart size in top ranking athletes in various types of sport is given in Table 3.

Table 3

I. Large heart volumes	II. Medium heart volumes	III. Small heart volumes
Cyclists (long distance)	Middle and short distance runners	Jumpers Sprinters
Long distance runners	Swimmers (100—400 m)	Throwers Weight lifters
Long distance skiers	Mountaineers	Golfers
Skaters (> 5,000 m)	Boxers	Fencers
Swimmers (800—1,500 m)	Wrestlers	Judokas
Mountaineers	Tennis players	Riders
Boxers		
Competitive sports		
Football players		
Handball players		
Hockey players		
Ice hockey players		
Basketball players		
Rugby players		

The effects of physical training on the heart and circulation is determined by

1. The type (quality) of the training: training of the aerobic capacity, anaerobic capacity, strength, and speed have different effects.

2. The amount of training: the degree, length, and frequency.

3. Endogenous factors: such as constitutional factors, age, and sex.

4. Exogenous factors: such as temperature, pressure (height), nutrition etc.

The morphological form and function of the trained heart and circulation is therefore the result of numerous conditioning factors. Dominant factors are, however, the intensity (amount of effort), the duration and the frequency of the training (quantity).

The enlargement of the trained heart is produced by *physiological dilatation and physiological hypertrophy*. Linzbach has shown that the heart muscle fibres normally grow whilst retaining their natural proportions. He speaks of a "harmonic growth". The increase in weight of the trained heart is not explicable solely in terms of an increase in thickness of the individual fibres but also to an equal degree by an increase in their length. The trained heart is a harmoniously developed organ that is adapted to raised performance demands.

At the end of a period of sustained effort training there is regression to values of $<$ 900 ml and a relative heart volume of $<$ 13 ml/kg (Fig. 2).

Damage of the enlarged trained heart that can definitely be attributed to sports training or extreme performance demands have not yet been demonstrated. The "hypertrophic" trained heart does not run any greater risk of coronary hypoxia. Its oxygen supply is, in fact, considerably improved as a result of the more economic activity of the heart and its metabolism. Even after exhausting sustained performance,

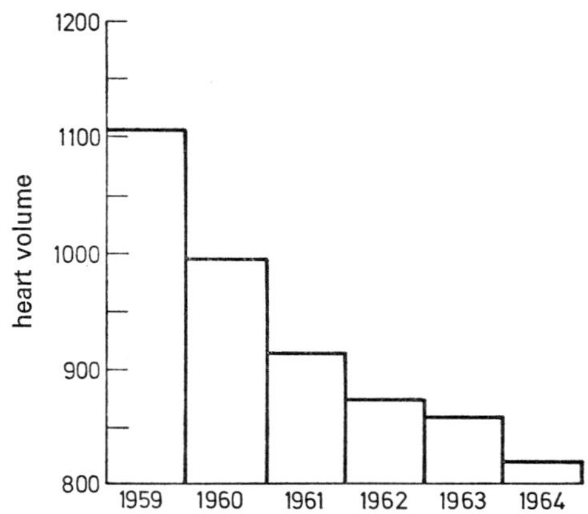

Fig. 2. The regression of the heart volume to normal values in a retired marathon runner (from: Israel, 1968)

with which a "normal heart" cannot cope, no signs of deficient circulation in the trained heart could be demonstrated electrocardiographically.

Similarly, the dilatation of the trained heart cannot be interpreted aetiologically as "myogenic" because the increased range of performance of the athletic heart is in contradiction to the assumption that there is damage to the myocardium. Up to now there has never been any unequivocal demonstration of electrocardiographic or histological damage to the myocardium of the trained heart that was not of an infectious or toxic origin. In contrast the enlargement of the trained heart can certainly be described as "regulatory" in the sense of a physiological adaptation to an increased demand on the cardiac performance (Reindell, 1940, 1943). It is an important anatomical requisite for the economical functioning of the athletic heart.

When there is hypertrophy of the ventricles, the *coronary* vessels dilate accordingly. An arterial network with an increased capacity develops. Schoenmakers (1949) found in this respect that the expansion of the coronary vessels is proportional to the hypertrophy up to a critical weight which, like Linzbach, he assumed to be 500 g. Dilation of the coronary arteries cannot be assumed without a corresponding change in the *capillaries*. According to investigations made by Petrèn et al. (1936), the capillarisation also increases in the trained heart. However, a true neoformation of the capillaries below a heart weight of 500 g has not been definitely demonstrated. It may well be that more capillaries are opened up.

Analogously to the dilation of the coronary arteries, it may also be assumed that there is an increase in the maximum internal surface of the capillaries, and there is certainly a considerable lengthening of the whole capillary network as the cardiac chambers dilate. Both the capillaries and the coronaries adapt to the same degree as the myocardial fibres to the demand for increased performance.

Depending on the quantity and quality of the training, the *arteries*, *arterioles* and *veins* also appear to dilate and develop an increased capacity as they adapt morphologically to a greater blood volume and raised cardiac output (Karvonen, 1963).

A considerable increase in the *number of capillaries* has been demonstrated in trained skeletal muscle in numerous animal experiments (Vanotti and Magiday, 1934; Petrèn, Sjöstrand, Sylvèn et al., 1936). The increase in the number of capillaries during training may take place through the opening up of reserve capillaries. Neogenesis of capillaries during training is indicated by the results of experiments conducted by von Reitsma (1965).

The Functioning of the Trained Heart and Circulation

The *heart-rate* of highly trained hearts, when the body is at rest, is considerably slower than that of untrained hearts. Heart-rates of 40 to 60/min are the rule in those who indulge in sustained effort sports. Not infrequently they lie between 30 and 40 beats/min. The greater the range of performance of the heart and body during the course of a sustained effort training, the more the heart-rate falls (Fig. 3).

When performing the same effort, the trained heart similarly beats faster or slower according to its condition. After the activity, the resting heart-rate is more rapidly regained. When the increase in effort is linear, the linear proportional increase in heart-rate is less steep (Fig. 4). As a result, maximum heart-rate of 180 to 200 beats/min and above are reached only after extreme effort. On this "law" are based, among other things, the ergometric methods for determining cardiac and corporal ranges of performance.

The *electrocardiogram of the trained person* shows, in addition to a bradycardic sinus rythm, slowing of stimulus conduction which often exceeds that of the frequency-dependent normal value. It is an expression of the training vagotonia, and there is insufficient evidence for attributing it to damage of the myocardium. The amplitude of the P-wave is generally conspicuously small and may be iso-electric in lead II. In contrast, the amplitudes of the QRS and T waves are often greater than normal. The ST segment not infrequently shows a slightly raised course. In the precordial leads the ANP is often delayed in comparison with normal.

In the trained heart, the *period of isometric contraction* and *ejection time* during rest are prolonged. With a slower development of systole, the degree of efficiency of the contraction is increased (Bohnenkamp, 1937) and the heart activity is more economical. The period available for nutrition and oxygen supply to the trained heart is considerable lengthened when at rest or performing the same degree of effort, by the prolongation of the diastolic phase.

The *systolic pressure* at rest normally falls during the course of long-term training (Fig. 3). Where there is a slight rise or non-characterstic behaviour of the diastolic pressure, long term training also produces a reduction in the blood pressure amplitude.

The rise in systolic pressure due to age is less steep in those permanently actice athletes who have continued their training programmes than in the population in general (Fig. 5).

During maximum ergometric performance, large trained hearts can achieve systolic pressures of > 250 mm Hg. Their systolic pressure reserves are considerably raised in comparison with "sedentary" hearts.

There are no significant differences between trained and untrained subjects with regard to the *central pulse wave rate* of 5 to 6 m/sec between the age of 20 and 30 years,

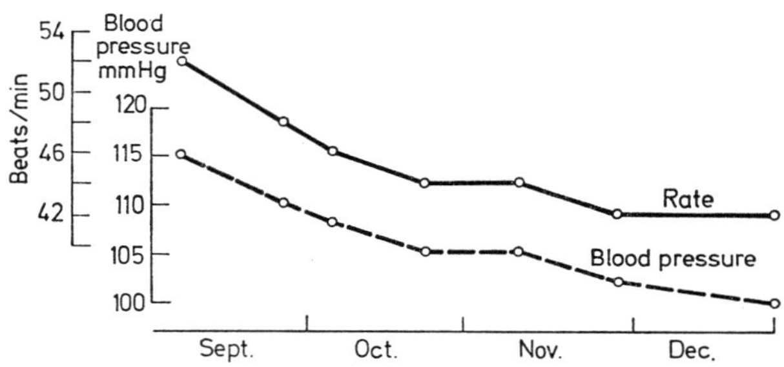

Fig. 3. A typical example of the reduction in heart-rate and systolic pressure during training (from Prokop, 1957)

nor in the behaviour of the *elastic resistance* of the arterial system (volume elasticity). The rise in pulsewave-rate with age, however, is considerably less marked in subjects who have maintained their training programmes over several decades (Fig. 6). The same applies even when the blood pressures are almost identical. The smaller rise in pulse-wave-rate with age indicates a prolonged maintenance of the elasticity of the arterial vessel walls. Selective factors could, however, play a part in this.

Peripheral resistance in sustained effort sportsmen is well above normal. The highest values are found in top-class sportsmen of this type. As the volume of the heart increases there is a highly significant rise in the peripheral flow resistance (Israel, 1968). The high peripheral resistance in sustained effort athletes is an expression of the "centralisation" of the trained circulation with very economical regulatory and metabolic processes at the periphery.

The cardiac output. More or less reduced cardiac outputs have been found by numerous authors using a variety of methods, particularly in highly trained sustained effort athletes (Berger and Olloz, 1934; Christensen, 1937; Reindell, 1940; Mellerowicz, 1956; Israel, 1968; etc.). The reduction in cardiac output may be caused by a reduction in the heart rate and stroke volume, or a large fall in the heart rate with a normal, or slightly raised, stroke volume and an increased residual volume (Reindell,

1941). Depending on the subjects investigated, and the experimental procedure and methods used, there are numerous results available for both possibilities. Using sanguineous methods that irritate the subject and alter his circulation (e.g. increasing the heart-rate) both raised stroke and minute volumes have been found during apparent "bodily rest" in moderately trained sportsmen (rate 60/min) (Schneider,

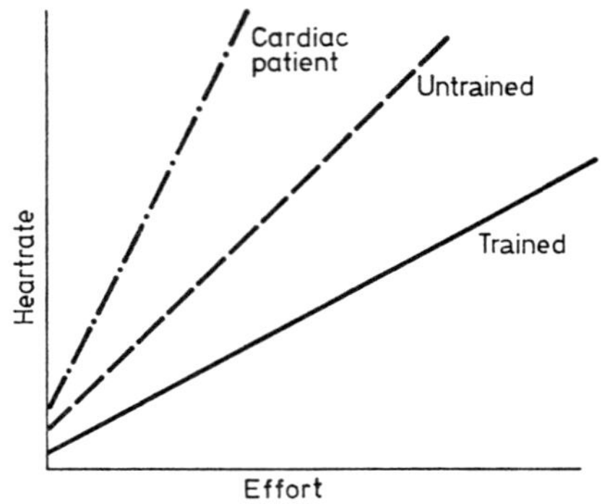

Fig. 4. A diagramatic representation of the rise in heart-rate with increasing effort in trained, untrained subjects, and cardiac patients (Mellerowicz)

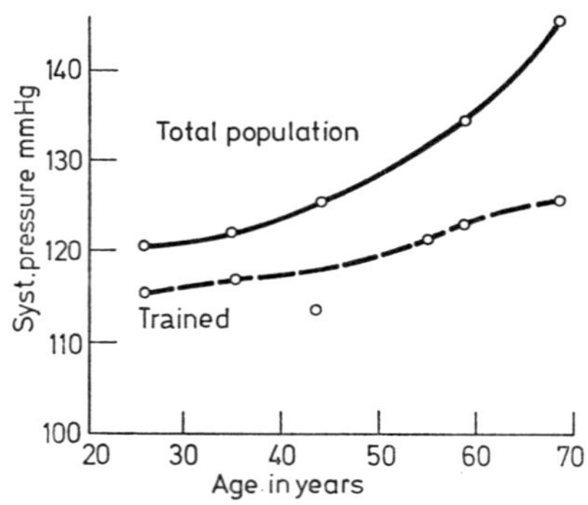

Fig. 5. The systolic pressure at various ages in the total population (mean values from Saller, Bordley, Eichna) and in 107 trained subjects (Mellerowicz)

Rost et al., 1970). In comparison with normal hearts the stroke volume rises more in relative or absolute terms than the frequency when exerting similar effort (Roskamm). As the effort increases the limiting values of the stroke volume appear to be reached before those of the heart-rate; i.e. at the highest levels of performance the cardiac output can only be increased by uneconomical rises in rate. At maximum performance large trained hearts can produce cardiac outputs of ≈ 30 to 40 l/min (Christensen et al., 1937) with stroke volumes of ≈ 150 to 200 ml and heart-rates of ≈ 170 to 200 per min. There is a close relationship between maximum stroke volume, cardiac volume, and cardiac output.

The circulation time (the speed at which the blood circulates) is prolonged in the trained, very efficient circulation in accordance with the smaller cardiac outputs at rest (Mellerowicz and Petermann, 1952; Pere, 1952). Highly trained sustained effort athletes generally have a particularly low blood flow-rate at rest. The slower the blood circulation, the greater is the "speed reserve" of the blood flow and thus of the O_2 transport capacity per unit of time for medium and sustained performance.

The *cardiac work* of the trained heart is considerably lower than that of the normal heart as less effort is required for pressure, volume, and acceleration in relation to

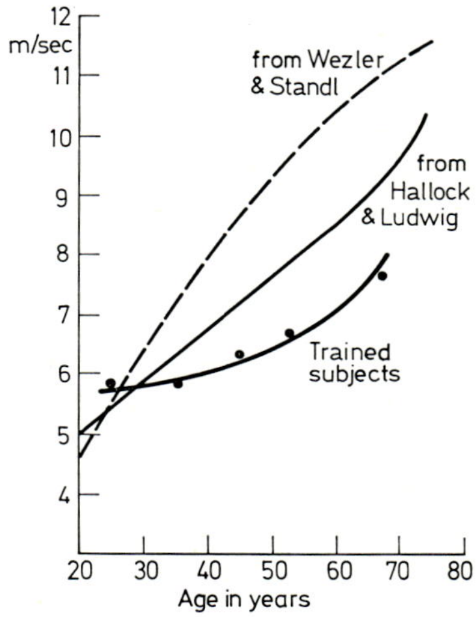

Fig. 6. The rise in pulse-wave velocity with age in trained and untrained subjects (from Mellerowicz and Petermann, 1956)

the level of training. The larger the volume of the athlete's heart is, the more economical is his cardiac activity and thus the lower is his cardiac effort at rest during 24 h (Israel, 1968) (Fig. 7). Personal calculations have shown that the daily output of the small "civilized" heart of ≈ 15,000 to 20,000 mkp is not attained by the trained heart even after an hour's hard training every day. The increased demand on the heart during the hour's training is more than compensated for by more economical cardiac activity of the trained heart during the remaining 23 hours of the day. It is true that the heart is under severe strain for a short time but it is protected to a very marked degree for a much longer period. Consequently, the opinion held by many doctors that many sports strain the heart excessively, is without foundation. It may be applicable to a very small number of long distance runners and racing cyclists who undertake prolonged periods of heard sporting activity almost every day. Even so, it has not yet been demonstrated that these people show any signs of earlier wear and tear on the cardiovascular system.

The oxygen consumption of the trained heart at rest is reduced in a strict relationship to its economically lower cardiac activity. As a result its "coronary reserve" is increased all the more when the cardiac activity at rest is smaller and more rational. However, both the O_2-diffusion distance and the O_2-diffusion time are longer in the physiologically enlarged cardiac muscle fibres with their greater diameters. These unfavourable conditions for the oxygen supply to the central regions of the cardiac muscle fibres are more than compensated for by the considerably prolonged diastolic period, during which the oxygen uptake takes place, and by the lower oxygen consumption of the trained myocardium. As a result, no subjective or objective signs of coronary insufficiency can be demonstrated in the trained heart even after maximum performance. In contrast, this is frequently

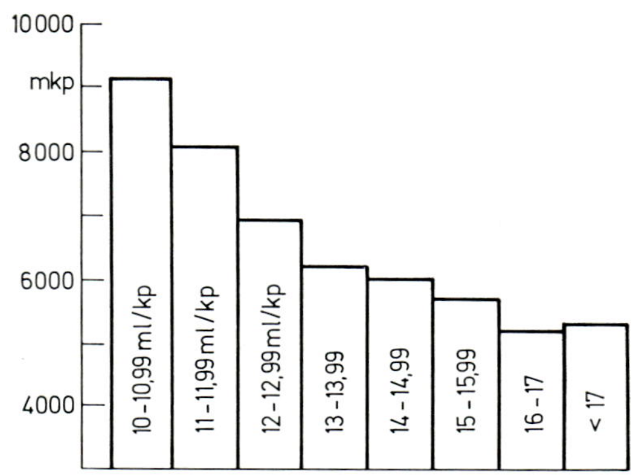

Fig. 7. Cardiac work (mkp) per 24 h in relation to cardiac volume (from Israel).

possible in people with small, untrained, uneconomically functioning and much oxygen consuming hearts.

Preventative and Rehabilitational Effects of Training on the Heart and Circulation

Physical training (of the sustained type) which requires some personal effort and activity, exceeds all other means of increasing the performance of the cardiovascular system. It is indispensable as a principle and method of maintaining or restoring the functional capacity of the cardiovascular system, and as a means of preventative and rehabilitational cardiology, for most people in our technical civilization.

In general, physical training produces an increase in the *oxygen-supply reserves* by increasing the vital capacity, the maximum respiratory minute volume, and the oxygen utilization of the aspired air. It enlarges the cardiac range of performance, the oxygen transport capacity of the blood, increases the capillarisation of the trained organs, e.g. skeletal muscle, and also produces economy in the autonomic regulatory processes.

These training effects increase the *oxygen capacity* of the body considerably. They are a prerequisite for the preventative maintenance and advancement of the functional capacity and health of the body and its organs. Both are strictly dependent on the oxygen supply. With correct indications and in the right amounts, training is, in addition, a very effective method of rehabilitational cardiology for the restoration of the range of cardiac performance.

The physiological enlargement of the heart produces an economic, bradycardic, oxygen saving activity of the heart and a substantial increase in the cardiac and corporal functional reserves. In contrast, the small "civilized" heart is compelled to perform a continuously uneconomic, much oxygen-consuming rapid activity. The coronary reserves are therefore more or less reduced, and the path to coronary insufficiency is shorter.

The neogenesis of *collaterals* after experimental stenosis of a coronary artery was, according to experiments by Eckstein (1957), considerably more marked in trained dogs than in untrained control dogs. Similar results were obtained by Schaper (1971). Promotion of collateral formation and capillarisation (see 1.) may also be assumed in the human heart (Schimert, 1969). This may be the reason for the greater chances of survival of physically active people when they suffer a myocardial infarction (Rose, 1969; Halhuber et al., 1971).

Training leads to a substantial prolongation of the *isometric contraction period and ejection time*. These changes in the mode of cardiac activity produce, according to Wezler and Böger (1939), savings in force and energy. A slower development of systole also raises, according to Bohnenkamp (1937), the efficiency of the contractile phase. Loss of training, in contrast, produces a fall in cardiac efficiency and a rise in cardiac oxygen consumption.

The considerable *prolongation of diastole* by training is highly important for the nutritional status of the myocardium, particularly in the aging myocardium. The longer the diastole is, the better are the temporal conditions for the oxygen supply to the heart muscle. A progressive shortening of the diastole with increasing loss of training must make the conditions for the oxygen supply to the myocardium worse.

Increased adrenaline and noradrenaline production in the more sympathetically controlled, untrained subjects can, according to investigations by Raab (1957), endanger the oxygen balance of the myocardium and produce hypoxic states. He wrote, e.g.: "We may therefore assume that 'atrophy' of the cholinergic vagus function, induced by physical inactivity, causing a secondary sympathetic predominance, which is a waste of oxygen and reduces efficiency, exposes the heart to a dangerous, and in the last analysis often fatal, metabolic load."

Investigations by Loosen, Heinen, and Panknin (1951) have shown a *slight reduction in clotting time* in trained subjects after physical effort compared with untrained subjects. Ott deduced from this that exercise could also be regarded as physiological anticoagulant therapy. This effect may be of importance in the prevention of thromboses in the coronary arteries and other vascular regions.

Sustained effort training leads to a *fall in systolic pressure* which, together with a slight rise in diastolic pressure, leads to a considerable reduction in the arterial pressure amplitude. This may be seen in every training period. The rise with age of the systolic pressure in people who regularly participate in sufficient sporting activity is considerably less steep, as has been shown by our comparative investigations.

Physical training very probably acts in an inhibitory fashion and prevents the non-physiological rise in the arterial pressure. Lack of physical exercise may be an important contributory factor to the hypertensive regulatory disorders in a not insignificant percentage of the cases.

A ban on sport for young and middle aged subjects with essential hypertension is contraindicated. Light to moderate sustained exercises are rather an excellent, preventative, and rehabilitional measure for such cases.

With the lower effort required for the pressure and volume by the trained heart, the *cardiac work* in 24 h is considerably reduced, even with an hour's training daily. Well trained subjects save several thousand mkp in cardiac output per day. In the course of a year $\approx$ 1 to 2 million mkp, and in the course of a lifetime $\approx$ 50 million mkp may be saved in cardiac output. It may be assumed that there will be fewer signs of wear and tear on the circulation because of the reduced pressure and volume activity of the heart.

It is therefore not surprising that increased *circulatory damage* is found neither in elderly high performance athletes nor in those doing heavy work (Wiele, 1952).

In contrast life assurance companies are caused more concern by those men who live in cities, are restlessly at work in their offices and at their desks and do not perform any physical activity (Thauer, 1952). At 40 to 50 years of age they already show a high percentage of marked sclerotic changes, particularly in the coronary arteries. Too often they succumb to a myocardial infarction several years prematurely.

The *rise in pulse-wave-velocity with age* in trained subjects is less, as our comparative studies have shown (Mellerowicz and Petermann, 1956). This indicates less sclerosis of the aorta and a longer maintenance of vascular elasticity.

Training helps to save cardiac effort and protects the heart. Lack of exercise leads to a loss in economy in circulatory activity, increased cardiac effort, and promotes the appearance of premature changes in the circulation due to wear and tear.

High levels of *triglyceride* and *lipids* in the blood can be reduced by prolonged training and physical activity (Mann, Teel, Hayes et al., 1955).

Divergent results from other investigations could be caused by too small an amount of training (below threshold intensity, duration, and frequency) and an ineffective quality of training.

The *serum cholesterol level* of Finnish long distance skiers was significantly lower than in the general Finnish population (Karvonen, Rautanen, Rikkonen, and Kihlberg, 1948). In animal experiments, an increased breakdown of radio-actively labelled cholesterol due to muscular activity was demonstrable (Malinow, Perley, and McLaughlin, 1969). Experimental arteriosclerosis, produced by feeding an atherogenic diet, was less marked in trained animals than in an untrained control group (Myasnikow, Warnock et al.).

A lack of corporal training and muscular activity produces a tendency towards a rise in triglyceride, cholesterol, and glucose levels in the serum, particularly with calorically inadequate overeating, and produces a reduction in the oxygen capacity and functional ability of the body as a whole. There is a reduction in coronary reserves and an increased danger of hypoxia in the heart. Owing to the lack of movement, bodily activity, and exercise in our technical civilization and other factors, coronary insufficiency has become one of the most frequent ailments of our day and age. It is rare in those who regularly undertake bodily exercise, as experience at medical advisory centres for sports has shown. Morris has shown in a very thorough statistical study on a very large group of subjects that there is an inverse relationship between the amount of bodily activity in an occupation and the mortality from coronary disease. The lowest coronary mortality was found in occupations that were associated with heavy physical work. The frequency of coronary deaths in office workers was three to four times as high. Similar observations have been made by Luongo (1956), Brunner (1966), and others.

It is, however, very difficult, in fact almost impossible, to determine the factor "physical activity" in isolation with respect to its pathogenetic importance from among the multifactorial etiology of coronary diseases, and the always complex investigational material in epidemiological studies. Both, positive and negative results are therefore always at hand and are not fully conclusive. Epidemiological studies in which the "physical activity" was not defined are worthless. For example, physical activities that produce only a slight increase in heart rate ($\approx$ 30/min) and even repeated bursts of short duration ($<$ 1 min) do not have any demonstrable effect on the cardiovascular system. Preventative effects can only be expected from training or bodily activity of the sustained or interval type. However, even sustained effort training is only one conditional factor among others.

The effect of physical training obtained from a knowledge of the pathogenetic relationships of degenerative cardiovascular diseases is very much easier to comprehend than from epidemiological studies. It can be said with sufficient justification that: sustained effort training has inhibitory, preventative effects against the numerous pathogenetic factors that are known at the present time to be involved in ischaemic cardiovascular diseases.

Summary

In the light of present knowledge it can be said:

1. *Training (long term)* stimulates the 0_2 supply to the myocardium
by economizing the heart work and cardiac performance,
with reduction of pressure work,
bradycardiac function,
prolonging systole,
prolonging diastole,
} reduction of 0_2 consumption
increase of collaterals and capillaries.

Long term training increases the coronary reserves, can prevent coronary failure, and contributes to its rehabilitation.

2. The more economic rate-, volume-, and pressure-work of the trained heart serves to prevent early changes due to the wear and tear (sclerosing process, among others) of the circulation.

The increase in systolic pressure and pulse rate with age (together with the elasticity of the arterial system) is smaller in the trained circulation.

Harald Mellerowicz

Sport Injuries and Damage to the Locomotor System

Discussion of sport injuries and damage to the locomotor system resolves itself into a two-fold question of the hazardous nature of modern competitive sport. Does athletic peak-performance lead to lasting disablement or even incapacity for work? Do laceration of muscles, tendinosis, arthrosis lead to permanent unfitness for sport? *Sport accidents* are quite clearcut in their diagnosis, therapy, and prognosis. Of topical interest are damages in the form of tendinoses and late damages to the joints, particularly of the spine (arthroses, damage to intervertebral discs). *Traumatic fatalities* in sport have a tragic nature of their own, *non-traumatic fatalities* present special problems in many cases even today.

Frequency, Severity, and Location of Sport Injuries

The various types of sport have specific accident quotas and typical accident mechanisms.

Frequency of sport injuries

The accident quotas are comparatively high. In the Federal Republic of Germany sport accidents account for about 10% of all hospitalized accident cases. The annual

Table 1. *Percentual frequency of sport injuries in the various types of sport—80,000 insured active athletes (Groh, 1962)*

Type of sport	No. %	Type of sport	No %
Football	10.34	Track and field	1.33
Wrestling	6.40	Skiing	0.96
Handball	3.20	Gymnastics	0.68
Boxing	3.03	Misc.	0.26

injuries quota in European sport is 1.2 to 3.5%. Football has the highest accident quota of all types of sport at about 10% per year (Groh, 1962) (Tabelle 1).

324 sportscollege students suffered 461 sportaccidents during their 6-term period of training, including 40% injuries to muscles and 40% to joints (Schwarz, 1970).

Table 2. *Typical sports injuries in various types of sport (Groh, 1962)*

Type of sport	Fractures	Avulsion fractures	Rupture of tendons	Rupture of muscle	Nerve lesions
Running	metatarsus	iliac spine, ischial tuberosity, greater trochanter, lesser trochanter, tibial tuberosity.	Achilles tendon, tendon of rectus	extensors of thigh, flexors of thigh	
Jumping	metatarsus, calcaneus	posterior calcaneal process, head of fibula, tibial tuberosity, greater trochanter, lesser trochanter, ischial tuberosity, iliac spine, vertebral spines	Achilles tendon	extensors of thigh	
Throwing, Putting the weight	upper arm	thoracic vertebral spines, greater tuberosity, of humerus, olecranon	long tendon of biceps, tendon of long extensor of thumb		
Gymnastics	metatarsus, calcaneus, supracondylar fracture of humerus (gymnastic fracture), radius, scaphoid	tibial tuberosity, thoracic vertebral spines, transverse lumbar process, tuberosity of humerus	long tendon of biceps, tendon of quadriceps	rectus abdominis, pectoralis major	paralysis of brachial plexus, long thoracic nerve, dorsal nerve of scapula
Football	toes metatarsus, lower leg	tibial tuberosity, lesser trochanter, iliac spine		extensors of thigh, flexors adductors	
Ball games			Achilles tendon, rupture of tendons of extensors of terminal phalanges of fingers		

Table 2 (continued)

Skiing Tobogganing		anterior iliac spine, medial condyl of femur	Achilles tendon		
Swimming		olecranon (high divers)			neuralgia of the shoulder girdle muscles
Boxing	1st and 2nd carpal bones				ulnar nerve, acute and chronic brain lesions (boxer's encephal-opathy)
Wrestling		thoracic vertebral spines, lumbar transverse processes	long tendon of biceps Achilles tendon		ulnar nerve, median nerve
Weight lifting		ischial tuberosity, thoracic vertebral spines, lumbar trans-verse proc-esses, greater tuberosity of humerus	long tendon of biceps	trapezius, abdominal muscles, extensors of back	radial nerve, ulnar nerve, median nerve
Cycling	clavicle, radius				radial nerve (cyclist's paralysis)
Rowing		thoracic vertebral processes	long tendon of biceps	extensors of back	
Tennis			Achilles tendon		
Fencing		thoracic vertebral spines, lumbar transverse processes olecranon		extensors of thigh adductors	
Riding	clavicle, vertebral column			rectus femoris adductors (rider's bone), pectoralis major	

Severity of the injuries

Only 3 to 10% of all sport injuries are serious. In the case of 80,000 insured active athletes the mean accident quota was as follows:

For about 40 athletes per year 1 sport accident.
For about 4,000 athletes per year 1 pensionable case with permanent disability.
For about 40,000 athletes per year 1 fatality (Groh, 1962).

The most frequent causes of fatalities in sport accidents are brain injuries, fractures of cervical vertebra, and internal abdominal injuries. The main care should accordingly be taken to protect the head, the cervical vertebra, and the abdomen. The various types of sports cause typical forms of injury (Table 2).

Injuries to muscles

Muscle injuries are basically slight injuries as far as the physician is concerned, since they do not lead to disablement, nor in most cases even to incapacity for work.

Table 3. *Location of frequent muscle ruptures and types of sport (Groh, 1962)*

Location	Type of sport
Pronator teres	Throwing the javelin
Pectoralis major	Throwing — gymnastics — wrestling — weight lifting — riding
Trapezius	Throwing — gymnastics — wrestling — weight lifting
Rhomboid	Throwing — gymnastics — wrestling — weight lifting
Extensors of the back	Throwing — gymnastics — wrestling — weight lifting — rowing — jumping
Transversus abdominis	Throwing — gymnastics — riding — football — high diving — weight lifting
Oblique abdominal muscles	
Rectus abdominis	
Ilio-psoas	Riding
Extensors of thigh, mainly rectus femoris	Running — hurdling — jumping — skiing — football
Flexors of thigh, mainly biceps	Running — hurdling — jumping — football
Adductors	Running — hurdling — tennis — football — riding — water skiing — fencing
Gastrocnemius	Running — jumping — football — skiing — tennis

For the athlete, however, a muscle injury represents a lessening of his personal best performance, and in many cases even the end of his sporting career (Table 3).

Myositis ossificans traumatica is not an inevitable sequel to an accident, but an avoidable consequence of the treatment (Böhler, 1957; Fig. 1).

Ossifying myositis can be prevented by immobilizing the limb for 3 to 6 weeks, and by omitting massages and passive exercises. The *treatment* of muscle rupture is always conservative, that of myositis ossificans surgical. The rules for *prevention* of lacerations of muscles might be stated as: Overfatigue is dangerous—active and passive warming of the muscles—suitable warm clothing—thick, flexible soles—heed early signs of imminent muscle injuries—care of muscles and joints by relaxing and invigorating massages, baths, sauna, underwater massage, swimming.

Rupture of tendons

Tendon ruptures can occur on the one hand solely as the result of an accident, and on the other hand as spontaneous ruptures with occasional causes (Fig. 2; Table 4).

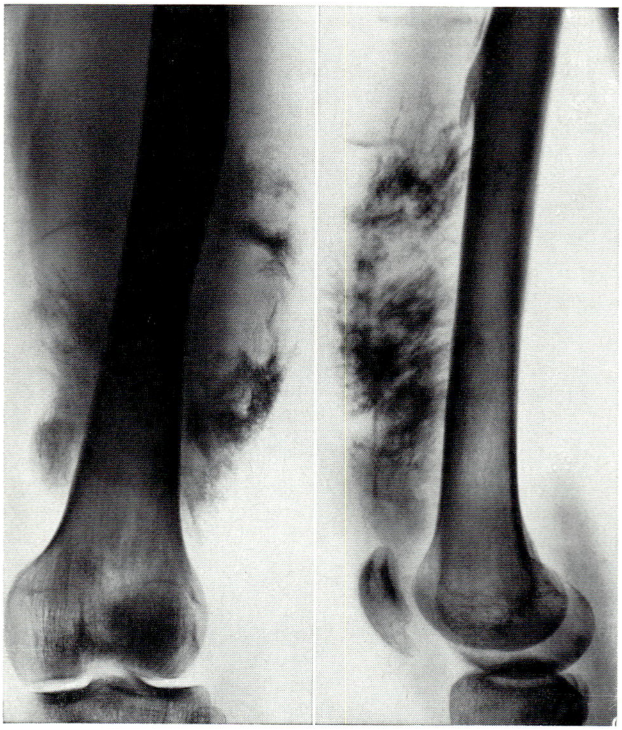

Fig. 1. Myositis ossificans of the extensor musculature of the thigh after contusion in a foot ball game—no immobilization—injection, massage and irradiation

More than half of the ruptures of the Achilles tendon are falsely diagnosed as "achillodynia—paratenonitis—strain damage". The inability to stand on the toes of the injured leg proves the rupture of the Achilles tendon. Recovery is only possible through operation on the rupture.

Avulsion fractures—as osseous avulsions of the tendon insertions—occur exclusively in young people (Fig. 3; Table 5).

With conservative treatment they usually heal completely without any residual disability. Surgical care is required in avulsion fractures of olecranon, patella, tuberositas tibiae, and tuber calcanei. Particular importance attaches to meniscal injuries, on the one hand because of their frequency, and on the other because of the seriousness of the sequelae to the injury (Fig. 4).

Treatment of the *recent injury to the meniscus* should always be conservative with a felt cap dressing. The treatment of habitual meniscal dislocation is always surgical. In the case of intact ligaments and a joint free from arthrosis, complete capacity for

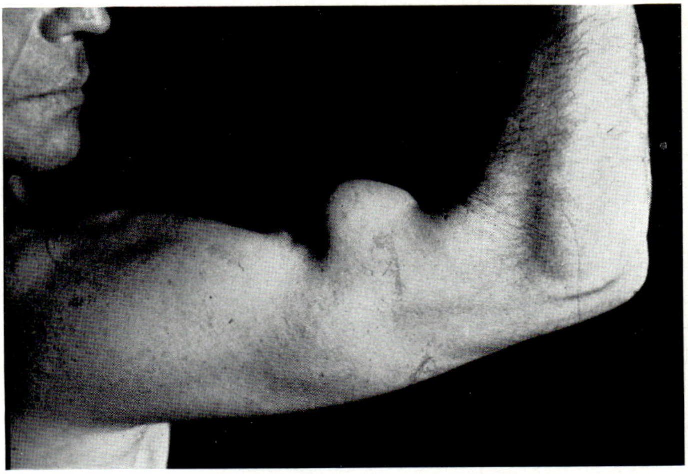

Fig. 2. Injury of the long tendon of biceps in the upper arm—muscular swelling on exertion

Table 4. *Location of tendon ruptures and types of sport (Grob, 1962)*

Location	Type of sport
Extensor tendons of terminal phalanges of fingers	Putting the weight — ball games — throwing the discus
Tendon of long extensor of the thumb	Throwing the javelin — putting the weight
Tendon of long head of biceps in the upper arm	Throwing the javelin — putting the weight — wrestling — weight lifting — gymnastics — rowing — fencing
Rectus tendon above the patella	Running — jumping — gymnastics
Patella tendon at its insertion	Running — jumping — gymnastics
Achilles tendon above its insertion into calcaneum	Running — jumping — tennis — skiing

sport can be expected with certainty. Early operation on the meniscus—after the second or third blocking of the joint—is the best prophylaxis against arthrosis.

Injuries to ligaments of the knee-joint require immobilizing in a plaster cast for 4 to 8 to 12 weeks. Fundamentally speaking, there is never any indication for immediate operation. Plastic operation on lateral or crucial ligaments can be indicated in the case of severe flail joint. Complete capacity for sport, however, is unattainable, either by plaster cast or by plastic operation on the ligaments.

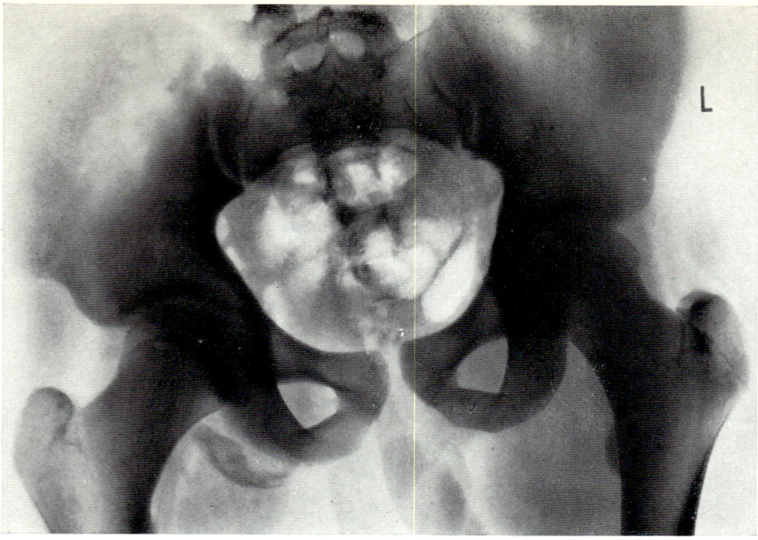

a

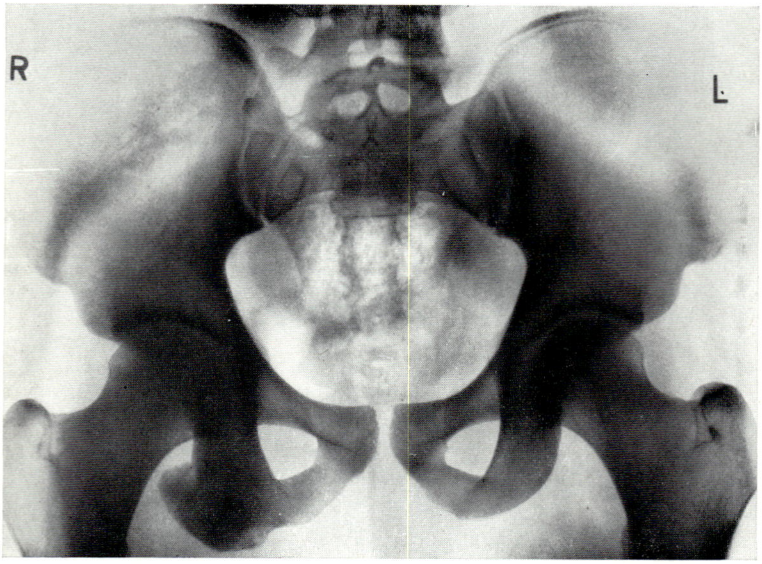

b

Fig. 3. a Injury of the right ischial tuberosity of a young sprinter in the 100 m race. b Healing of the bone after 8 months

Sport Damage

In competitive and high performance sports painful impairment of the functions of the tendon insertions in the vicinity of the joint and at the joint itself occur in many cases in the course of the athlete's career—supposedly unassociated with external injury.

Bätzner (1936) believed still that it was a matter of "sport damage" in the sense of wear and tear damage through hyperactivity. We know, nowadays, that purely

Table 5. Location of typical avulsion fractures and types of sport *(Groh, 1962)*

Location	Type of sport
Vertebral column	
Cervical and thoracic vertebral spines	Long jump — putting the weight — throwing the javelin — throwing the hammer — gymnastics — wrestling — weight lifting — rowing — fencing
Lumbar transverse processes	Gymnastics — wrestling — weight lifting — fencing
Arm	
Greater turberosity	Throwing — gymnastics — heavy athletics
Avulsion of olecranon	Throwing — fencing — high diving
Tendon rupture of finger extensors	Handball — Volleyball — Basket-ball
Pelvis	
Iliac spine	Sprinting — jumping — skiing — football
Anterior inferior iliac spine	Sprinting — jumping
Ischial tuberosity	Running — jumping — weight lifting
Leg	
Greater trochanter	Running — jumping
Lesser trochanter	Running — jumping — football
Medial condyle of femur	Skiing — tobogganing
Tuberosity of tibia	Football — long jump
Head of fibula	Running — jumping — football
Strain fracture of posterior surface of calcaneum	Sprinting — jumping

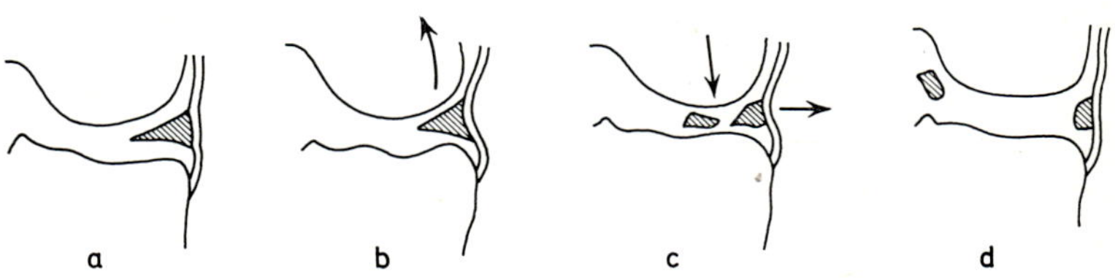

Fig. 4. Method of production of lesion of meniscus in an accident—the meniscus is trapped by the condylar jaws, torn and displaced into the intercondylar fossa (from Konjetzny)

functiogenic overstrain damage to joints does not exist. Endurance athletes—long-distance runners, walkers and long distance skiers, and racing cyclists—do not suffer any wear and tear damage to the joints of the lower extremities. Arthroses are even rarer in their case than in the average population (Ahrens, 1963). The strain on the joints in sport—even in modern high performance sport—is not great enough to produce regularly an arthrosis, e.g., of the hip-joint (Fig. 5).

Tendinosis—pain in the tendon insertion—is characterized as locally circumscribed pain under stress. It arises through the continuously repeated explosive effect of forces acting on the tendon insertion during training. These impact-like forces play the part of a trauma. The concept "*microtrauma*" has been rejected by us, since here tissue lacerations and bleeding occur—even if on a small scale. Tendinoses are important, both on account of their frequency and unpleasant tendency to relapses,

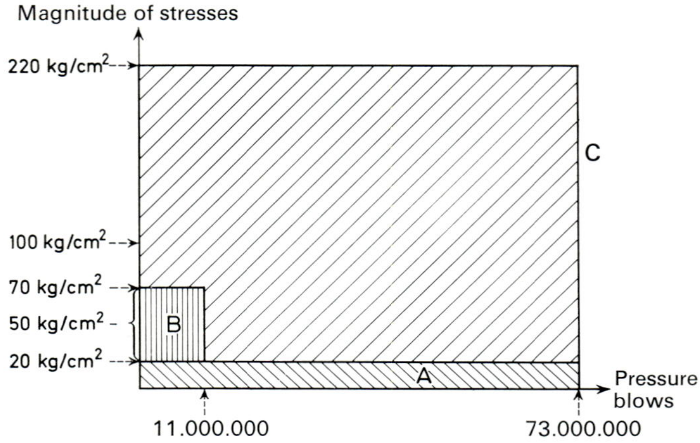

Fig. 5. Force frequency diagram of the hip joint. A = Daily stress: 20,000 paces daily for 20 years produce 73,000,000 pressure blows of about 20 kp/cm² cartilage surface on 1 hip joint. B = Additional stress of a 10,000 m runner: 6,000 running paces a day for 10 years produce 11,000,000 additional pressure blows of 50 kp/m² cartilage surface per hip joint. C = Arthrosis stress: 20,000 paces daily for 20 years also produce 73,000,000 pressure blows. But only stresses of 220 kp/cm² cartilage surface are capable of producing arthrosis of the hip (Pauwels, 1964). The stress ratio of daily stress A: sport stress B: arthrosis stress C = 1:1.37:11 shows that stresses of the order of magnitude which are necessary to produce an arthrosis are not attained in endurance sports

and because they usually result in an *incapacity for sport* lasting weeks or months or which even—not so seldom—remain permanent (Table 6).

Under conservative treatment tendinoses usually heal up completely: relief through prohibition of sport—resting—hyperaemia induced by short waves or ultrasonics—local corticoid injection. In isolated refractory cases, e.g., with tennis elbow, operative indentation of the tendon insertion may suggest itself.

Rather serious *arthrosis*—predominantly of the foot-, knee-, and elbow-joints—occur in many competitive and high performance athletes in the course of years of exercising their sport:

48% foot-joint arthroses in jumpers, 100% knee- and foot-joint arthroses in footballers (Ahrens, 1963), 28% arthroses of the talocalcaneo-navicular joint in footballers, 88% patella arthroses in footballers (Schneider, 1970). Arthroses here have approximately the following sequence of reducing frequency and degree of severity, with reference to the specific type of sport:

Competitive sport—high performance sport—endurance sport—public sport—school sport. Here it is a matter of the sequelae to joint injuries and not functional damage due to strain.

Table 6. *Location of the more frequent damage to tendons (Groh, 1962)*

Bony insertion	Muscle	General clinical definition
Trunk		
Vertrebral spines	Extensors of the back	Shoveller's fracture
Sacro-iliac joint	Extensors of the back gluteal muscles	
Pubic bone	Rectus and pyramidalis	
Ischium	Adductors	Footballer's rupture
	Gracilis	Gracilis syndrome
Leg		
Greater trochanter	Abductors	
Lesser trochanter	Ilio-psoas	
Femoral condyle	Adductors	
Pole of patella (above and below)	Quadriceps	Patella tendinosis
Border of tibia	Anterior and posterior tibialis	
Head of the fibula	Tendon of biceps	
Calcaneus	Achilles tendon	Tendinosis of the heel
	Short muscles of the foot	
Tuberosity of 5th metatarsal		
Arm		
Labrum supraglenoidale	Long head of biceps	Scapulo-humeral periarthritis
Greater tuberosity	Supraspinatus — infraspinatus	
Coracoid process	Biceps (short head) Coracobrachialis	Coracoiditis
Olecranon	Triceps	
Epicondyle of humerus	Extensors of lower arm	Epicondylitis
2nd and 3rd metacarpals	Extensor carpi radialis	
5th metacarpal	Extensor carpi ulnaris	
Pisiform bone	Flexor carpi ulnaris	

Successful *treatment* in the sense of a healing of arthrosis is not known to the present day. Arthroses have rather an unpleasant tendency to be progressive. Prevention of arthroses is only possible by avoidance of sport accidents.

Damage to Spine and High Performance Sport

The improved performances in almost all branches of sport—formerly held to be impossible—signify not only a greater risk of *injury* but also a greater *strain* on the locomotor system. The higher performances have only become possible in that the initial training—both in quantity and quality—has experienced a quite considerable intensification. The foremost question under discussion nowadays is: will damage to the spine—especially in young people—inevitably be produced through modern high performance sport?

Biomechanical analysis shows that the forces acting on the spinal column, and in particular on the intervertebral discs, are of a considerable order of magnitude. Thus the *static load* on the 5th lumbar disc on holding a 25-kg dumbbell in a deep

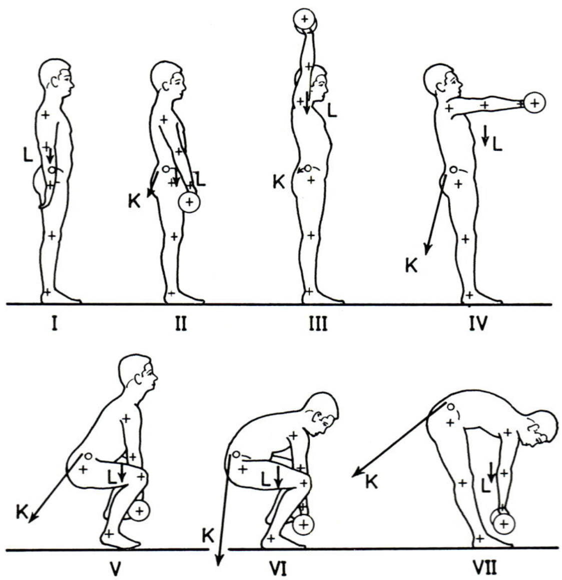

Fig. 6. I—VII: different body positions in holding a load (dumbbell) of 25 kp, + = centre of joint, — = iliac spine, 0 = central turning point of the 5th lumbar intervertebral disc. The arrows represent the vectors of force (K) and load (L) with their points of application

trunk bend with legs outstretched is about 480 kgf. On holding a 200-kg dumbbell in this position at rest the loads developing are already about 1800 kgf, i.e., almost 2 tonnes (Groh, Thös, Baumann, 1969; Figs. 6 and 7).

From the available experimental data (Nachemson, 1959; Groh et al., 1967, 1969) plus knowledge of the individual types of sports and their training conditions, one can merely conclude that the strain on the spine is great but, a mechanical overloading of the intervertebral discs cannot be proved thereby.

Statistics on damage to the spine in sport

In evaluating the statistical survey one should start from the quota for damage to the spine of the average population of the same age. About 30% of people have signs of Scheuermann's disease (juvenile kyphosis) in their X-ray (Loder and Amsler,

1961; Rübe and Hemmer, 1962; Table 7). The same holds true—with other percentages—also for spondylolisthesis and osteochondrosis.

Jäger (1969) found 10 pathological spines (42%) in 24 functionally capable and painfree top gymnasts with apparatus (indoor): osteochondroses, spondylolisthesis, Scheuermann's disease (Table 7).

Rücker and Kobbe (1965) (quoted by Crasselt, 1965) found 86 cases (27%) of an older Scheuermann's disease in 320 sportsmen belonging to a sports club for various types of sport. Querg (1958) found one Scheuermann's disease in 30 out of 59 racing oarsmen (51%). Refior and Zenker (1970) determined 25 cases (50%) of Scheuermann's disease and 28 cases (56%) of spina bifida occulta in 50 young high performance gymnasts with apparatus. By comparison only 28% of 25 young non-athletes had Scheuermann's disease (Table 7). Groher determined 14 cases of arthroses of the vertebral arch joint—6 of spina bifida—5 of spondylolisthesis and 10 of Baastrup's disease—in 17 high-divers (indoor) (Table 7).

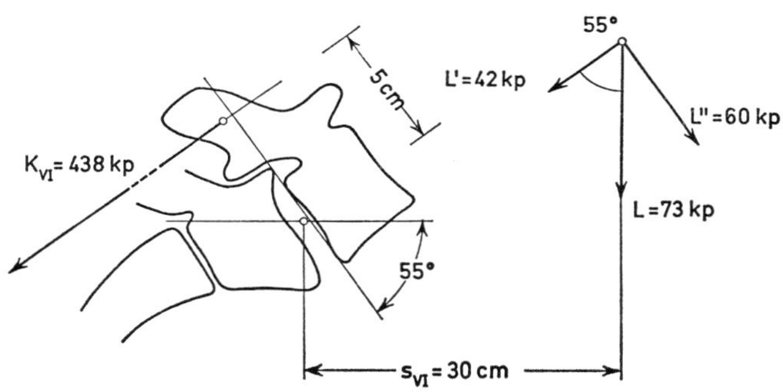

Fig. 7. Stress on the 5th lumbar intervertebral disc in body position VI—load 25 kp dumbbell weight + 48 kp partial body weight—vertical force K_{VI} = 438 kp + vertical load L' = 42 kp:480 kp vertical stress for the 5th lumbar intervertebral disc

Tosatti and Gavioli (1950) did not find any spinal damage in 10 *weight-lifters*. They consider weight-lifting to be good training for the spine (Table 7). In 20 top-class weight-lifters who had already been training for 8 years, Jaros and Cech (1965) found no pathological changes and complete functional capacity. The authors are, therefore, of the opinion that with good training weight-lifting would not harm the spine and that one could cautiously begin weight-lifting at 15 years of age (Table 7).

In 254 weight-lifters who had been training regularly for years, Beuker et al. (1966) were unable to determine clinically any signs of spinal damage, despite 364 injuries to the locomotor system (Table 7).

These last three investigators thus found no changes in the spinal column in 284 weight-lifters with years of training. All these weight-lifters had complete functional capacity, both in everyday life and in sport.

Boždech et al. (1966) reviewed 20 *high performance and competitive sportsmen* suffering from spondyloysis and spondylolisthesis (Table 7). These athletes were all painfree and had complete functional capacity. Even spines exhibiting considerable static

Table 7. *Vertebral column: Pathological findings in 774 competitive **athletes** (collected data)*

Group	Author	Year	Type of sport	No. of athletes	Pathological radiographic findings: Various	Osteo-chondrosis	Spondylo-listhesis	Juvenile Kyphosis	Function	Cause
Average population	Loder and Amsler	1961	Average population					30 %	efficient	no data
	Rübe and Hemmer	1962	Average population					30 %	efficient	no data
	Refior and Zenker	1970	Young persons	25				28 %	efficient	
Pathological spine findings	Jäger	1969	gymnasts	24	0 %	3 (12.5 %)	4 (16 %)	3 (12.5 %)	efficient	micro-trauma
	Rücker and Kobbe	1965	Sports club	320	0 %	0 %	0 %	86 (27 %)	efficient	over-strain
	Querg	1958	Boat racing (rowing)	59	0 %	0 %	0 %	30 (51 %)	efficient	over-strain
	Refior and Zenker	1970	Young gymnasts	50	spina bifida 28 (56 %)	0 %	0 %	25 (50 %)	efficient	over-strain
	Groher	1970	High Divers	17	spina bifida 6 (35 %) kissing spine 10 (59 %) arthrosis of vertebral arches 14 (82 %)	0 %	5 (29 %)	0 %	efficient	trauma
Normal spine	Tosatti and Gavioli	1950	Weight lifters	10	0 %	0 %	0 %	0 %	efficient	
	Jaros and Cech	1965	Weight lifters	20	0 %	0 %	0 %	0 %	efficient	
	Boždech et al	1966	Champions	20	0 %	0 %	20 (100 %)	0 %	efficient	no data
	Beuker et al	1966	Weight lifters	254	no clinical findings	no X-ray pictures			efficient	

damage are thus well able to stand up to years of a modern competition training, and those affected are capable of peak performances.

Evaluation of the statistics

With the isolated statistics (Table 7) the error due to the small number results in percentages which are in some cases remarkably high. If, however, the pathological findings are related to the total of 500 competitive athletes examined, then these pathological findings move into the range of frequency for the average population (Table 8).

Among the 500 top-class athletes, radiological examination showed altogether 180 (36%) pathological findings of the spine. The 144 cases (28%) of *Scheuermann's disease* are approx. equivalent to the percentage in the average population (28 to 30%). The nine cases of *spondylolisthesis* are at 1.8% somewhat lower than in the average population.

Table 8. *Vertebral column: Pathological findings in 500 athletes (collected data)*

Diagnosis	No. of cases	% of 500	Type of sport
Juvenile kyphosis	144	28.8	50 gymnasts 59 racing oarsmen 320 club sportsmen
Spondylolisthesis	9	1.8	24 gymnasts 17 high divers
Osteochondrosis	3	0.6	24 gymnasts
Arthrosis of vertebral arches	14	2.8	17 high divers
Kissing spine	10	2.0	17 high divers
Totals	180	36.0	500 athletes

In high performance competitive sport *osteochondroses* have only been observed in 3 (0.6%) gymnasts. This quota of intervertebral disc damage is below the damage quota for the average population of the same age (Table 8).

If the pathological X-ray findings are related to the *individual types of sport*, then another picture presents itself (Table 9).

About 50% of the 59 racing oarsmen and about 37% of the 74 gymnasts with apparatus had *Scheuermann's disease*. This remarkably high incidence is to be causally ascribed to the strain in the type of sport concerned. These findings interpreted as Scheuermann's disease represent mainly the sequelae to relapsing traumatas to the youthful spines ("traumatic Scheuermann's disease"), at least in the sense of worsening of a constitutional affliction. *Spondylolisthesis* was found in 9 cases (10%) among 91 gymnasts with apparatus (indoor) and high-divers (indoor). This remarkably high incidence is ascribed to the special nature of these two types of sport. *Osteochondroses* were exhibited by only 3 gymnasts with apparatus, on the one hand because young people were concerned (still no arthroses), and on the other hand because they had been diagnosed as Scheuermann's disease. *Baastrup's disease* (10 cases) and

Table 9. *Vertebral column: Pathological findings in different types of sport (collected data)*

Type of sport	No.	Juvenile kyphosis		Spondylolisthesis		Osteochondrosis		Arthrosis of vertebral arch		Kissing spine		Spina bifida	
	500	No.	%	No.	%	No.	%	No.	%	No.	%	No.	%
Weight lifting	30	0	0	0	0	0	0	0	0	0	0	0	0
Club sportsman	320	86	27	0	0	0	0	0	0	0	0	0	0
Racing oarsmen	59	30	51	0	0	0	0	0	0	0	0	0	0
Gymnasts	74	28	37.8	4	5.4	3	4	0	0	0	0	28	38
High divers	17	0	0	5	29	0	0	14	82	10	59	6	35

arthrosis of the joint (14 cases) among 17 highdivers (indoor) are obviously injuries specific to the type of sport due to hyperextension through incorrect diving into the water.

For special types of sport—race rowing, gymnastics on apparatuses, high-diving—the possibility of spinal damage in the sense of Scheuermann's disease, spondylolisthesis and arthrosis of the vertebral joint could be adjudged a probability. Vertebral damage in weight-lifters could not, however, be determined. Utilizable studies in other branches of sport are lacking.

The problem of functional capacity in the case of existing vertebral damage

The top-class national and international high performance athletes had complete functional capacity and were painfree, despite these pathological spinal findings. The pathological significance of the X-ray findings should not be exaggerated. In the case of damage arising from sport injuries, we know the phenomenon of *dissimulation*. There is no consciousness of illness and no incapacity for sport, despite incontestable damage. Since there is no distressful pain and no necessity for medical treatment, the problem of damage to the locomotor system should not be dramatized.

Prior damage to the spine

In the case of prior damage to the spine there manifestly exists an instability under load. Prior damage to the spine may be assumed in the following clinical pictures:

1. Dysplasia in the sense of endochondral dystosis,
2. Spondylolysis and spondylolisthesis,
3. Asymmetric assimilation impairment of the lumbosacral transition region,
4. Scolioses,
5. Osteochondroses in the sense of intervertebral disc damage,
6. Scheuermann's disease, including its masked variants of the vertebral body.

Here, Scheuermann's disease predominantly is of interest, because of its statistical frequency. Although it is to be interpreted as an hereditary, constitutional, osteochondritic dysplasia of the thoracic and lumbar vertebrae, the everyday strain is a decisive mechanical factor in bringing about changes of the intervertebral disc and the upper plates. Such priordamaged spines are of reduced functional capacity.

Susceptibility to stimuli of the youthful spine

As yet we know of no facts which would prove that a healthy growing cartilage and growing bones would have less powers of resistance to mechanical stimuli than the mature tissue of adults. On the other hand, a greater endangering of the growth-impaired youthful spine may be taken as a certainty. Scheuermann's disease, spondylolisthesis, arthroses of the vertebral joint, and intervertebral disc damage are worsened by the additional stress imposed by sport, still more so by relapsing spinal traumas, and in individual cases are even produced thereby.

Prevention of damage to the spine

In a number of types of sports—particularly competitive sport and modern high performance sport of the specialist branches an increased number of spinal traumas occur. These predamaged spinal columns are sensitive to trauma. In the prevention of spinal damage the following points arise:

With competitive sport and high performance sport the sport injury is predominant. The tasks of prevention should be the avoidance of sport accidents. When damage to the spine arises, the congenital disorders of structure and development —especially in the sense of Scheuermann's disease—assume a particular importance.

Preliminary radiological examinations of the spinal column

Young people with impaired structure and development of the spine—endochondral dyostosis, spondylolisthesis, impaired assimilation, scoliosis, osteochondrosis, Scheuermann's disease—appear to be unsuitable for high, performance sport, and "trial of strength" sport. In the case of young people engaged in such types of sport, a prophylactic X-ray examination of the thoracic and lumbar vertebrae should be made. Since worsening of discrete spinal changes through sport is possible, a continuous X-ray examination of the spine of the juvenile athlete at intervals of 2 years is to be recommended.

Suggestions for "trial of strength" training of young people

A young person should not take up any specific, heavy-athletic training before he or she has *finished growing*. An objective criterion of finished growth is provided by complete ossification of the iliac apophysis determined by X-ray, in the 15 to 16th year. It cannot be denied that many juveniles have taken up "trial of strength" training and sport in their early years with success and without damage.

The *set-up* of the young person's *training* should be adapted to the respective stage of development. The following should be borne in mind in particular: allround exercising—learning of technical skills—sub-maximum "trial of strength" training—warming-up work—selective loosening-up and stretching exercise before training and competition—warm clothing—rooms with adequate temperature.

The *strengthening exercises* in the teens should serve to develop a strong musculature, in particular of the spine. The young person must work up a powerful "muscle corset" for protection of the spinal column. Only then may he go over to exercising with heavy weights. In training, importance is to be attached to allround exercising, if possible without stress on the spine—no one-sided strain—excessive continuous strain should be avoided—unphysiological load on the spine, e.g. leading of the spinal column in the bending position is to be avoided—training work in the trunk bend position should not be carried out. This can be achieved e.g., by "dumbbell swinging", where the weight remains directly above the spine—dumbbell exercises in parallel bars—strengthening exercises lying on a bench, socalled "bench-pressing". In weightlifting in particular the following is good for avoidance of damage to the spine: flattening of the lumbar lordosis when lifting—only minimal bending forward when lifting—weightlifting only from rightangular squatting position (the main work is then performed by the powerful thigh musculature)—pressure produced by contraction of the abdominal muscles produces a stabilization of the spinal column—in strengthening exercises the kneebend should never exceed a right-angle.

Importance should be attached to serious engagement in *compensatory sport:* Swimming—football—handball—basketball—volleyball. This applies especially to the second decade of life, since the spinal column does not attain its greatest functional capacity until the twenties. Then the athlete has sufficient reserves of strength to achieve peak performances.

Summary

The danger in sport—as far as the locomotor system, and in particular the spinal column, is concerned—lies in the *sport injury* and less so in functional over straining. An effective prevention of sport damage is basically only possible by a reduction of *sport accidents*. The tissue of the human locomotor system is extraordinarily resistant. Load stability exists as a rule. The locomotor system is generally equal to the demands made by modern high performance sport. Damage as a consequence of mechanical overstrain is the rare exception. *Damage* resulting from sport activities predominantly is the consequence of sport accidents, in which a decisive importance is to be attached to the initial trauma and the subsequent recurrent trauma.

Hans Groh

Bibliography

Lung Function, Respiration, and Metabolism in Sport

Anthony, A. J.: Funktionsprüfung der Atmung. Leipzig 1937.
— Venrath, H.: Funktionsprüfung der Atmung 2nd ed., Leipzig 1962.
Asmussen, E.: Muscular exercise. In: Respiration, hand-book of physiology. (Wallace, Fenn, Rahn, ed.), section 3, respiration. Baltimore 1965.
Åstrand, P. O., Rodahl, K.: Text-book of work physiology. New York 1970.
Bargeton, D.: Analysis of capnigram and oxygram in man. Bull. Physio-Pathol. Respirat. **3**, 503 (1967).
Barnard, R. J., Baldwin, K. M.: The effect of training and various work loads on the lactacid-alactacid-oxygen debt response of exercising dogs. Int. Z. angew. Physiol. **28**, 120 (1970).
Bates, D. V., Pearce, J. F.: Pulmonary diffusing capacity. J. Physiol. (Lond.) **132**, 232 (1956).
Bolt, W., Knipping, H. W., Valentin, H., Venrath, H.: Atmung beim Sport. In: Lehrbuch der Sportmedizin (Arnold, A., ed.). Leipzig 1956.
Borgard, W.: Beitrag zur Funktionsprüfung von Herz und Kreislauf. Klin. Wschr. **17**, 73 (1938).
— Hermannsen: Klinische Sporteignungsprüfung. Klin. Wschr. **1934**, 329.
Brauer, L.: Die respiratorische Insuffizienz. Verh. dtsch. Ges. inn. Med. **44**, 120 (1932).
— Gasanalytische Herzfunktionsprüfung. Verh. dtsch. Ges. inn. Med. **50**, 78 (1938).
— Knipping, H. W.: Zur respiratorischen Insuffizienz. Beitr. Klin. Tuberk. **101**, 424 (1948).
— — Über das sogenannte spirografische Defizit und einige Bemerkungen zur arteriellen Blutgasanalyse in der Herz- und Lungenklinik. Med. Klin. **44/45**, 1429 (1949).
Bjurstedt, H., Rosenhamer, G., Wigertz, O.: High-G environment and responses to graded exercise. J. appl. Physiol. **25**, 713 (1968).
Cherniack, R. M., Cherniack, L.: Respiration in health and disease. Philadelphia 1961.
Comroe, J. H., Jr.: The lung. Sci. Amer. **214**, 56 (1966).
Fenn, W. O., Rahn, H. (ed.): Handbook of physiology, sec. 3, Respiration, vols. I and II. Washington, 1964/1965.
Forster, R. E.: Oxygenation of the muscle cell. Circulat. Res. **20**, 1 (1967).
Fowler, W. S.: Lung function studies. Amer. J. Physiol. **154**, 405 (1948).
Friedhoff, F.: Gasaustausch bei gesunden Männern unter Ruhebedingungen und während körperlicher Arbeit. Arch. ges. Physiol. **270**, 431 (1960).
Gary, K., Fessler, Ch., Ulmer, W. T.: Intrapleurale Druckschwankungen bei der Messung des Ein-Sekundenwertes und bei körperlicher Arbeit. Beitr. Klin. Tuberk. **134**, 295 (1967).
Gray, J. S.: Pulmonary ventilation and its physiological regulation. Am. Lect. series, Springfield 1950.
Hartung, M., Venrath, H., Hollmann, W., Isselhardt, W., Jaenckner, D.: Über die Atmungsregulation unter Arbeit. Köln/Opladen 1966.
Herbst, R.: Der Gasstoffwechsel als Maß der körperlichen Leistungsfähigkeit. I. Die Bestimmung des Sauerstoffaufnahmevermögens beim Gesunden. Dtsch. Arch. klin. Med. **162**, 33 (1928).
Herman, J.: Untersuchungen über die maximale Ventilationsgröße (Atemgrenzwert). Z. exp. Med. **90**, 180 (1933).
Herxheimer, H.: Grundriß der Sportmedizin. Leipzig 1932.

Herxheimer, H., Kost, R.: Untersuchungen über den Gasstoffwechsel bei verschiedener Art der Hyperventilation. Z. klin. Med. **116**, 88 (1931).
— — Über den Einfluß der CO_2-Atmung auf den Gasstoffwechsel bei Kranken, Gesunden und Trainierten. Naunyn-Schmiedebergs Arch. exp. Path. Pharmak. **165**, 101 (1932).
Hill, A. V.: Muscular movement in man. New York 1927.
Hollmann, W., Venrath, H., Balodimos, J., Giovannelli, G.: Herzleistungsquotient- und -wirkungsgrad sowie die Lungenvolumina bei Sportlern unter 35 Jahren. Sportmedizin **11** (1955).
— — Valentin, H.: Über den Einfluß spezifischer Drehkurbelübungen auf Atmung und Stoffwechsel. Zbl. Arbeitsmed. **9**, 18 (1959).
— — — Über das Verhalten von Ventilation und Stoffwechsel gesunder männlicher Personen verschiedenen Alters bei leichter und mittelschwerer Arbeit. Z. Alternsforsch. **1**, (1959).
— Der Arbeits- und Trainingseinfluß auf Kreislauf und Atmung. Darmstadt 1959.
— Venrath, H.: Über den venösen Brenztraubensäure- und Milchsäurespiegel bei körperlicher Arbeit. Lav umano **XI**, 6 (1959).
— — Valentin, H.: Atmung und Altern. Sportarzt **10** (1961).
— Zur Frage der Dauerleistungsfähigkeit. Fortschr. Med. **17**, 439 (1961).
— Höchst- und Dauerleistungsfähigkeit des Sportlers. München 1963.
— Körperliches Training als Prävention von Herz-Kreislaufkrankheiten. Stuttgart 1965.
— Schlüssel, H., Spechtmeyer, H., Herkenrath, G.: Einige Enzymspiegel bei dosierter dynamischer und statischer Arbeit unter Atmung verschiedener O_2-Gasgemische. Sportarzt u. Sportmed. **5**, 166 (1965).
— Venrath, H., Herkenrath, G.: Der Einfluß von Training unter Sauerstoffmangelbedingungen. XVI. Weltkongreß für Sportmedizin. Köln-Berlin 1966.
— — — Barwisch, B.: Untersuchungen zum Leistungsverhalten in mittleren Höhen. 1.—3. Mittlg. Sportarzt u. Sportmed. **4**, 137 (1966); **2**, 66, 250 (1967).
— Kastner, K.: The behaviour of arterial blood gases, arterial substrates, pH and haematocrit in different ergometric work. Medicine and Sport, **3**, 81—88 (1969).
— Barg, W., Weyer, G., Heck, H.: Der Alterseinfluß auf spiroergometrische Meßgrößen im submaximalen Arbeitsbereich. Med. Welt **21**, 1280 (1970).
— Heck, H., Schmücker, B., Stolte, H., Liesen, H., Fotesku, M. D., Mathur, D. N.: Vergleichende spiroergometrische Untersuchungen über den Effekt und die Aussagekraft von Laufband- und Fahrradergometerbelastungen. Sportarzt u. Sportmed. **6**, 123 (1971).
— Schmücker, B., Heck, H., Stolte, H., Liesen, H., Fotesku, M. D., Mathur, D. N.: Über das Verhalten spiroergometrischer Meßgrößen bei Radrennfahrern auf dem Laufband und dem Fahrradergometer. Sportarzt u. Sportmed. **7**, 153 (1971).
Hutchinson, J.: On capacity of lungs and on respiratory functions view of establishing precise and easy method of detacting disease by spirometer. Trans. med. -chir. Soc. (Edinb.) **29**, 137 (1846).
Jansen, K., Knipping, H. W., Stromberger, K.: Klinische Untersuchungen über Atmung und Blutgase. Beitr. Klin. Tuberk. **80**, 304 (1932).
Kaijser, L.: Limiting factors for aerobic muscle performance. Acta physiol. scand. Suppl. **346** (1970).
Keul, J., Doll, E.: Die Substratversorgung des menschlichen Skelettmuskels während körperlicher Arbeit. XVI. Weltkongreß für Sportmedizin. Köln-Berlin 1966.
— — Keppler, D.: Muskelstoffwechsel. München 1969.
Knipping, H. W.: Die Untersuchung der Ökonomie von Muskelarbeit bei Gesunden und Kranken. Z. exp. Med. **66**, 517 (1929).
— Über die Funktionsprüfung von Atmung und Kreislauf. Beitr. Klin. Tuberk. **88**, 503 (1936).
— Die Ergebnisse der Ergografie in der Klinik. Die Arbeitsinsuffizienz von Herz- und Kreislauf. Klin. Wschr. **17**, 1457 (1938).
— Einige klinische Gesichtspunkte zur Funktionsanalyse von Herz und Kreislauf im Bereich der vita maxima. V. Freiburger Symposium. Berlin-Göttingen-Heidelberg 1958.
— Moncrieff, A.: The ventialtion equivalent for oxygen. Quart. J. Med. **1/7** (1932).

Liesen, H., Hollmann, W., Fotesku, M. D., Mathur, D. N.: Verh. dtsch. Ges. Kreisl.-Forsch. 1971.

Margaria, R.: Anearobic metabolism in muscle. Canad. med. Ass. J. **96**, 770 (1967).

Mellerowicz, H.: Ergometrie. München/Berlin 1962.

Milic-Emili, G., Petit, J. M.: Mechanical efficiency of breathing. J. appl. Physiol. **15**, 359 (1960).

— — Deroanne, R.: The effects of respiratory rate on the mechanical work breathing during muscular exercise. Int. Z. angew. Physiol. **18**, 330 (1960).

Moritz, A. R., Henriques, F. C., Mclean, R.: The effect of inhaled heat on the air passages and lungs. An experimental investigation. Amer. J. Pathol. **21**, 311 (1945).

— Weisiger, J. R.: Effects of cold air on the air passages and lungs. Arch. intern. Med. **75**, 233 (1945).

Müller, E. A.: Die Beziehungen zwischen Pulsfrequenz und Muskelarbeit als Test der Herzfunktion. V. Freiburger Symposium, 1957.

— Die physiologischen Grenzen der körperlichen Belastung im Beruf. Naturwissenschaftl. Rundschau **2**, 44 (1958).

Nöcker, J.: Physiologie der Leibesübungen. 2nd ed. Stuttgart 1971.

Nowacki, P.: Die Spiroergometrie im neuen Untersuchungssystem für den Spitzensport. Leistungssport **2**, 37 (1971).

Ogilvie, C. M., Forster, R. E., Blakemore, W. S., Morton, J. M.: The standardized breath holding technique for the clinical measurement of the diffusing capacity of the lung for carbon monoxide. J. clin. Invest. **36**, 1 (1957).

Otis, A. B.: The works of breathing. In: Handbook of physiology, Sec. 3., respiration, Vol. **1**, (Fenn, W. O., Rahn, H., ed.). Washington 1964.

Rahn, H.: Die Beziehungen zwischen Lunge und Thorax. Verh. Ges. Lungen- u. Atmungs-Forsch. **1**, 174 (1967).

Reindell, H., König, K., Roskamm, H.: Funktionsdiagnostik des gesunden und kranken Herzens. Stuttgart 1967.

Riley, R. L., Cournand, A.: Analysis of factors effecting partial pressures of oxygen and carbon dioxide in gas and blood of lungs. J. appl. Physiol. **4**, 77 (1951).

Robinson, S., Robinson, D. L., Mountjoy, R. J., Bullard, R. W.: Fatigue and efficiency of men during exhausting runs. J. appl. Physiol. **12**, 197 (1958).

Roskamm, H., Weidemann, W., Samek, L., Görnandt, L., Baumann, A., Mellerowicz, H., Renemann, H., Limon-Lason, R.: Maximale Sauerstoffaufnahme, maximale Atemminutenvolumen und maximale Herzfrequenz bei Hochleistungssportlern im Verlaufe einer Akklimatisationsperiode in Fond Romeu (1800 m) und Mexico City (2240 m). Sportarzt u. Sportmed. **3**, 120 (1968).

Rossier, P. H., Bühlmann, A.: Studien über die Pathophysiologie der Atmung bei Silikose. Die Lungenfunktion im Arbeitsversuch. Naturforsch. Ges. Zürich **95**, 51 (1950).

— — Wiesinger, K.: Physiologie und Pathophysiologie der Atmung. 2nd ed., Berlin-Göttingen-Heidelberg 1958.

Roughton, F. J. W.: The average time spent by blood in human lung capillary and its relation to rates of co-uptake and elimination in man. Amer. J. Physiol. **143**, 621 (1945).

Schaefer, K. E.: Atmung. In: Lehrbuch der Physiologie des Menschen, von Lando-Rosemann. München/Berlin 1960.

Shephard, R. J.: Endurance fitness. Toronto Press 1969.

Stegemann, J.: Leistungsphysiologie. Stuttgart 1971.

Thews, G.: Die Sauerstoffdiffusion in der Lunge. Pflügers Arch. ges. Physiol. **265**, 154 (1957).

— Schmidt, K.: Analyse der Verteilung von Ventilation und Durchblutung in der funktionell inhomogenen Lunge nach dem Verfahren des „inspiratorischen Sauerstoffsprunges". Pflügers Arch. ges. Physiol. **282**, 259 (1965).

Tiffeneau, R., Pinelli, A.: Aer circulant et aer captif. Paris méd. **37**, 624 (1941).

Uhlenbruck, P.: Über die Wirksamkeit der Sauerstoffatmung. Z. exp. Med. **74**, 1 (1930).

Ulmer, W. T., Reichel, G., Nolte, D.: Die Lungenfunktion. Stuttgart 1970.

Valentin, H., Venrath, H., von Mallinckrodt, H., Gürakar, M.: Die maximale Sauerstoffaufnahme in den verschiedenen Altersklassen. Z. Alternsforsch. **9**, 4 (1955).

Venrath, H., Lechtenbörger, H., Valentin, H., Bolt, W.: Das Verhalten von Atmung und Kreislauf bei uni- und bilateraler Sauerstoffmangelatmung. Z. Kreisl.-Forsch. **44**, 544 (1955).

Venrath, H.: Die respiratorische Insuffizienz unter besonderer Berücksichtigung der Diffusion. Habil.-Schr., Köln 1956.

Whipp, B. J., Seard, C., Wasserman, K.: Oxygen deficit-oxygen debt relationships and efficiency of anaerobic work. J. appl. Physiol. **4**, 452 (1970).

Whitehouse, H. G. R., Hancock, W., Halbane, J. S.: Proc. roy. Soc. B. **111**, 412 (1932).

Wiesen, W.: Diss. Universität Köln 1961.

Adaptation of Metabolism in Sport

Haralambie, G.: Biochemie si Sport. Bukarest: VCFS 1966.

Herxheimer, H.: Grundriß der Sportmedizin. Leipzig 1933.

Hultman, E.: Studies on muscle metabolism of glycogen and active phosphate in man with special reference to exercise and diet. Scand. J. clin. Lab. Invest. **19**, Suppl. 94 (1967).

Kaijser, L.: Limiting factors for aerobic muscle performance. Acta physiol. scand. Suppl. **346** (1970).

Karlsson, J.: Lactate and phosphagen concentrations in working muscle of man. Acta physiol. scand. Suppl. **358**, 78 (1971).

Keul, J., Doll, E., Keppler, D.: Energy metabolism of human muscle. Basel-New York 1972.

— Limiting factors of physical performance. Stuttgart 1972.

Pernow, B., Saltin, B. (ed.): Muscle metabolism of human exercise. Proceed. Karolinska Instit. Sympos. 6—9 Sept. 1970. London-New York 1971.

Poortmans, J. (ed.): Biochemistry of exercise. Basel-New York 1969.

Schenck, P.: Der Einfluß der Arbeit auf unseren Stoffwechsel. II. Intern. Sportärztekongreß, Berlin 1936, p. 9—50. Leipzig 1937.

Schmidt, H., Gadermann, E., Voigt, K.: Zum Energiestoffwechsel von Leistungssportlern unter Wettkampfbedingungen. Med. Welt **39**, 1675 (1970).

The Effects of Training on the Heart and Circulation

Berger, W., Olloz, M.: Untersuchungen zum Stadium des Trainiertseins. III. Mitteilung: Herzgröße und Herzschlagvolumen. Arbeitsphysiologie **7**, 18 (1934).

Bergmann, J.: Über die Größe des Herzens. Diss., München 1884.

Bohnenkamp, H.: Der Stoffwechsel des Herzens und seine Leistungsgrenzen. Verh. dtsch. Ges. Verdau.- u. Stoffwechselkr. 1937.

Brunner, D.: The influence of physical activity on incidence and prognosis of ischemic heart disease. In: Prevention of ischemic heart disease. (Raab, W., ed.). Springfield, Ill.: 1966.

Bruns, O.: Herzgröße und Muskelarbeit. Ergebn. inn. Med. Kinderheilk. **34**, 201 (1928).

Christensen, E. A.: Das Herz-Minutenvolumen. Ergebn. Physiol. **39**, 348 (1937).

Eckstein, R. W.: Effect of exercise and coronary artery narrowing on coronary collateral circulation. Circulat. Res. **5**, 230 (1957).

Grober, I.: Untersuchungen zur Arbeitshypertrophie des Herzens. Dtsch. Arch. klin. Med. **91**, 502 (1907).

Halhuber, M.: Prävention auf dem Vormarsch. Selecta **7**, 534 (1971).

Herxheimer, H.: Grundriß der Sportmedizin. Leipzig 1933.

Hollmann, W.: Körperliches Training als Prävention von Herz-Kreislaufkrankheiten. Stuttgart 1965.

Israel, S.: Sport, Herzgröße und Kreislaufdynamik. Sportmed. Schriftenreihe 3, Leipzig 1968.

Karvonen, M. J.: Physiologische Grundlagen des Sports in der Therapie und Rehabilitation unter besonderer Berücksichtigung des Gefäßsystems. In: Sport in Therapie und Rehabilitation, 21. Dtsch. Sportärztekongreß Münster. Berlin 1963.

Karvonen, M. J., Rautanen, Y., Rikkonen, P., Kihlberg, J.: Ann. med. intern. Fenn. **47**, 75 (1948).

Külbs, F.: Experimentelles über Herzmuskel und Arbeit. Naunyn-Schmiedebergs Arch. exp. Path. Pharmak. **55**, 288 (1906).

Linzbach, A. J.: Mikrometrische und histologische Analyse hypertropher menschlicher Herzen. Virchows Arch. path. Anat. **314**, 534 (1947); Klin. Wschr. **26**, 459 (1948).

Die Muskelfaserkonstante und das Wachstumsgesetz der menschlichen Herzkammern. Virchows Arch. path. Anat. **318**, 575 (1950).
Loosen, H., Heinen, W., Panknin, L.: Das Trainingsproblem und die Blutgerinnungszeit in der Herzklinik. Z. ges. inn. Med. **6**, 444 (1951).
Luongo, E. R.: Health habits and heart diseases-challenge in preventive medicine. J. Amer. med. ass. **162**, 1021 (1956).
Malinow, M. R., Perley, A., McLaughlin, P.: Muscular exercise and cholesterol degradation mechanismus involved. J. appl. Physiol. **5**, 662 (1969).
Mann, G. V., Teel, K., Hayes, O., McNally, A., Bruno, D.: Exercise in the disposition of dietary calories. New Engl. J. Med. **253**, 349 (1955).
Mellerowicz, H.: Vergleichende Untersuchungen über das Ökonomieprinzip in Arbeit und Leistung des trainierten Kreislaufs. Arch. Kreisl.-Forsch. **24**, 70 (1956).
— Über Trainingswirkungen auf Herz und Kreislauf und ihre Bedeutung für die präventive Cardiologie. In: Präventive Cardiologie. Berlin 1961.
— Angewandte präventive Cardiologie. In: Präventive Cardiologie. Berlin 1971.
— Petermann, A.: Ergebnisse von Kreislaufzeitbestimmungen mit Natriumsuccinat am trainierten leistungsstarken Kreislauf von Sportstudenten und Spitzensportlern. Medizinische **31/32**, 1010 (1952).
— — Untersuchungen über die Pulswellengeschwindigkeit in der Aorta beim Trainierten in verschiedenen Altersstufen. Z. Kreisl.-Forsch. **45**, 716 (1956).
Morris, J. N.: In: Needed research in health and medical care. University of North Carolina 1954.
Pere, S.: Die Wirkung des Sporttrainings auf Kreislauforgane. Medizinische **31/32**, 1006 (1952).
Petrèn, T., Sjöstrand, T., Sylvèn, B.: Der Einfluß des Trainings auf die Häufigkeit der Capillaren in Herz- und Skelettmuskulatur. Arbeitsphysiologie **9**, 376 (1936).
Prokop, L.: Größere Überlebenschance körperlich Aktiver. In: Sportphysiologie. Sportmed. Schriftenreihe. Bern 1957.
Raab, W.: Fortschritte auf dem Gebiet der Coronarerkrankungen. Medizinische **1**, 1 (1957).
Reindell, H.: Größe, Form und Bewegungsbild des Sportherzens. Arch. Kreisl.-Forsch. **7**, 117 (1940).
— Klinische und anatomische Beobachtungen über den Einfluß sportlicher Tätigkeit auf das Herz eines Hochleistungssportlers. Z. klin. Med. **138**, 635 (1940).
— Kymographische Beobachtungen über die erhöhte Restblutmenge beim Gesunden. Verh. dtsch. Ges. Kreisl.-Forsch. **14**, 263 (1941).
— Über den Kreislauf des Trainierten. Arch. Kreisl.-Forsch. **12**, 265 (1943).
— Klepzig, H., Steim, H., Musshoff, K., Roskamm, H., Schildge, E.: Herz, Kreislaufkrankheiten und Sport. München 1960.
Reitsma, W.: Regeneratic, volumetrische en numericke hypertrofic van skeletspieren big kikker en rat. Amsterdam 1965.
Rose, G.: Lecture, Annual Symposium of the Royal Society of Medicine. London 1969.
Roskamm, H.: Die zentrale Haemodynamik des gesunden und kranken Herzens bei körperlicher Belastung. Verh. dtsch. Ges. Kreisl.-Forsch. **37**. (1971).
— Körperliche Aktivität und Herz- und Kreislauferkrankungen. München 1966.
Schaper, W.: Körperliche Belastung und Kollateralentwicklung. Verh. dtsch. Ges. Kreisl.-Forsch. **37**, (1971).
Schimert, G.: Die Therapie der Coronarinsuffizienz im Lichte einer neuen Betrachtung der Pathologie. Schweiz. med. Wschr. **81**, 589 (1951).
— Risikofaktoren der Coronarerkrankungen. In: Präventive Cardiologie. Berlin 1971.
Schimmler, W.: Zit. n. Schimert in: Präventive Cardiologie. Berlin 1971.
Schneider, K. W., Rost, R., Gattenlöhner, W: Kreislauffunktion beim Sportler. Stuttgart 1970.
Schoenmakers, J.: Die Herzkranzadern bei der arteriokardialen Hypertrophie. Z. Kreisl.-Forsch. **38**, 321 (1949).
Thauer, R.: Der Kreislauf unter physischer und psychischer Belastung. Nauh. Fortbildungslehrg. **17**, 56 (1952).
Thörner, W.: Der Einfluß der Laufarbeit auf das Herz. Arbeitsphysiologie **3**, 1 (1930).

Vanotti, A., Magiday, M.: Über die Capillarisierung der trainierten Muskulatur. Arbeitsphysiologie **7**, 615 (1934).

Wezler, K., Böger, A.: Die Dynamik des arteriellen Systems. Ergebn. Physiol. **41**, 292 (1939).

Wiele, G.: Früh- und Aufbrauchsschäden des Kreislaufs beim Schwerarbeiter. Nauh. Fortbildungslehrg. **17**, 56 (1952).

Sport Injuries and Damage to the Locomotor System

Detailed Bibliography regarding Sport Injuries and Sport Damages at Groh, Sport Medicine, Stuttgart 1962.

Named below Bibliography regarding Damages to Spine in Sport.

Ackermann, S.: Erfahrungen aus der sportärztlichen Betreuung jugendlicher Leistungsturner. Med. Sport **6**, 199 (1964).

Beuker, F., Gottschalk, H., Schmidt, G., Tolkmitt, U., Trepte, H.: Sportartspezifische Verletzungen und Erkrankungen bei Gewichthebern. Med. u. Sport **5**, 133—136 (1966).

Boždech, Z., Stranak, V., Vank, L.: Spondylosis und Wirbelverschiebung bei Sportlern. Med. u. Sport **2**, 45—48 (1966).

Brauer, W.: Kontorsionistenschäden der Lendenwirbelsäule. Z. Orthop. **86**, 140 (1955); **93**, 46 (1960).

Crasselt, C.: Leistungssport und Scheuermannsche Erkrankung. Med. Sport. **2**, 223 (1962).

— Wirbelsäulenschäden und ihre Prophylaxe bei jugendlichen Leistungssportlern. Beitr. Orthop. Traum. **12**, 650 (1965).

Franke, K.: Vorübergehende Bandscheibenverkalkung nach HWS-Fraktur bei Bodenturnern. Med. u. Sport **3**, 82—84 (1966).

Groh, H.: Wirbelsäulenschäden beim Leistungssport, Part 1 and 2. Sportarzt u. Sportmedizin, **10**/**11** (1971).

— Über die Gefährlichkeit des Leistungs- und Kampfsports. Münch. med. Wschr. **11**, 380—383 (1971).

— Thös, F., Baumann, W.: Die statische Belastung der Wirbelsäule durch die Sagittalkrümmungen. Int. Z. angew. Physiol. **24**, 129—149 (1967).

— — — Die Belastung der 5. Lendenbandscheibe beim Halten einer Last. Int. Z. angew Physiol. **24**, 150—163 (1967).

— — — Die Belastung der Wirbelsäule durch die Sagittalkrümmungen und das Halten von Lasten. Verh. dtsch. orthop. Ges. **55**, 346—354 (1969).

Groher, W.: Kreuzschmerzen und Wirbelsäulenveränderungen bei Kunst- und Turmspringern. Sportarzt u. Sportmed. **11**, 444—446 (1969).

— Rückenschmerzen und röntgenologische Veränderungen bei Wasserspringern. Z. Orthop. **108**, 51 (1970).

Güntz, E.: Probleme der statischen und funktionellen Störungen der Wirbelsäule. Die Wirbelsäule in Forschung und Praxis **1**, 126 (1956).

Hinz, P., Coermann, R. R., Lange, W.: Das Verhalten der Halswirbelsäule bei der Simulation von Auffahrunfällen. Mschr. Unfallheilk. **72**, 321—328 (1969).

Jäger, K.: Geräteturnen und Wirbelsäule bei Leistungssportlern. Sportarzt u. Sportmed. **3**, 110—113 (1969).

Jaroš, M., Čech, M.: Die Wirbelsäule bei Gewichthebern. Beitr. Orthop. Traum. **12**, 653—654 (1965).

Köhler, G., Noack, H.: Zur Frage der Wirbelsäulenveränderung bei Ruderern, unter besonderer Berücksichtigung weiblicher Leistungsruderer. Sportarzt u. Sportmed. **3**, 62 (1959).

Kressin, W.: Orthopädische Kontraindikation für das Leistungstraining im Gewichtheben unter besonderer Berücksichtigung des jugendlichen Sportlers. Med. u. Sport **5**, 136—139 (1966).

Loder, E., Amsler, N.: Die fliegermedizinische Beurteilung der Wirbelsäule. Fliegerärztl. Institut Dübendorff/Schweiz (1961).

Nachemson, A.: Lumbar intradiscal pressure. Acta orthop. scand. Suppl. **XL**, 3 (1959).

Querg, H.: Les résultats des examens radiologiques et cliniques des rameurs (et rameuses) juveniles et des jeunes adultes. Kongreßband des XII. Internationalen Kongresses f. Sportmedizin. Moskau 1958.

Rathke, F. W., Busse, H.: Erkennung und Beurteilung jugendlicher Haltungsschäden. Ärzt. Sammelbl. **52**, 85—99 1963)).
Refior, H. J., Zenker, H.: Wirbelsäule und Leistungsturnen. Münch. med. Wschr. **1970**, 463—467.
Rübe, W., Hemmer, W.: Ist der Morbus Scheuermann eine seltene Erkrankung? Fortschr. Röntgenstr. **96**, 489 (1962).
Schneider, P. G.: Orthopädische Probleme des Leistungssports. Münch. med. Wschr. **11**, 453—463 (1970).
Taillard, W.: Die Spondylosisthesen. Stuttgart 1959.
Tepe, H. J.: Die Häufigkeit osteochondrotischer Röntgenbefunde der Halswirbelsäule bei 400 symptomfreien Erwachsenen. Fortschr. Röntgenstr. **85**, 659 (1956).
Tosatti, E., Gavioli, G.: Med. sportiva **1956**, 205.

List of Contributors

Perspectives of the Philosophy of Sport

Hans Lenk assisted by Elk Franke and Gunter Gebauer (Karlsruhe).

Sport in Theological Perspective

Sport in Catholic Theology in the 20th Century

Georg Söll (Benediktbeuern) assisted by Paul De Nayer (Leuven), Josef Recla (Graz), Francis T. Ryan (Bladensburg/Maryland).

Problems and Trends in Protestant Theology

Rüdiger Schloz (Konstanz) assisted by Ernst Lange (Darmstadt).

Sport and Non-Christian Religions

Hans Wißmann and Piotr Szolc (Heidelberg).

On Sociology of Sport—General Orientation and Its Trends in the Literature

Günther Lüschen (Urbana/Ill.) assisted by Kurt Hammerich (Köln) and Eric Dunning (Leicester), Pekka Kiviaho (Jyväskylä), Takaaki Niwa (Nara).

Sport from the Educational and Psychological Points of View

Introduction

Ommo Grupe (Tübingen).

The Pedagogics of Sport in West European Countries

Franz Begov and Dietrich Kurz (Tübingen) assisted by Robert Decker (Luxemburg), Walter Dufour (Brüssel), Morgan A. Olson (Oslo), Klaas Rijsdorp (Den Haag), Gerhard Schmidt (Tübingen).

Sport Psychology in West European Countries

Hartmut Gabler (Tübingen) assisted by Ferruccio Antonelli (Rom), Werner Bauer (Freiburg), Michel Bouet (Rennes), Morgan A. Olsen (Oslo), Guido Schilling (Magglingen), Ivars Udris (Köln).

Sport Psychology in the Socialist Countries of Europe

Horst Smieskol (Köln).

Sport Pedagogics in the United States
Herbert Haag (Gießen) assisted by Bruce L. Bennett (Columbus/Ohio).

Sport Psychology in North America
Ivars Udris (Köln) assisted by Bryant J. Cratty (Los Angeles).

Sport and Sport Psychology in Japan
Kinichi Asano (Tokio).

Contributions to Sport Medicine
Introduction
Hans-Erhard Bock (Tübingen).

Lung Function, Respiration, and Metabolism in Sport
Wildor Hollmann (Köln).

Adaptation of Metabolism in Sport
Josef Keul and Georg Haralambie (Freiburg).

The Effect of Training on the Heart and Circulation
Harald Mellerowicz (Berlin).

Sport Injuries and Damage to the Locomotor System
Hans Groh (Köln).

The bibliographic references have been edited by Josef Recla (Graz).